AMTLICHE LISTE DER SEESCHIFFE

der Bundesrepublik Deutschland

mit

UNTERSCHEIDUNGSSIGNALEN

als

Anhang

zum Internationalen Signalbuch

Abgeschlossen am 15. Januar 1956

Herausgegeben vom Bundesminister für Verkehr
Bonn 1956

WALTER DE GRUYTER & CO · BERLIN W 35

Vormals G. J. Göschen'sche Verlagshandlung · J. Guttentag, Verlagsbuchhandlung
Georg Reimer · Karl J. Trübner · Veit & Comp.

1956

Archiv-Nr. 34 82 56

Satz: Walter de Gruyter & Co., Berlin W 35
Druck: Otto von Holten, Berlin W 35

Vorwort

Die „Amtliche Liste der Seeschiffe der Bundesrepublik Deutschland mit Unterscheidungssignalen" ist ein Anhang zur amtlichen deutschen Ausgabe des am 1. Januar 1934 in Kraft getretenen „Internationalen Signalbuches 1931".

Die Unterscheidungssignale der Seeschiffe stimmen mit ihren Funkrufzeichen überein und bestehen aus vier Buchstaben. Der erste oder die beiden ersten Buchstaben bezeichnen die Nationalität der Schiffe. Die Unterscheidungssignale der deutschen Seeschiffe beginnen sämtlich mit dem Buchstaben D.

Auf Grund der Bestimmungen des am 1. Januar 1949 in Kraft getretenen Weltnachrichtenvertrages Atlantic City 1947 verfügt Deutschland, das bis dahin über alle Signalgruppen des Buchstabens D bestimmte, nur noch über die Signalgruppen DAAA bis DMZZ. Die übrigen Signalgruppen (DNAA bis DZZZ) sind anderen Staaten zugeteilt worden.

Auf die Gebrauchsanweisung des „Internationalen Signalbuches 1931" Band I, Nr. 30, 41 bis 43 und 135 sowie Band II Seite XVII wird hingewiesen. Im übrigen gelten die einschlägigen Bestimmungen der Gebrauchsanweisung jedes der beiden Bände. Die Buchstaben I und J kommen nebeneinander vor, ferner kann in einem Signal die gleiche Flagge (Buchstabe) mehrmals vorkommen, so daß die Hilfsstander des „Internationalen Signalbuches 1931", Fünfte Auflage, Seite XXIII (in älteren Ausgaben Band I, Seite XXVII) benutzt werden müssen (Gebrauchsanweisung „Internationales Signalbuch Band I, Nr. 79 bis 85").

Die „Amtliche Liste" enthält zwei durch ein blaues Blatt getrennte Teile. Der erste Teil besteht aus sechs Abschnitten: a) die Kauffahrteischiffe der Bundesrepublik Deutschland, b) die Rettungsboote der Deutschen Gesellschaft zur Rettung Schiffbrüchiger, c) die Boote des Zollgrenzschutzes, d) die Boote des Seegrenzschutzes im Bundesgrenzschutz, e) die Bundes- und Länderfahrzeuge, f) die Feuerschiffe. Die Schiffe sind nach der Reihenfolge ihrer Unterscheidungssignale und die Feuerschiffe nach ihrer geographischen Lage von Ost nach West aufgeführt. Der zweite Teil enthält die Kauffahrteischiffe in alphabetischer Reihenfolge ihrer Namen. Der erste Teil dient also zur Feststellung eines bestimmten Schiffes nach seinem Unterscheidungssignal, der zweite zur Auffindung des Unterscheidungssignals eines Schiffes.

Das Unterscheidungssignal der mit Funk ausgerüsteten Kauffahrteischiffe (eigene Sende- oder Empfangsanlage, Sprechfunkanlage) ist in Schrägschrift *(Kursiv)* gesetzt.

Neben dem Namen der mit Wasserschallanlagen oder Funk ausgerüsteten Behördenfahrzeuge sind besondere Zeichen ihrer Bedeutung entsprechend aufgeführt. Die auf ihrer Position liegenden Feuerschiffe führen die für ihre geographische Lage in der geographischen Liste des „Internationalen Signalbuches“ festgelegte Signal- und Funkgruppe. Beim Verlassen der Position führen die Feuerschiffe und die Reservefeuerschiffe ein ihnen besonders zugeteiltes Unterscheidungssignal.

Die Zuteilung der Unterscheidungssignale erfolgt durch die zuständigen Seeschiffsregisterbehörden. Jedem deutschen Kauffahrteischiff wird bei der Eintragung in das Seeschiffsregister das Unterscheidungssignal zugeteilt und in seinem Schiffszertifikat vermerkt. Solange das Schiff unter deutscher Flagge fährt, behält es das ihm einmal zugeteilte Unterscheidungssignal auch beim Wechsel seines Heimathafens, der Registerbehörde oder bei etwaiger Namensänderung.

Diese Liste wird bis auf weiteres jährlich und ein Nachtrag hierzu in der zweiten Jahreshälfte herausgegeben.

Für die Seeschiffe anderer Staaten, die das Internationale Signalbuch ebenfalls angenommen haben, sind ähnliche Listen vorhanden.

Bonn, im Januar 1956.

TEIL I

a) Die Kauffahrteischiffe

der

Bundesrepublik Deutschland

in der Reihenfolge der Unterscheidungssignale

(Das Unterscheidungssignal der mit Funk ausgerüsteten Schiffe ist in Schrägschrift [*Kursiv*] gesetzt. Das + hinter dem Schiffsnamen bedeutet, daß das Schiff als Voll- und Schutzdecker vermessen ist. Die Größenangaben beziehen sich auf die Vermessung als Volldecker.)

Unterscheidungssignale	Namen der Schiffe	Heimathafen der Schiffe	Kubikmeter Nettoraumgehalt	Registertons Nettoraumgehalt	PS
DABA	Adeline	Leer	250,1	88,28	130
DABB	Adonis	Hamburg-Finkenwerder	52,8	18,65	120
DABC	Aachen	Bremerhaven	405,0	142,90	600
DABE	Alexander von Humboldt	Bremerhaven	693,0	244,60	1000
DABF	Alice Freymann	Hamburg	1846,9	651,97	750
DABG	Utgard	Hamburg	2433,7	859,09	700
DABH	Anhalt	Bremen-Vegesack	258,0	91,08	150
DABJ	Annelies	Hamburg-Finkenwerder	75,9	26,78	180
DABK	Antares	Bremerhaven	437,3	154,00	850
DABL	Antje	Hamburg-Finkenwreder	66,1	23,32	180
DABP	Balder	Glückstadt	259,3	91,54	150
DABQ	Bockenheim	Bremen	4245,5	1498,66	800
DABS	Beluga	Hamburg	176,4	62,27	200
DABU	Berlin	Bremerhaven	405,1	143,00	600
DABV	Andreas Gayk	Bremerhaven	562,6	198,62	800
DABX	Weissenburg	Bremerhaven	431,1	152,17	600
DACB	Brahe	Bremerhaven	501,3	176,97	750
DACE	Bürgermeister Smidt	Bremerhaven	561,5	198,22	800
DACH	Carl J. Busch	Cuxhaven	317,4	112,03	650
DACK	Christian Russ	Hamburg	1550,0	547,16	650
DACM	C. P. Andersen	Hamburg	431,1	152,17	600
DACP	Dalälfven	Hamburg	2510,9	886,35	700
DACQ	Danzig	Hamburg	182,8	64,38	2150
DACU	D. Dreesmann-Penning	Emden	257,0	90,62	150
DACW	Sottorf	Hamburg	1563,9	552,06	600
DACX	Düsseldorf	Hamburg	1811,1	639,33	900
DADB	Ruhr	Hamburg	4887,1	1725,13	1450

DADD — DAGC					
Unterscheidungssignale	Namen der Schiffe	Heimathafen der Schiffe	Kubikmeter (Nettoraumgehalt)	Register tons (Nettoraumgehalt)	PS
DADD	Ellen	Hamburg-Finkenwerder	60,2	21,24	120
DADE	Emsgatt	Hamburg	1895,1	668,99	500
DADG	Ente	Hamburg	71,3	25,16	240
DADI	Gesine Müller	Cuxhaven	545,7	192,63	800
DADJ	Rhein	Hamburg	4875,1	1720,91	1560
DADM	ErnstSchweckendieck	Emden	229,4	80,99	150
DADN	Essen	Emden	356,4	125,79	500
DADO	Essen	Bremerhaven	427,0	150,73	725
DADP	Este	Hamburg	563,5	198,92	750
DADQ	Fairplay VII	Hamburg	153,3	53,99	950
DADR	Feuerland	Büsum	71,5	25,25	150
DADU	Franz Schau	Bremerhaven	403,7	142,49	600
DADW	Franziska	Schulau	54,0	19,06	180
DADX	Pommern	Bremerhaven	500,4	176,64	850
DADY	Frauke	Leer	279,8	98,42	250
DADZ	Geeste	Bremerhaven	487,0	171,80	750
DAEB	Gebrüder Kähler	Bremerhaven	604,9	213,54	800
DAED	Gisela Oldendorff	Lübeck	2307,0	814,39	800
DAEE	Glückauf	Bremen	1753,1	618,86	1300
DAEF	Donau	Cuxhaven	502,0	177,20	800
DAEG	Goliath	Hamburg	114,2	40,30	2×300
DAEH	Gotland	Cuxhaven	522,5	184,00	800
DAEI	Greif	Lübeck	954,5	336,93	450
DAEJ	Großer Kurfürst	Emden	265,6	93,75	500
DAEK	Grönorth	Strande	63,7	22,47	120
DAEL	Gustav Borgner	Bremerhaven	409,2	144,44	600
DAEM	Halberstadt	Cuxhaven	231,9	113,65	550
DAEO	Hanna	Leer	250,1	88,28	130
DAEQ	Hannover	Bremen-Vegesack	247,0	87,23	150
DAES	Hans Böckler	Bremerhaven	657,0	231,92	800
DAEU	Haparanda	Hamburg	1509,7	532,93	700
DAEV	H. C. Nibbe	Hamburg-Finkenwerder	54,7	19,30	150
DAEW	Heidelberg	Lübeck	1080,5	381,40	470
DAFA	Heinrich Baumgarten	Bremerhaven	475,7	167,92	800
DAFE	Heinrich Schulte	Emden	291,3	102,56	500
DAFF	Helene Russ	Hamburg	1633,6	576,60	650
DAFJ	Hanseat	Bremerhaven	407,6	143,89	600
DAFK	Heinrich Kaufmann	Bremerhaven	660,5	233,14	800
DAFL	Hermann Bösch	Bremerhaven	546,5	192,92	850
DAFP	Harvestehude	Hamburg	423,4	149,40	600
DAFQ	Hinrich Wesselhöft	Bremerhaven	544,3	192,15	800
DAFR	H. M. Behrens	Hamburg	541,5	191,15	800
DAFU	Hörnum	Rendsburg	2954,7	1043,02	800
DAFW	Imsum	Bremen	483,4	171,00	750
DAFY	Ferdinand Vieth	Hamburg	414,5	146,32	600
DAGB	Jochen Homann	Bremerhaven	698,4	246,52	1000
DAGC	Johs. Klatte	Bremerhaven	521,7	184,16	735

DAGF — DAJY

Unterscheidungssignale	Namen der Schiffe	Heimathafen	Kubikmeter (Nettoraumgehalt)	Registertons (Nettoraumgehalt)	PS
DAGF	Julius Fock	Hamburg	453,2	159,98	600
DAGG	Julius Rütgers	Hamburg	1256,3	443,49	460
DAGK	Kassel	Cuxhaven	524,3	185,08	750
DAGL	Kehrwieder	Büsum	30,8	10,86	150
DAGM	Kolberg	Lübeck	1085,1	383,03	500
DAGQ	Leo Fürbringer	Emden	259,7	91,68	245
DAGR	Latona	Bremen	1663,1	587,08	1020
DAGU	Volksdorf	Hamburg	1185,4	418,45	500
DAGV	Lisa Essberger	Hamburg	2249,4	794,05	280
DAGW	Lofoten	Bremerhaven	436,3	154,02	850
DAGX	Lübbe Hartmann	Leer	409,4	144,53	500
DAGZ	Helga Wehr	Hamburg	512,7	180,99	300
DAHB	Lützow	Bremerhaven	581,7	205,34	800
DAHC	Main	Bremerhaven	456,7	161,21	750
DAHF	Marie	Cuxhaven	297,4	104,97	400
DAHK	Rebecka Müller	Cuxhaven	510,1	180,06	850
DAHL	Max Brauer	Hamburg	414,4	146,29	600
DAHN	Midlum	Bremen	488,0	172,09	750
DAHO	Minerva+	Bremen	5591,5	1973,78	3050
DAHQ	Möwe	Hamburg	190,0	67,07	750
DAHS	Neptun	Bremerhaven	25,8	9,12	100
DAHT	Neptun	Hamburg	483,0	170,50	800
DAHW	Niedersachsen	Bremerhaven	138,0	48,73	175
DAHZ	Nixe	Bremen	1025,9	362,14	350
DAIC	Norderney	Hamburg	705,5	249,05	350
DAID	Jakob Müller	Cuxhaven	675,1	231,97	850
DAIE	Fanal	Kiel	1773,8	626,14	720
DAIF	Nordmeer	Hamburg	482,0	170,19	750
DAIG	Nordenham	Cuxhaven	617,0	217,79	800
DAIH	Nordstern	Bremerhaven	458,2	161,73	800
DAIJ	Oberpräs. Delbrück	Hamburg	1630,0	575,40	500
DAIK	Oldenburg	Bremerhaven	472,7	166,87	750
DAIL	Orion	Emden	233,7	82,48	150
DAIN	Oskar Schulze	Bremerhaven	410,1	144,86	600
DAIO	Ostmark	Bremerhaven	467,9	165,15	750
DAIP	Ostpreußen	Emden	454,2	160,32	750
DAIQ	Taucher Ottar Harmstorf I	Hamburg	206,5	72,91	250
DAIS	Taucher O. Wulf III	Cuxhaven	145,4	51,31	475
DAIT	Peter Schlack	Hamburg	399,6	141,06	600
DAIV	Pitea	Hamburg	1514,0	534,44	600
DAJA	Hessen	Emden	274,3	96,83	2×150
DAJB	Reemt	Hamburg	560,0	197,68	750
DAJE	Remscheid	Cuxhaven	319,8	112,40	600
DAJG	Rheinland	Bremen-Vegesack	255,0	89,86	150
DAJK	Rotersand	Bremerhaven	589,1	207,95	750
DAJL	Saarland	Bremen-Vegesack	256,0	90,20	150
DAJW	Senator	Hamburg	1939,7	684,70	500
DAJY	Senator Sachse	Cuxhaven	259,5	91,62	400

DAKA — DAMX

Unterscheidungssignale	Namen der Schiffe	Heimathafen	Kubikmeter (Nettoraumgehalt)	Registertons (Nettoraumgehalt)	PS
DAKA	Skagerrak	Hamburg-Finkenwerder	61,3	21,64	150
DAKB	Skolpenbank	Bremerhaven	436,7	154,02	800
DAKC	Söderhamn	Hamburg	2678,0	945,34	650
DAKJ	Liesbeth	Burgstaaken	18,2	6,48	46
DAKK	Stettin	Emden	297,1	104,86	250
DAKL	Stillesee	Hamburg	2162,0	763,18	700
DAKM	Peter Bornhofen	Hamburg	2399,2	846,92	850
DAKR	Tannenberg	Emden	454,2	160,32	800
DAKV	Thees Bott	Hamburg-Finkenwerder	59,8	21,13	120
DAKW	Thor	Hamburg	188,8	66,74	750
DAKX	Thüringen	Leer	456,2	161,00	750
DAKY	Thüringen	Bremen-Vegesack	258,0	91,08	150
DALA	Ursula	Hamburg	431,1	152,17	600
DALC	Victoria	Lübeck	1194,3	421,60	500
DALE	Vierlande	Hamburg	546,7	193,00	850
DALF	Vorwärts	Hamburg	1114,4	393,38	2×500
DALG	Venus	Bremerhaven	412,3	145,53	600
DALH	Wachtel	Bremen-Vegesack	222,0	78,22	130
DALK	Weser	Bremerhaven	712,3	251,44	1000
DALL	Olbers	Bremen	1945,5	686,70	800
DALO	Westfalen	Bremen-Vegesack	210,0	74,24	130
DALP	Westpreußen	Bremerhaven	525,0	185,00	750
DALQ	Wiesbaden	Cuxhaven	354,9	125,28	575
DALR	Widder	Bremen	765,7*	270,31*	1070
DALS	Wilh. Michaelsen	Hamburg	445,5	157,26	750
DALT	Wilma	Hbg-Finkenwurdur	58,7	20,71	180
DALX	Yorck	Bremerhaven	484,9	171,18	800
DALY	Zeus+	Bremen	5613,2	1981,45	3000
DAMA	Agnes Engel	Hamburg-Finkenwerder	52,1	18,41	150
DAMB	Albert Pust	Bremerhaven	403,0	142,50	600
DAMD	Alte Liebe	Cuxhaven	405,2	143,03	600
DAMF	A. Kappelhoff	Emden	261,8	92,42	150
DAMH	Auguste Kämpf	Bremerhaven	402,3	142,00	600
DAMI	Bremerhaven	Bremerhaven	405,0	142,90	600
DAMJ	Carsten Janssen	Bremerhaven	403,6	142,47	600
DAMM	Cuxhaven	Cuxhaven	405,2	143,02	600
DAMN	Detmold	Cuxhaven	405,2	143,02	600
DAMP	Dradenau	Hamburg-Finkenwerder	76,2	26,90	150
DAMQ	Düsseldorf	Cuxhaven	404,9	142,80	750
DAMR	Eckernförde	Kiel	401,9	141,90	600
DAMT	Emma	Hamburg-Finkenwerder	44,0	12,69	120
DAMU	Ernst Gröschel	Bremerhaven	403,7	142,50	600
DAMW	Hans Bernstein	Hamburg	3847,8	1358,28	1250
DAMX	Gertrud	Leer	249,1	87,92	200

* = Bruttoraumgehalt.

DAMY — DCAB

Unter-scheidungs-signale	Namen der Schiffe	Heimathafen der Schiffe	Kubikmeter Nettoraumgehalt	Registertons Nettoraumgehalt	PS
DAMY	Gonzenheim	Bremen	6710,7	2368,87	1200
DANA	Haga	Hamburg	1636,2	577,58	650
DANC	Hoffnung	Hamburg-Finkenwerder	90,8	32,06	150
DANF	Josef Bodden	Kiel	401,9	141,89	600
DANG	Karl Fock	Hamburg-Finkenwerder	59,8	21,13	120
DANI	Kiel	Kiel	404,6	142,83	600
DANK	Mannheim	Bremerhaven	405,1	142,99	750
DANL	Mollex IV	Hamburg	59,2	20,89	150
DANM	Thalia	Hamburg	410,3	144,82	150
DANN	München	Bremerhaven	405,1	142,90	750
DANO	Nesshuk	Hamburg-Finkenwerder	72,5	25,59	180
DANP	Niedersachsen	Cuxhaven	411,2	145,14	600
DANR	Otto Bröhan	Hamburg	424,3	149,78	600
DANS	Rechtenfleth	Bremen	268,0*	94,59*	1065
DANT	Rosengarten	Hamburg-Finkenwerder	62,9	22,20	120
DANW	Schlutup	Kiel	401,9	141,89	600
DANX	Schwertfisch	Bremerhaven	552,3	194,95	800
DANY	Seeadler	Hamburg-Finkenwerder	38,5	13,59	90
DANZ	Senior v. Sonnenkamp	Bremen	25,6	9,05	380
DAOA	Sophie	Leer	251,4	80,73	200
DAOB	Stade	Cuxhaven	405,2	143,04	600
DAOC	Christiane Schulte	Hamburg	3634,6	1283,01	1150
DAOF	Dr. Eichelbaum	Emden	259,7	91,60	150
DAOG	Elbe	Emden	271,8	95,94	100
DAOH	Sparenburg	Emden	257,2	90,80	180
DAOI	Christel	Büsum	57,5	20,30	180
DAOT	Kurefjord	Bremen	152,9	53,97	500
DAOU	Franz Thiele	Emden	258,4	91,21	150
DAOX	Wilhelm Kaisen	Bremerhaven	661,4	233,48	800
DAOY	Martin Mewes	Hamburg	672,8	237,50	750
DAOZ	Bardenfleth	Bremen	53,9	19,02	560
DAPA	Eberhart Essberger	Hamburg	947,6	334,50	325
DAPB	Sylt	Hamburg	953,8	336,71	450
DAPC	Cimbria	Hamburg	3031,8	1070,23	1200
DAPD	Sperber	Bremen	1035,8	365,63	900
DAPF	Stella	Emden	399,5	141,09	2×180
DAPH	Lacklan	Hamburg	14690,2	5185,66	2950
DAPI	Frigga	Hamburg	9571,4	3378,70	2000
DAPJ	Hermod	Hamburg	9176,0	3239,12	1500
DAPK	Hermann Fritzen	Emden	6761,8	2386,91	1800
DAPM	Regulus	Bremerhaven	60,3	21,23	150
DAPN	Carl Wilkens	Hamburg	418,3	147,67	600
DCAA	Walter Behrens	Köln	499,6	176,38	250
DCAB	Sigrid	Köln	496,4	175,24	250

* = Bruttoraumgehalt.

DCAC — DCCB

Unter-scheidungs-signale	Namen der Schiffe	Heimathafen	Kubik-meter (Nettoraumgehalt)	Register-tons (Nettoraumgehalt)	PS
DCAC	Antha	Köln	388,2	135,27	265
DCAD	Wittekind	Köln	377,0	133,08	265
DCAE	Daniel Denker	Köln	20,2	7,12	125
DCAF	Edmund Halm	Köln	1765,4	623,18	1200
DCAG	Erika Hendrik Fisser	Köln	1724,3	608,69	925
DCAH	Adler	Köln	415,7	146,76	500
DCAI	Waldemar Peter+	Köln	4551,3	1606,61	2000
DCAJ	Wilhelm Numssen	Köln	846,0	298,64	500
DCAK	Overstolz vom Rhein	Köln	88,7	31,30	300
DCAP	Scharhörn	Düsseldorf	47,9	16,91	110
DCAQ	Hermann Gunther	Duisburg	139,3*	49,16*	200
DCAR	Rhein	Duisburg-Ruhrort	417,0	147,21	200
DCAS	Heimkehr	Duisburg	272,8	96,29	250
DCAT	Oberhausen	Duisburg-Ruhrort	3233,0	1141,24	2400
DCAU	Ruhr	Duisburg-Ruhrort	419,5	148,10	250
DCAV	Ruhrort+	Duisburg-Ruhrort	3309,4	1168,22	2400
DCAW	Duisburg+	Duisburg-Ruhrort	3364,1	1187,54	2400
DCAX	Tazacorte	Duisburg-Ruhrort	4789,9	1690,84	3600
DCAY	Helga	Düsseldorf	28,7	10,14	125
DCAZ	Norfa	Düsseldorf	13,3	4,70	120
DCBA	Homberg	Duisburg-Ruhrort	3216,0	1135,25	2400
DCBB	Franz	Duisburg	298,4	105,35	—
DCBC	Ute	Düsseldorf	854,3	301,57	500
DCBD	Mosel	Duisburg-Ruhrort	452,3	159,74	300
DCBE	Adele	Hamburg	135,3	47,76	50
DCBF	Adelgunde	Haren/Ems	284,9	100,57	110
DCBG	Adelheid	Haren/Ems	285,6	100,80	75
DCBH	Adelheid	Westrhauderfehn	138,7	48,98	70
DCBI	Erin Nübel	Emden	1062,3	374,98	1250
DCBJ	Adolf	Haren/Ems	260,6	92,01	75
DCBK	Albatross	Friedrichsschleuse	22,4	7,89	125
DCBL	Albatros	Bensersiel	13,1	4,63	56
DCBM	Alex	Haren/Ems	281,6	99,40	120
DCBN	Alida	Greetsiel	2,7	0,95	10
DCBO	Aline	Dornumersiel	4,0	1,42	20
DCBP	Helena Schepers	Haren/Ems	267,1	94,27	150/180
DCBQ	Altair	Emden	226,1	79,81	250
DCBR	Amalie	Leer	271,3	95,77	130
DCBS	Willem Mennen+	Emden	7396,1	2610,82	3000
DCBT	Angela	Haren/Ems	247,9	87,50	70
DCBU	Angela	Haren/Ems	204,1	71,88	75
DCBV	Angela-Elisa	Haren/Ems	305,4	108,00	70
DCBW	Angelina	Haren/Ems	318,5	112,52	150
DCBX	Anlene	Haren/Ems	288,7	101,91	75
DCBY	Anna	Haren/Ems	306,5	108,18	150
DCBZ	Anna	Westrhauderfehn	210,7	74,36	100
DCCA	Anna	Leer	136,4	48,15	50
DCCB	Anna	Haren/Ems	435,2	153,62	90

* = Bruttoraumgehalt.

DCCC — DCDX

Unterscheidungssignale	Namen der Schiffe	Heimathafen der Schiffe	Kubikmeter (Nettoraumgehalt)	Registertons (Nettoraumgehalt)	PS
DCCC	Dora Fritzen	Emden	18235,0	3436,96	7200
DCCD	Anna	Westeraccumersiel	4,9	1,73	36
DCCE	Anna	Neuharlingersiel	8,6	3,05	50
DCCF	Anna	Leer	265,0	93,48	130
DCCG	Hödur	Emden	8560,8	3021,98	3500
DCCH	Anna Margareta	Borkum	13,6	4,80	70
DCCI	Anna-Maria	Haren/Ems	220,7	77,92	100
DCCJ	Anna-Maria	Ditzum	165,6	58,47	90/100
DCCK	Anna Wilhelmine	Westrhauderfehn	111,1	39,23	70
DCCL	Rita	Haren/Ems	299,9	105,86	200
DCCM	Annele	Bensersiel	117,3	41,41	50
DCCN	Antine	Borkum	73,9	26,09	70
DCCO	Antje	Rorichmoor	77,7	27,43	36
DCCP	Anton	Haren/Ems	258,4	91,22	120
DCCQ	Ariadne	Borkum	214,6	75,74	75
DCCR	Arion	Norddeich	3,7	1,30	25
DCCS	Arktur	Westrhauderfehn	132,7	46,85	70
DCCT	Armin	Haren/Ems	294,7	104,03	200
DCCU	Arnold	Haren/Ems	356,2	125,73	95
DCCV	Maike Meyer-Gerhards	Borkum	281,1	99,24	50
DCCW	Baldur	Norderney	38,6	13,63	2×75
DCCX	Baltrum I	Baltrum	213,5	75,37	2×125
DCCY	Baltrum II	Baltrum	68,5	24,19	100
DCCZ	Baltrum	Emden	161,5*	57,01*	240
DCDA	Barbara	Ditzum	27,5	9,69	120
DCDB	Maria-Lena	Haren/Ems	260,2	91,85	100
DCDC	Bernhard	Haren/Ems	352,0	124,25	150
DCDD	Bernhardus	Haren/Ems	288,7	101,90	100
DCDE	Heimat	Neuharlingersiel	15,1	5,34	145
DCDF	Hertha I	Norderney	15,7	5,53	125
DCDG	Brandaris	Langeoog	359,7	126,96	135
DCDH	Burkana	Emden	83,4	29,43	50
DCDI	G. M. Daneker	Emden	385,5	136,07	600
DCDJ	Capella	Westrhauderfehn	64,5	22,77	90
DCDK	Capella	Greetsiel	216,4	76,41	75
DCDL	Carl Fisser	Emden	259,3	91,53	150
DCDM	Carl Thiele	Emden	285,4	100,74	390
DCDN	Rudolph Wendt	Leer	401,1	141,58	750
DCDO	C. H. Metger	Emden	285,4	100,74	390
DCDP	Johann Schulte	Emden	385,5	136,07	600
DCDQ	Christina	Haren/Ems	365,5	129,02	150
DCDR	Jann Saathoff	Emden	387,9	136,93	600
DCDS	Concordia	Norddeich	30,8	10,86	70
DCDT	Adler	Leer	119,7	42,26	60
DCDU	Kondor	Norddeich	15,1	5,31	50
DCDV	Cornelia	Warsingsfehn	263,9	93,17	96
DCDW	Cornelia	Leer	261,1	92,18	130
DCDX	Kormoran	Hamburg	375,3*	132,46*	350

* = Bruttoraumgehalt.

DCDY — DCFX

Unterscheidungssignale	Namen der Schiffe	Heimathafen der Schiffe	Kubikmeter Nettoraumgehalt	Registertons Nettoraumgehalt	PS
DCDY	Cum Deo	Haren/Ems	282,7	99,80	150
DCDZ	Dede	Leer	131,0	46,23	110
DCEA	Delphin	Greetsiel	5,8	2,05	50
DCEB	Consul Breuer	Emden	401,1	141,58	750
DCEC	Delphin	Norddeich	31,9	11,26	90
DCED	Dia Aubel	Emden	279,4*	98,63*	300
DCEE	Diana	Terborg/Ems	7,5	2,65	50
DCEF	Th. Klingenberg	Emden	387,9	136,93	600
DCEG	Fritzen I	Emden	71,6	25,28	850
DCEH	Großer Bär	Emden	101,3	35,76	1000
DCEI	Jann Looden	Greetsiel	16,4	5,80	80
DCEJ	Pirola	Warsingsfehn	447,9	158,10	—
DCEK	Dorothea Siemering	Warsingsfehn	560,4	197,82	240
DCEL	Dortmund	Emden	260,2	91,85	150
DCEM	Dr. Eichelbaum	Neuharlingersiel	32,1	11,34	120
DCEN	Drei Gebrüder	Norddeich	3,7	1,31	25
DCEO	Ebenezer	Neuharlingersiel	31,4	11,08	80
DCEP	Edelweiß	Greetsiel	9,3	3,29	50
DCEQ	Jan Gerdes	Haren/Ems	420,0	148,25	150
DCER	Einigkeit	Hamburg	141,4	49,91	110
DCES	Eintracht	Borkum	5,3	1,87	15
DCET	Elfriede	Leer	268,7	94,84	130
DCEU	Elisabeth	Haren/Ems	243,7	86,03	110
DCEV	Elisabeth	Potshausen	287,6	101,53	120
DCEW	Elisabeth	Greetsiel	164,2	57,95	80
DCEX	Carola Schulte	Emden	17798,1	6289,08	4100
DCEY	Elise	Haren/Ems	308,9	109,05	70
DCEZ	Ledingerland	Leer	370,9	130,92	100
DCFA	Gertrud Fritzen	Emden	10637,6	3755,08	10000
DCFB	Elli Schaa	Leer	208,8	73,70	75/90
DCFC	Else	Haren/Ems	233,8	82,53	70
DCFD	Else	Emden	244,1	86,17	125
DCFE	Elternsegen	Haren/Ems	234,8	82,89	165
DCFF	Christian I	Koppeln/Schlei	188,1	66,40	150
DCFG	Ems	Haren/Ems	279,3	98,59	145
DCFH	Ems	Varelerhafen	82,9	29,28	36
DCFI	Gesche Rohden	Emden	492,5	173,85	405
DCFJ	Ems	Greetsiel	14,3	5,06	75
DCFK	Norderney	Emden	111,6	39,38	750
DCFL	Emsstrom	Haren/Ems	237,5	83,82	100
DCFM	Engelbert	Haren/Ems	282,9	99,88	90
DCFN	Eos	Haren/Ems	271,3	95,76	125
DCFO	Erika	Leer	268,7	94,84	130
DCFP	Erna	Warsingsfehn	269,0	94,94	112
DCFR	Exelsior	Holte	134,6	47,50	55
DCFS	Falke	Neuharlingersiel	6,6	2,32	50
DCFV	Flott	Greetsiel	237,4	83,80	100
DCFW	Foline	Warsingsfehn	54,8	19,33	25
DCFX	Folt Wilhelm	Borkum	116,0	40,29	120

* = Bruttoraumgehalt.

DCFY — DCID

Unter-scheidungs-signale	Namen der Schiffe	Heimathafen	Kubikmeter (Nettoraumgehalt)	Registertons (Nettoraumgehalt)	PS
DCFY	Fortuna	Warsingsfehn	208,9	73,74	85
DCFZ	Fortuna	Rhaudermoor	382,1	134,90	130
DCGA	Fortuna	Bremen	124,5	43,96	80
DCGC	Fortuna I	Spiekeroog	64,9	22,92	50
DCGD	Franziska	Haren/Ems	218,5	77,15	90
DCGE	Frauke	Greetsiel	1,7	0,60	6
DCGF	Frauke	Warsingsfehn	137,9	48,68	50
DCGG	Freya	Dornumersiel	3,9	1,37	25
DCGH	Freya	Oldersum	13,7	4,84	50
DCGI	Frieda	Greetsiel	4,3	1,52	6
DCGJ	Friedrich Brons	Emden	259,2	91,49	150
DCGK	Frisia I	Norderney	589,3	208,01	600
DCGL	Frisia II	Norderney	61,3	21,62	75
DCGM	Frisia III	Norderney	253,1	89,33	450
DCGN	Frisia V	Norderney	100,6	35,52	70
DCGO	Frisia VI	Norderney	123,2	43,48	150
DCGP	Frisia VII	Norderney	82,1	28,98	75
DCGQ	Frisia IX	Norderney	388,7	137,20	250
DCGR	Frisia X	Norderney	385,3	136,00	350
DCGT	Frisia XIV	Norderney	134,1	47,63	90
DCGU	Frisia XV	Norderney	266,1	93,94	2×130
DCGV	Fünf Gebrüder	Ditzum	19,6	6,93	95
DCGW	Gebrüder	Neuharlingersiel	13,0	4,58	20
DCGX	Gebrüder	Carolinensiel	4,4	1,56	40
DCGY	Geen Tied	Greetsiel	16,8	5,94	75
DCGZ	Geeske	Bensersiel	78,9	27,84	50
DCHA	Georg	Meppen	279,2	98,55	70
DCHB	Gerda	Westrhauderfehn	138,5	49,81	93
DCHC	Gerhard	Haren/Ems	405,5	143,13	180
DCHD	Gerhardine	Borkum	82,1	28,98	75
DCHE	Germania	Warsingsfehn	132,6	46,81	70
DCHF	Gertrud	Haren/Ems	275,8	97,36	180
DCHG	Geschwisterliebe	Haren/Ems	311,9	110,09	150
DCHH	Gesina	Haren/Ems	303,3	107,06	90
DCHI	Gesine	Ostgroßefehn	197,4	69,68	36
DCHL	Gesine	Leer	261,1	92,18	130
DCHN	G. F. Zimmermann	Emden	290,1	102,41	390
DCHO	Glückauf	Haren/Ems	365,5	128,84	100
DCHP	Gondel	Westeraccumersiel	5,2	1,82	25
DCHQ	Goode Wind	Nesmersiel	4,9	1,72	10
DCHR	Gorch Fock	Neuharlingersiel	7,0	2,47	45/50
DCHS	Gott mit uns	Haren/Ems	211,4	74,62	100
DCHV	Hanne	Spetzerfehn	174,2	61,51	75
DCHX	Hans	Haren/Ems	301,0	105,94	150
DCHY	Hansgrete	Hamburg	114,3	40,35	70
DCIA	Harold	Varelerhafen	8,7	3,07	38
DCIB	Hayo	Leer	294,8	104,05	150
DCIC	Heimat	Haren/Ems	296,8	104,77	50
DCID	Heimkehr	Emden	216,4	76,38	150

DCIE — DCKR

Unter-scheidungs-signale	Namen der Schiffe	Heimathafen der Schiffe	Kubikmeter Nettoraumgehalt	Registertons Nettoraumgehalt	PS
DCIE	Heinrich Brons	Emden	263,5	93,00	150
DCIF	Heinrich Elfring	Haren/Ems	231,2	81,62	100
DCIG	Heinrich Kappelhoff.	Emden	247,5	87,36	150
DCIH	Heinz	Haren/Ems	295,3	104,24	70
DCIJ	Helene II	Haren/Ems	174,9	61,74	75
DCIL	Helgoland..........	Emden	123,1	43,47	500
DCIM	Henny	Warsingsfehn.......	95,4	3,69	25
DCIO	Herm..............	Haren/Ems	279,1	98,52	200
DCIP	Hermangela	Haren/Ems	296,5	104,66	110
DCIQ	Hermine	Haren/Ems	315,5	111,58	105
DCIR	Hermine	Leer	263,6	93,05	100
DCIS	Herta Schaa........	Ostrhauderfehn	337,2	83,72	75/90
DCIT	Hertha Johanne	Rhaudermoor.......	592,5	209,16	150
DCIU	Hildburg	Leer	188,2	66,44	200
DCIV	Hilde..............	Leer	236,4	83,46	245
DCIX	Hildegard	Westeraccumersiel ..	13,1	4,63	50
DCIY	Hilde-Gertrud	Borkum	5,1	1,80	36
DCIZ	Hinderk Looden	Greetsiel	15,3	5,39	50
DCJB	Hoffnung	Rhaudermoor.......	260,9	92,10	90
DCJE	Hoffnung	Carolinensiel........	6,7	2,35	36
DCJF	Hohenzollern	Emden	7,8	2,77	25
DCJG	Iduna	Haren/Ems	248,6	87,75	120
DCJJ	Immanuel	Holterfehn	206,2	72,79	75
DCJK	Insulaner	Norderney	102,2	36,07	36
DCJN	Jantje	Borkum	67,4	23,78	35
DCJP	Johann Hermann ...	Haren/Ems	307,3	108,49	150
DCJQ	Johann Wessels	Emden	149,2	52,60	650
DCJR	Johann Wessels	Emden	296,4	104,64	130
DCJS	Johanna	Warsingsfehn.......	136,4	48,15	25
DCJT	Johanna	Warsingsfehn.......	132,4	46,73	50
DCJU	Johanna	Greetsiel	1,7	0,59	6
DCJV	Johanne	Haren/Ems	254,3	89,92	95
DCJW	Johanne	Carolinensiel........	6,7	2,38	30
DCJX	Johanne	Friedrichsschleuse...	9,1	3,23	75
DCJZ	Johannes	Haren/Ems	232,0	81,91	90
DCKA	Johannes	Norddeich	21,5	7,59	100
DCKB	Jop	Haren/Ems	502,8	177,32	300
DCKE	Juliane	Greetsiel	10,5	3,71	50/55
DCKF	Jupiter	Warsingsfehn.......	226,3	79,89	150
DCKG	Jupiter	Petkum	107,3	37,88	70
DCKJ	Karl..............	Neuharlingersiel	8,6	3,04	44
DCKK	Katharina..........	Haren/Ems	373,4	131,81	75
DCKL	Katharina Elisabeth.	Juist	373,4	131,81	75
DCKM	Kehrheim	Greetsiel	10,8	3,81	100
DCKN	Kehrewieder........	Ihlowerfehn	149,3	52,71	34
DCKO	Kehrwieder	Oldenburg	142,1	50,18	100
DCKP	Kehrewieder........	Greetsiel	4,5	1,58	30/35
DCKQ	Kehrewieder I	Norden	13,0	4,59	65
DCKR	Kehrewieder II	Westeraccumersiel ..	4,0	1,41	25

DCKS — DCNC

Unter-scheidungs-signale	Namen der Schiffe	Heimathafen der Schiffe	Kubikmeter Nettoraumgehalt	Registertons Nettoraumgehalt	PS
DCKS	Kiel	Westeraccumersiel	13,0	4,59	30/36
DCKT	Klara Katharina	Greetsiel	266,3	94,01	120
DCKV	Konkordia	Haren/Ems	301,2	106,34	90/100
DCKW	Jogela	Haren/Ems	514,0	181,44	200
DCKX	Langeoog	Emden	333,2*	117,63*	400
DCKZ	Langeoog II	Langeoog	551,0	194,4	90
DCLA	Langeoog IV	Langeoog	192,0	67,77	220
DCLB	Caroline	Langeoog	151,3	53,41	50
DCLC	Laurenz	Haren/Ems	245,1	86,53	100
DCLD	Lauria	Haren/Ems	224,5	79,25	75
DCLF	Leda	Borkum	7,9	2,78	35
DCLH	Lena	Haren/Ems	230,1	81,22	100
DCLI	Lena	Haren/Ems	296,6	104,70	75
DCLJ	Lena Katharina	Haren/Ems	290,4	102,50	110
DCLK	Lene	Leer	207,4	73,22	75
DCLL	Liberté	Greetsiel	66,6	23,52	56/60
DCLM	Liesbeth	Haren/Ems	298,8	105,47	70/75
DCLN	Liesbeth-Grete	Haren/Ems	206,3	108,12	70
DCLO	Lilie	Norden	242,4	85,56	50
DCLP	Lina	Ostrhauderfehn	40,8	14,39	20
DCLQ	Liny	Greetsiel	66,7	23,55	42
DCLR	Lübbert	Haren/Ems	298,2	105,28	150
DCLT	L. Ruyl	Emden	247,8	87,46	150
DCLU	Margaretha	Haren/Ems	310,5	109,59	125/165
DCLV	Margreth	Haren/Ems	237,1	83,70	155
DCLW	Maria	Haren/Ems	291,6	102,94	120
DCLX	Maria	Haren/Ems	255,7	90,25	90
DCLY	Maria Christina	Haren/Ems	288,5	101,83	70
DCLZ	Maria Elfring	Haren/Ems	198,4	70,22	90/110
DCMA	Maria Elise	Haren/Ems	282,4	99,68	110
DCMB	Maria Gebina	Haren/Ems	214,7	75,80	75
DCMC	Maria Helena	Haren/Ems	196,2	69,25	70
DCME	Marie	Leer	258,0	91,06	130
DCMF	Borkum	Emden	258,7*	91,33*	375
DCMG	Marie-Hermine-Elise	Ditzum	146,5	51,73	50
DCMH	Mar.BR. Schlichting	Norddeich	30,8	10,86	95
DCMI	Martha	Bensersiel	246,8	93,48	130
DCMK	Mecheline	Ditzum	8,9	3,14	65
DCML	Mein Glück	Greetsiel	16,6	5,85	75
DCMN	Meta	Greetsiel	7,7	2,74	50
DCMQ	Meteor	Aurich	76,7	27,06	50
DCMS	Minchen	Haren/Ems	241,5	85,26	120
DCMT	Min.-Dir. Streil	Emden	346,9	122,45	150
DCMX	Möwe	Bensersiel	4,3	1,52	20
DCMY	Möwe	Haren/Ems	276,3	97,53	120
DCMZ	Möwe	Ostrhauderfehn	101,6	35,87	50
DCNA	Morgenstern	Neuharlingersiel	7,2	2,54	50
DCNB	Münster	Emden	264,1	93,24	100
DCNC	Mutterliebe	Haren/Ems	246,4	86,98	144

* = Bruttoraumgehalt.

DCND — DCPQ

Unterscheidungssignale	Namen (der Schiffe)	Heimathafen (der Schiffe)	Kubikmeter (Nettoraumgehalt)	Registertons (Nettoraumgehalt)	PS
DCND	Muttersegen	Haren/Ems	293,5	103,61	150
DCNE	Nelson	Westeraccumersiel	4,5	1,59	30
DCNG	Norden	Varelerhafen	55,9	19,72	50
DCNI	Norderney	Emden	154,7*	54,61*	160
DCNK	Nordsee	Carolinensiel	7,8	2,75	25
DCNL	Nordsee	Greetsiel	12,5	4,41	65
DCNN	Nordstern	Warsingsfehn	56,6	19,98	15
DCNO	Nordstern	Greetsiel	5,5	1,93	25
DCNQ	Nordstern	Greetsiel	4,1	1,62	15
DCNT	Odin	Haren/Ems	299,4	105,68	100
DCNU	Orion	Westrhauderfehn	250,4	88,40	105
DCNV	Osterems	Borkum	25,6	8,84	75
DCNW	Ostfriesland	Juist	59,4	20,96	50
DCNX	Ostfriesland	Oldersum	9,5	3,36	22
DCNZ	Ottina	Haren/Ems	255,4	90,17	200
DCOA	Paula	Haren/Ems	292,6	103,04	120
DCOB	Pauline	Norderney	4,2	1,50	25
DCOC	Perle	Carolinensiel	72,4	25,56	25
DCOD	Pieter	Carolinensiel	3,8	1,35	25
DCOE	Pirola	Neuharlingersiel	9,7	3,41	75
DCOF	Preciosa	Westeraccumersiel	8,4	2,95	25
DCOG	Preußen	Oldenburg	230,8	81,47	290
DCOH	Prinz Homburg	Emden	265,0	93,53	240
DCOI	Pusch	Bensersiel	8,3	2,92	75
DCOJ	Quo Vadis	Haren/Ems	296,0	104,50	120
DCOK	Regina	Emden	17,1	6,04	200
DCOL	Regina	Haren/Ems	255,7	90,26	180
DCON	Regine	Greetsiel	2,0	0,70	12
DCOO	Reimar	Haren/Ems	293,3	103,31	120
DCOP	Reinhard	Haren/Ems	266,8	94,17	75
DCOQ	Reinhold	Haren/Ems	294,5	103,97	75
DCOR	Resi	Norderney	180,7	63,77	100
DCOS	Res Nova	Haren/Ems	267,1	87,23	100
DCOT	Rheinland	Emden	754,2	266,22	400
DCOU	Ria	Haren/Ems	242,3	85,55	150
DCOV	Rina	Carolinensiel	8,5	3,00	50
DCOW	Rudolf	Haren/Ems	362,1	127,83	110
DCOY	Salva Nos	Haren/Ems	242,6	85,65	130
DCOZ	Schwalbe	Wyk/Föhr	123,8	43,69	150
DCPD	Schwalbe	Neuharlingersiel	3,7	1,32	25
DCPF	Seeadler	Emden	86,7	30,60	40
DCPG	Wangerooge	Emden	110,6	39,04	500
DCPJ	Seeadler	Norderney	10,4	3,67	20
DCPK	Seehund	Norden	150,5	53,12	100
DCPL	Seelust	Westeraccumersiel	3,1	1,09	12
DCPM	Seelust	Spiekeroog	59,9	21,13	75
DCPN	Seemöwe	Norddeich	3,0	1,05	6
DCPO	Seestern	Neuharlingersiel	9,8	3,46	40
DCPQ	Sina	Haren/Ems	247,4	87,34	135

* = **Bruttoraumgehalt.**

DCPR — DCSE

Unterscheidungssignale	Namen der Schiffe	Heimathafen der Schiffe	Kubikmeter (Nettoraumgehalt)	Registertons (Nettoraumgehalt)	PS
DCPR	Sirius	Westrhauderfehn	95,1	33,50	50
DCPT	Spekulant	Ditzum	11,7	4,13	30
DCPU	Spes Mea	Haren/Ems	248,8	87,82	180
DCPW	Spiekeroog	Spiekeroog	70,7	24,97	110
DCPX	St. Joseph	Haren/Ems	383,3	135,31	210
DCPY	St. Nikolaus	Haren/Ems	290,9	102,69	50
DCPZ	Steffi	Haren/Ems	307,0	108,35	90
DCQA	Stephan	Haren/Ems	256,7	90,60	125
DCQB	Störtebecker	Borkum	21,9	7,73	32
DCQC	Sturmvogel	Greetsiel	11,7	4,11	40
DCQD	Susanna-Maria	Haren/Ems	216,4	76,38	70
DCQE	Taucher Picksack	Oldersum	10,1	3,56	75
DCQF	Tempo	Haren/Ems	201,6	71,17	90/110
DCQH	Stölkenhörn	Hamburg	238,1	84,04	120
DCQI	Theda	Oldersum	9,8	3,45	50
DCQJ	Thekla Helene	Haren/Ems	217,4	76,73	75
DCQK	Theo-Grete	Haren/Ems	218,3	98,94	110
DCQL	Tim	Haren/Ems	268,6	94,82	220
DCQM	Tini	Emden	139,1	49,11	75
DCQN	Tjeda	Emden	41,2	14,56	30
DCQP	Trientje	Iheringsfehn	83,7	29,53	35
DCQS	Ursula	Emden	218,2	77,01	100
DCQU	Hoffnung E	Warsingsfehn	103,2	36,42	50
DCQY	Vertrauen	Warsingsfehn	158,7	56,03	50
DCRA	Vier Gebrüder	Warsingsfehn	60,1	21,22	25
DCRB	Vier Gebrüder	Carolinensiel	47,3	16,71	75
DCRC	Victoria	Emden	218,2	77,01	120/180
DCRE	Vorwärts	Westeraccumersiel	4,9	1,73	25
DCRF	Vorwärts	Langeoog	3,3	1,15	20
DCRG	Vorwärts	Neuharlingersiel	31,2	11,01	90
DCRH	Vorwärts	Greetsiel	11,8	4,16	70
DCRI	Vorwärts	Rhaudermoor	313,8	110,75	77
DCRM	Welle	Carolinensiel	7,8	2,75	36
DCRN	Westerems	Borkum	25,0	8,84	75
DCRO	Wienhard	Ditzum	8,9	3,14	75
DCRP	Wiking	Greetsiel	13,0	4,58	75
DCRQ	Liese-Lore	Haren/Ems	272,6	96,24	120
DCRS	Wilhelmine	Warsingsfehn	268,8	94,88	150
DCRT	Wilhelmine	Westrhauderfehn	49,1	17,34	36
DCRU	Willig	Borkum	6,8	2,38	28
DCRV	Willi	Neuharlingersiel	3,6	1,27	20
DCRW	Wilma	Haren/Ems	304,4	107,45	180
DCRX	Zukunft	Wilhelmshaven	8,2	2,89	24
DCRY	Zukunft	Greetsiel	10,3	3,63	70
DCRZ	Zwei Gebrüder	Haren/Ems	325,9	115,03	120
DCSA	Zwei Gebrüder	Warsingsfehn	166,8	58,88	70
DCSB	Zwei Gebrüder	Ditzum	10,6	3,75	40/50
DCSD	Baltic	Haren/Ems	423,4	149,47	120
DCSE	Germania	Neuharlingersiel	10,7	3,78	

DCSH — DCUS

Unterscheidungssignale	Namen der Schiffe	Heimathafen der Schiffe	Kubikmeter Nettoraumgehalt	Registertons Nettoraumgehalt	PS
DCSH	Konsul Schulte	Emden	7912,4	2793,09	1900
DCSI	Hai	Emden	3,2	1,12	45
DCSJ	Petschili	Emden	384,2	135,62	396
DCSL	Langeoog VI	Langeoog	50,4	17,81	25
DCSM	Justine Wessels	Emden	200*	70,61*	195
DCSO	Gerrit Wessels	Emden	163,2*	57,62*	200
DCSP	Carl Danziger	Emden	263,9*	93,27*	430
DCSQ	Consul Lindemann	Emden	256,2*	90,46*	430
DCSS	Mellum	Emden	94,4	33,32	375
DCST	Elise	Ditzum	8,9	3,14	40
DCSU	Almina	Großefehn	93,4	33,14	50
DCSV	Elise Schulte	Hamburg	3693,2	1303,69	1500
DCSY	Ostfriesland	Greetsiel	10,3	3,63	70/75
DCTB	Elisabeth	Leer	124,5	43,95	56
DCTC	Helgoland	Düsseldorf	166,5*	84,77*	220
DCTE	Edelweiß	Neuharlingersiel	10,4	3,66	72
DCTH	Käthe	Haren/Ems	221,0	78,02	70
DCTI	Heimkehr	Cuxhaven	91,6	32,33	40
DCTJ	Robbe	Norden	172,9	61,03	
DCTK	Nordstern	Jemgum	7,5	2,65	25
DCTL	Heimat	Norderney	20,5	7,22	50
DCTN	Glaube	Neuharlingersiel	6,4	2,25	130
DCTO	E. S. I. 1	Neuharlingersiel	123,5	43,61	—
DCTP	E. S. I. 2	Neuharlingersiel	124,1	43,80	—
DCTQ	E. S. I. 3	Neuharlingersiel	144,7	51,07	—
DCTR	Hermann	Emden	143,9*	50,78*	168
DCTS	Martha Hendrik Fisser	Emden	8402,9	2966,22	2500
DCTT	Karin	Greetsiel	63,0	22,24	120
DCTU	Hendrik Fisser+	Emden	3997,7	1411,20	1250
DCTV	Anna	Leer	4,4	1,57	65
DCTW	Pionier II	Emden	219,1	77,34	—
DCTX	Vineta	Norderney	24,5	8,65	60
DCTY	Grete	Emden	80,8*	28,51*	275
DCTZ	Bremse	Borkum	15,6	5,49	55
DCUA	Edith	Papenburg	184,4	65,09	50
DCUB	Frieda-Luise	Greetsiel	10,2	3,61	65
DCUC	Otto Schepers	Haren/Ems	516,8	182,44	150
DCUD	Dorothea	Duisburg-Ruhrort	163,3*	57,66*	245
DCUE	Ems IV	Leer	192,4*	67,91*	225
DCUF	Lilo	Leer	4,3	1,53	44
DCUG	Johann Schulte	Emden	9814,5	3464,53	2750
DCUJ	Bernhard	Haren/Ems	270,3	95,43	75
DCUL	St. Antonius	Haren/Ems	527,4	186,18	250
DCUM	Rudolf Schepers	Haren/Ems	502,6	177,41	250
DCUN	Eliza Nübel	Emden	8808,7	3109,46	2000
DCUO	Hermann	Haren/Ems	494,0	174,38	200
DCUP	Jacobus Fritzen	Emden	2963,4	1046,09	1250
DCUR	Karl	Haren/Ems	273,2	96,44	250
DCUS	Otto	Haren/Ems	522,8	184,55	250

* = Bruttoraumgehalt.

DCUU — DCWQ

Unter-scheidungs-signale	Namen der Schiffe	Heimathafen der Schiffe	Kubikmeter (Nettoraumgehalt)	Registertons (Nettoraumgehalt)	PS
DCUU	Franz	Haren/Ems	273,2	96,44	265
DCUV	Neptun	Borkum	1,3	0,47	12
DCUW	Heinrich Schulte	Emden	4443,4	1568,51	1250
DCUX	Katharina Dorothea Fritzen	Emden	10660,2	3763,06	2200
DCUY	Ditzum-Petkum	Ditzum	50,7	17,90	100
DCUZ	Martha	Emden	416,1	146,87	180
DCVA	Rolf	Haren/Ems	273,2	96,44	250
DCVB	Wilhelm Nübel	Emden	4385,2	1547,98	1250
DCVC	Christel	Haren/Ems	348,3	122,97	250
DCVD	La Paloma	Brake	442,5	156,21	250
DCVF	Gent Visser	Norderney	59,7	21,09	130
DCVG	Lippe	Emden	23,9	8,44	250
DCVH	Anne Albrecht	Carolinensiel	7,7	2,72	30
DCVI	Lydia	Carolinensiel	7,6	2,69	20/25
DCVJ	Justizrat Clasen	Leer	431,1	152,34	860
DCVK	Erna	Greetsiel	13,1	4,63	75
DCVL	Jakob Ekkenga	Emden	425,1	150,05	680
DCVN	Westfalen	Emden	399,2	140,91	520
DCVO	Henriette Schulte	Hamburg	9251,9	3265,92	4000
DCVP	Hermann Litmeyer	Haren/Ems	389,1	137,36	300
DCVQ	Ostfriesland	Leer	408,8	144,31	250
DCVR	Stadt Leer	Leer	766,1	270,43	360
DCVS	Reimer Edzard Fritzen	Emden	9268,1	3271,64	4000
DCVU	Carl Fisser	Emden	9268,1	3271,64	4000
DCVV	Auguste Schulte	Hamburg	989,1	349,15	925
DCVW	Anni Schaa	Leer	697,3	246,16	250
DCVX	Adele Ysker	Greetsiel	360,5	127,26	200
DCVZ	Odin	Emden	8630,4	3046,54	3200
DCWA	Maria Schulte	Hamburg	982,7	346,88	·925
DCWB	Peterzwei	Papenburg	870,1	307,13	925
DCWC	Franz	Emden	487,1	171,96	—
DCWD	Berni Nübel	Emden	978,2	345,31	925
DCWE	Herta Engeline Fritzen	Emden	9161,9	3234,16	3500
DCWF	Alwin Klein	Emden	858,0	302,88	415
DCWG	Friedrich	Rhaudermoor	189,4*	66,84*	250
DCWI	Franciska Hendrik Fisser	Emden	9194,9	3245,80	4000
DCWJ	Kondor	Haren/Ems	397,8	140,43	300
DCWK	Conrad	Haren/Ems	512,1	180,76	300
DCWL	Erika Fritzen	Emden	10409,1	3674,41	2300
DCWM	Alwine	Norderney	17,1	6,03	75
DCWN	Julius	Norden	2,4	0,85	100
DCWO	Elisabeth Hendrik Fisser	Emden	1845,2	651,36	1250
DCWP	Leonore	Leer	567,9	200,46	285
DCWQ	Frisia IV	Norderney	521,7	184,15	600

* = Bruttoraumgehalt.

DCWR — DDBU

Unter-scheidungs-signale	Namen der Schiffe	Heimathafen	Kubik-meter Nettoraumgehalt	Register-tons	PS
DCWR	Gertrud	Leer	652,5	230,32	500
DCWS	Otto Nübel	Emden	1062,6	375,10	1250
DCWT	Jan	Haren/Ems	380,9	134,47	
DCWU	Angela Schepers	Haren/Ems	332,3	117,31	135
DCWV	Vieneta II	Norderney	14,8	5,24	90
DCWW	Steinbock	Rhaudermoor	524,5	185,15	150
DCWX	Vertrauen	Haren/Ems	330,4	116,62	150
DCWY	Hinricus	Norddeich	27,5	9,70	
DCWZ	Frauke Hermanna	Greetsiel	63,7	22,50	120
DDAA	Thor	Norddeich	18,8	6,63	90
DDAB	Hendrik Okko Fisser	Emden	8570,0	3025,21	5400
DDAC	Lauting	Emden	1832,4	646,84	450
DDAD	Friesland	Leer	539,3	190,36	300
DDAE	Akke	Varelerhafen	13,5	4,77	100
DDAH	Auster	Wilhelmshaven	11,1	3,92	36
DDAI	Brigitte	Varelerhafen	13,4	4,72	100
DDAJ	Dauens	Cuxhaven	162,1	57,21	60
DDAK	Delphin	Wilhelmshaven	4,0	1,42	36
DDAM	Edo Meyer	Varelerhafen	9,5	3,37	30
DDAN	Elfriede	Wremen	3,1	1,09	10
DDAO	Elke	Wilhelmshaven	9,5	3,37	36
DDAP	Elsa	Wremen	5,1	1,80	26
DDAQ	Fortuna	Rüstersiel	6,4	2,27	25
DDAR	Frauke	Hooksiel	10,8	3,81	75
DDAS	Friesland	Wilhelmshaven	260,1	91,83	310
DDAT	Friesland	Wilhelmshaven	6,3	2,22	20
DDAU	Frisia	Hooksiel	3,9	1,38	24
DDAV	Geeske	Varelerhafen	95,5	33,71	50
DDAX	Hebelina	Leer	315,6	111,42	150
DDAY	Heiko	Varelerhafen	13,5	4,75	100
DDAZ	Hein Godenwind	Rüstersiel	4,8	1,70	15
DDBA	Helene-Auguste	Kiel	59,7	21,09	140
DDBB	Fortuna II	Neuharlingersiel	5,4	1,92	25
DDBC	H. Meyer	Varelerhafen	15,6	5,51	130
DDBD	Iduna	Varelerhafen	7,3	2,56	50
DDBE	Irene	Varelerhafen	4,4	1,08	25
DDBG	Jade	Wilhelmshaven	6,3	2,24	36
DDBH	Jan	Varelerhafen	13,5	4,75	65
DDBI	Jan Waalke	Varelerhafen	13,5	4,75	65
DDBJ	Johanne	Varelerhafen	5,7	2,01	12
DDBM	Karl Heinz	Wremen	3,2	1,13	25
DDBN	Kehrwieder	Hooksiel	8,4	2,96	36
DDBO	Kehrwieder	Wilhelmshaven	10,0	3,54	36
DDBP	Klaus Günter	Wilhelmshaven	10,5	3,71	50
DDBQ	Leonore-Johanne	Norddeich	8,7	3,06	50
DDBR	Liebe	Rüstersiel	4,9	1,74	18
DDBS	Margarete	Wremen	8,9	3,14	36
DDBT	Marie	Wremen	4,8	1,69	50
DDBU	Martha	Hooksiel	10,6	3,74	25

DDBW — DDEZ

Unterscheidungssignale	Namen der Schiffe	Heimathafen der Schiffe	Nettoraumgehalt Kubikmeter	Nettoraumgehalt Registertons	PS
DDBW	Martha VII	Wilhelmshaven	3,5	1,25	20
DDBX	Meike	Möltenort	50,1	17,69	155
DDBY	Mellum	Wilhelmshaven	135,1	47,70	150
DDBZ	Möwe	Wremen	4,8	1,69	25
DDCA	Möwe	Varelerhafen	6,1	2,17	36
DDCB	Nattnäs	Borkum	5,3	1,86	36
DDCC	Nixe	Wremen	3,5	1,24	15
DDCE	Nordlicht	Varel	6,8	2,41	25
DDCF	Nordstern	Dangast	8,5	3,00	50
DDCG	Ostfriesland	Varelerhafen	3,6	1,26	10
DDCI	Holstein	Lübeck-Travemünde	64,1	22,63	120
DDCJ	Pommern	Hooksiel	5,2	1,83	20
DDCK	Reinhold	Wilhelmshaven	10,9	3,87	68
DDCL	Ria	Wremen	3,4	1,20	26
DDCM	Saturn	Kiel	17,6	6,21	150
DDCN	Saturn	Wilhelmshaven	14,2	5,00	32
DDCO	Schwalbe	Hooksiel	4,6	1,61	10
DDCP	Schwalbe	Varel	4,9	1,74	10
DDCR	Seehund	Wilhelmshaven	7,1	2,50	20
DDCS	Sirius	Duisburg	37,7	13,22	75
DDCT	Störtebecker	Varelerhafen	3,1	1,08	20
DDCU	Tide	Varelerhafen	5,7	2,01	30
DDCV	Trotz	Varelerhafen	3,8	1,34	12
DDCW	Venus	Wilhelmshaven	5,9	2,09	20
DDCX	Wal	Varelerhafen	12,0	4,25	60
DDCZ	Holstein	Schulau	57,2	20,21	150
DDDA	Wilma	Varelerhafen	6,4	2,27	8
DDDB	Fortuna	Wilhelmshaven	5,2	1,86	25
DDDD	Fortuna	Varelerhafen	8,9	3,14	40
DDDE	Hans Otto	Wilhelmshaven	2,3	0,81	15
DDDF	Rüstringen	Wilhelmshaven	1026,9	362,49	2×250
DDDG	Hanne	Wilhelmshaven	18,9	6,95	150
DDDJ	Rita	Kiel	60,9	21,51	150
DDDL	Makrele	Wilhelmshaven	63,8	22,52	120
DDDM	Elfe	Wilhelmshaven	38,7	13,65	2×50
DDDN	Anna Bohlen	Varel	147,3	51,98	85
DDDP	J. Kengelbach	Varel	3,6	1,26	75
DDDR	Ina	Rüstersiel	5,4	1,89	25
DDDS	Hinderk Bültjer	Varelerhafen	7,7	2,70	50
DDDT	Vörut	Varelerhafen	8,0	2,71	30
DDDU	Wiking	Neuharlingersiel	7,7	2,70	50
DDDV	Jeanlyma	Wilhelmshaven	141,8	50,08	
DDDW	Akke-Meyer	Varelerhafen	162,9	57,49	100
DDDX	Gorch Fock	Varelerhafen	6,9	2,44	45
DDDY	Hanna	Varelerhafen	8,1	2,86	42
DDDZ	Nordstern	Hooksiel	7,3	2,58	
DDEA	Heinrich Wessels	Wilhelmshaven	211,0	74,48	120
DDEZ	Adler	Brake	23,1	8,16	80

DDFA — DDHG

Unterscheidungssignale	Namen der Schiffe	Heimathafen der Schiffe	Kubikmeter (Nettoraumgehalt)	Registertons (Nettoraumgehalt)	PS
DDFA	Aenna Jacobs	Brake	140,4	49,56	100
DDFD	Anna	Brake	186,7	65,91	80
DDFE	Anna	Brake	10,9	3,84	72
DDFF	Anna	Brake	8,8	3,10	75
DDFG	Anna Tekla	Brake	7,8	2,76	40
DDFH	Anne Friede	Brake	6,2	2,19	15
DDFI	Annegret	Brake	98,6	34,80	60
DDFJ	Asathor	Fedderwardersiel	6,2	2,19	45
DDFK	Auguste	Bremen	115,6	40,80	75
DDFL	Barsch	Brake	14,4	5,10	35
DDFM	Katharina	Strohausen	12,2	4,32	30
DDFN	Concordia	Barssel	45,2	15,98	22
DDFO	Condor	Brake	35,6	12,58	72
DDFQ	Dietrich Ahrens	Brake	385,4	136,00	150
DDFR	Dora	Fedderwardersiel	12,8	4,53	56
DDFS	Ebenezer	Brake	118,2	41,72	75
DDFT	Ebenezer	Brake	11,7	4,15	50
DDFU	Elsbeth	Großensiel	4,2	1,48	12
DDFV	Erna	Brake	240,0	84,73	75
DDFW	Falke	Burhaversiel	9,1	3,22	45
DDFZ	Frieda	Brake	13,8	4,86	75
DDGA	Frieda Luise	Dedesdorf	147,2	51,97	120
DDGB	Frieden	Hamburg	36,0	12,70	180
DDGC	Friedrich-August	Oldenburg	151,1*	53,34*	400/500
DDGD	Friesenland	Brake	495,2	174,79	150
DDGE	Garneele	Bensersiel	4,1	1,43	70
DDGF	Gebrüder	Nordenham	29,6	10,44	240
DDGG	Georg	Brake	9,5	3,35	40
DDGI	Gorch Fock	Burhaversiel	8,9	3,16	36
DDGJ	Grete	Brake	247,7	87,44	100
DDGL	Grüß Gott	Fedderwardersiel	10,4	3,66	60
DDGM	Hannelore	Leer	12,6	4,45	100
DDGN	Hanni	Burhaversiel	3,1	1,09	30
DDGO	Hans	Brake	9,2	3,42	75
DDGP	Hans-Georg	Elsfleth	390,7	137,92	165
DDGS	Heidina	Barsselermoor	71,3	25,16	36
DDGT	Heinrich	Barssel	188,6	66,60	120
DDGU	Helene	Brake	96,8	34,16	75
DDGW	Helene	Nordenham	4,5	1,59	36
DDGX	Henny	Großensiel	109,9	38,82	60
DDGY	Hermann	Barssel	100,0	35,31	70
DDGZ	Hilde	Großensiel	129,9	38,35	36
DDHA	Hildegard	Brake	5,2	1,84	40
DDHB	Hoffnung	Haren/Ems	386,1	136,31	150
DDHC	Hoffnung	Fedderwardersiel	13,4	4,68	50
DDHD	Hunte	Oldenburg	46,8*	16,53*	70
DDHE	Ida	Barssel	78,8	27,80	36
DDHF	Selma Borries	Brake	202,4	71,46	80
DDHG	Iduna	Fedderwardersiel	5,7	2,00	24

* = Bruttoraumgehalt.

DDHH — DDKC

Unterscheidungssignale	Namen der Schiffe	Heimathafen der Schiffe	Kubikmeter Nettoraumgehalt	Registertons Nettoraumgehalt	PS
DDHH	Ingeborg	Oldenburg	229,6	81,04	70
DDHJ	Irjo	Brake	9,4	3,32	56
DDHK	Johann	Oldenburg	195,5	69,00	110
DDHL	Johann	Barssel	192,1	67,80	90/100
DDHM	Johanna	Brake	420,2	148,32	165
DDHN	Johannes	Nordenham	6,7	2,35	25
DDHO	Jupiter	Fedderwardersiel	15,8	5,58	50
DDHP	Karl	Oldenburg	98,3*	34,69*	110
DDHQ	Karl Georg	Brake	18,7	6,59	36
DDHR	Karla Baake	Brake	6,4	2,25	56
DDHS	Lene	Brake	11,5	4,05	40
DDHT	Lilly	Brake	210,1	74,17	120
DDHU	Luise Bergmann	Brake	380,6	134,35	165
DDHV	Luki	Nordenham	2,7	0,95	12
DDHW	Margaretha	Fedderwardersiel	17,1	6,04	120
DDHX	Margaretha	Brake	4,3	1,51	15
DDHZ	Margarethe	Brake	21,1	7,41	50
DDIA	Maria	Barssel	273,7	96,62	115
DDIB	Christoph Kleemeyer	Bremen	302,5	106,78	135
DDIC	Mathilde	Brake	87,0	30,72	50
DDIH	Möwe	Brake	29,3	13,87	150
DDII	Möwe	Duisburg	122,3	43,16	75
DDIK	Möwe	Burhaversiel	5,2	1,85	24
DDIP	Regina	Brake	273,1	96,42	120
DDIQ	Reiher	Hamburg	36,0	12,70	150
DDIR	Rosette	Strohausen	78,4	27,68	25
DDIS	Schwalbe	Brake	13,3	4,71	80
DDIT	Schwalbe	Fedderwardersiel	7,2	2,53	75
DDIU	Seeadler	Brake	83,2	29,38	50
DDIW	Seeadler	Eckwardersiel	14,3	5,05	70
DDIY	Seelöwe	Brake	5,5	1,95	25
DDIZ	Seeschwalbe	Eckwardersiel	3,7	1,31	20
DDJE	Sturmvogel	Großensiel	9,4	3,33	50
DDJF	Thekla	Barssel	409,2	144,45	200
DDJH	Ursula	Brake	4,3	1,50	36
DDJI	Vorwärts	Brake	219,0	77,30	75
DDJJ	Weserlust	Fedderwardersiel	5,0	1,77	20
DDJK	Wilhelm Lühring	Brake	332,4	117,35	180
DDJL	Wilhelmine	Brake	15,0	5,30	40
DDJM	Zwei Gebrüder	Fedderwardersiel	29,6	10,44	150
DDJR	Tiefbau	Blexen	0,7	0,25	90
DDJS	Berta Jacobs	Brake	254,0	89,66	100
DDJT	Schulschiff Deutschland	Oldenburg	2179,2	769,26	5500
DDJU	Dora	Nordenham	7,6	2,70	24
DDJX	Seemöve	Brake	66,3	23,42	—
DDJY	Fortschritt	Nordenham	6,5	2,31	36
DDJZ	Johann	Nordenham	8,1	2,86	40
DDKC	Welle	Brake	12,6	4,46	15

* = Bruttoraumgehalt.

DDKD — DDOG

Unter-scheidungs-signale	Namen der Schiffe	Heimathafen	Kubikmeter (Nettoraumgehalt)	Registertons (Nettoraumgehalt)	PS
DDKD	Diana	Eckwardersiel	4,2	1,49	—
DDKF	Heinz-Werner	Absersiel	7,7	2,71	25
DDKH	Gebrüder	Nordenham	18,5	6,54	
DDKJ	Elisabeth	Brake	266,5	94,09	100
DDKK	Elisabeth	Barssel	748,5	264,23	250
DDKM	Erich	Brake	4284,8	1512,53	1300
DDKN	Charlotte	Elsfleth	450,3	161,79	250
DDKO	Elli Ahrens	Brake	406,3	143,41	250
DDKP	Anton Wilhelm	Brake	841,4	297,00	270
DDKQ	Irmingard	Hamburg	6453,0	2277,90	2400
DDKR	Münsterland	Barssel	792,9	279,88	250
DDKS	Narwal	Oldenburg	35,0	12,36	120
DDKT	Hans	Brake	124,5	43,95	100
DDKU	Freya	Brake	380,5	134,32	250
DDKV	Else	Brake	4010,7	1415,78	2300
DDKW	Assistent I	Lemwerder	159,7*	56,38*	300
DDKX	Walter+	Brake	6924,3	2444,26	3000
DDKY	Rodenkirchen	Strohausen	535,6	189,05	200
DDKZ	Stadland	Brake	583,8	206,09	520
DDLA	Joan	Brake	337,7	119,21	110
DDLB	Seetramper+	Brake	1937,0	683,75	1260
DDLC	Regine	Brake	6923,2	2443,90	4000
DDMR	Aade	Bremen	357,8*	126,31*	560
DDMS	Adler	Bremen-Vegesack	200,0	70,45	120
DDMT	Adolf	Bremen-Vegesack	193,0	67,98	200
DDMU	Schwaneck	Bremen	2297,6	811,06	1400
DDMX	Angelika	Wremen	3,4	1,20	15
DDMY	Auerhahn	Bremen-Vegesack	207,0	73,15	130
DDMZ	Bremen	Bremen-Vegesack	224,0	79,04	130
DDNA	Lilo Friederich	Bremen	576,7	203,59	400
DDNB	Brunhild	Bremen-Vegesack	200,0	70,69	150
DDNE	Dankwart	Bremen	443,0	156,37	150
DDNG	Dirk	Bremen	356,6	125,87	200
DDNI	Edward	Bremen-Vegesack	192,6	68,00	220
DDNK	Elsfleth	Bremen	533,8*	188,44*	980
DDNM	Ente	Bremen-Vegesack	203,0	71,65	120
DDNN	Fasan	Bremen-Vegesack	214,0	75,67	120
DDNO	Fasolt	Bremen-Vegesack	269,8	95,24	180
DDNP	Feronia	Bremen	971,8	343,04	400
DDNQ	Else Sieg	Flensburg	1165,7	412,00	270
DDNW	Geier	Bremen-Vegesack	201,2	71,01	120
DDNX	Gerda	Bremen-Vegesack	253,8	89,59	130
DDNY	Stina B	Bremen	436,0	153,91	150
DDNZ	Glück-Auf	Bremen	149,9	52,92	90
DDOA	Gretchen	Bremen	327,2	115,49	200
DDOB	Grohn	Bremen	98,0*	3459*	375
DDOD	Habicht	Bremen-Vegesack	198,0	69,72	120
DDOF	Hinrich Ahrens	Bremen	336,9	118,92	240
DDOG	Irak	Bremen	755,1	266,55	310

* = Bruttoraumgehalt.

DDOH — DDRT

Unter-scheidungs-signale	Namen der Schiffe	Heimathafen der Schiffe	Kubikmeter Nettoraumgehalt	Registertons Nettoraumgehalt	PS
DDOH	Modag	Lübeck-Travemünde	517,3	182,60	240
DDOL	Kolibri	Bremen-Vegesack	217,0	76,69	130
DDOM	Kondor	Bremen-Vegesack	201,0	71,02	120
DDOO	Lerche	Bremen-Vegesack	222,0	78,22	130
DDOP	Ludwig Friederich	Bremen	761,5	268,82	535
DDOS	Marie Schwinge	Bremen	432,8	152,79	150
DDOT	Meise	Bremen-Vegesack	225,9	79,76	130
DDOV	Mime	Bremen-Vegesack	269,8	95,24	180
DDOX	Sleipner II	Hamburg	329,8	116,44	150
DDOY	Norder Till	Bremen	847,8	299,28	350
DDPE	Nr. 129	Bremen	1106,0	390,40	—
DDPI	Nr. 144	Hamburg	1120,4	395,52	—
DDPK	Heike Möller	Glückstadt	662,6	233,77	—
DDPL	Nr. 153	Bremen	774,9	273,53	—
DDPM	Nr. 156	Bremen	1124,7	397,02	—
DDPN	Nr. 157	Bremen	1101,9	388,98	—
DDPO	Eichberg	Hamburg	1049,1	370,33	560
DDPP	Marie Fisser	Emden	1027,5	362,71	520
DDPQ	Nr. 162	Bremen	1188,1	419,41	—
DDPR	Nr. 163	Bremen	1188,1	419,41	—
DDPU	Nr. 168	Bremen	1143,2	403,55	—
DDPV	Nr. 169	Bremen	1190,0	420,07	—
DDPW	Nr. 170	Bremen	1095,4	386,69	—
DDPX	Nr. 171	Bremen	1094,3	386,28	—
DDPY	Oldenburg	Bremen-Vegesack	210,0	74,24	130
DDQH	Sperber	Bremen-Vegesack	198,0	69,70	120
DDQL	Strauss	Bremen-Vegesack	201,4	71,11	120
DDQM	Taube	Bremen-Vegesack	214,4	75,67	120
DDQN	Tilly	Bremen	380,9	134,47	150
DDQR	Weser	Bremen	273,3	83,76	100
DDQS	Anke Pahl	Hamburg	628,0	221,70	240
DDQW	Zaunkönig	Bremen-Vegesack	203,0	71,52	120
DDQX	Hugo Arlt	Bremen	382,1	134,88	550
DDQY	Stur	Bremen	372,9*	131,64*	700
DDRA	Fasan	Bremen	1780,4	628,48	1100
DDRB	Blumenthal	Bremen	24,4	8,63	560
DDRC	Argenfels	Bremen	10395,9	3669,75	4000
DDRD	Fauna	Bremen	1909,2	673,95	1020
DDRE	Arion+	Bremen	5172,6	1825,91	2565
DDRG	Poel	Hamburg	244,2	86,21	280
DDRH	Heddernheim	Bremen	4416,6	1559,04	1200
DDRJ	California	Bremen	453,9	160,22	300
DDRK	Ingorata	Bremen	18,4	6,51	23
DDRM	Nr. 134	Bremen	1072,6	378,64	—
DDRN	Bayern	Bremen-Vegesack	217,6	95,89	180
DDRP	Claus	Lübeck	161,0	56,83	700
DDRR	Löwe	Bremen	604,1*	213,25*	1200
DDRS	Nr. 2	Hamburg	809,0	285,59	—
DDRT	Nr. 1	Hamburg	808,4	285,38	—

* = Bruttoraumgehalt.

DDRV — DDUC

Unterscheidungssignale	Namen der Schiffe	Heimathafen	Kubikmeter (Nettoraumgehalt)	Registertons (Nettoraumgehalt)	PS
DDRV	Nr. 11	Hamburg	820,4	289,61	—
DDRW	Nr. 13	Bremen	848,4	299,47	—
DDRX	Nr. 12	Bremen	828,5	292,58	—
DDRZ	Lucas Pieper	Hamburg	1049,7	370,53	520
DDSA	Kolibri	Bremen	203,3*	71,75*	475
DDSB	Hengst	Bremen	357,8	126,31	450
DDSC	Habicht	Bremen	213,9*	75,50*	360
DDSF	Iran	Bremen	1022,8	361,06	315
DDSH	Porebunder	Bremen	131,6*	46,46*	300
DDSI	Griesheim	Bremen	6818,1	2406,79	2800
DDSJ	Helene	Bremen	6,3	2,21	
DDSK	Hessen	Bremen-Vegesack	271,6	95,89	180
DDSL	Württemberg	Bremen-Vegesack	271,6	95,89	180
DDSN	Bremerhaven	Bremen	75,1	26,52	1065
DDSO	Warfleth	Bremen	311,7*	110,0*	450
DDSP	Rekum	Bremen	203,3*	71,75*	350
DDSQ	Aumund	Bremen	200,0*	70,61*	390
DDSR	Seefalke	Bremerhaven	83,8	29,57	2×1500
DDSS	Henriette Charlotte	Bremen	49,8	17,58	75
DDST	Schleswig	Bremen-Vegesack	377,0	133,07	200
DDSU	Weissesee	Bremerhaven	7422,7	2620,23	2200
DDSV	Frieda Morgenroth	Bremen	412,8	145,71	250
DDSW	Memel	Bremen	306,0	108,03	150
DDSX	Holstein	Bremen-Vegesack	377,0	133,07	200
DDTA	Monika Wiards	Bremen	9428,8	3328,38	2000
DDTC	Pylades	Bremen	1013,6	357,80	550
DDTD	Vesta	Bremen	2312,2	816,22	1020
DDTE	Ansgaritor	Bremen	9668,7	3413,06	2400
DDTF	Greiffenfels	Bremen	10662,6	3763,90	4000
DDTG	Hans	Bremen	412,8	145,71	250
DDTH	Grete Büscher	Bremen	760,1	268,32	250
DDTK	Adler	Bremen	2166,3	764,70	1500
DDTL	Onkel Fidi	Bremen-Vegesack	27,5	9,72	125
DDTM	Crostafels	Bremen	10599,6	3741,65	3250
DDTN	Geversdorf	Bremen	712,2	251,39	250
DDTO	Oktant	Bremen	797,0	281,33	250
DDTP	Axenfels	Bremen	7775,2	2744,65	2700
DDTQ	Argo	Bremen	2204,1	778,05	1400
DDTR	Falke	Bremen	2166,3	764,07	2400
DDTS	Nautilus	Bremen	5103,2	1802,15	1250
DDTT	Ilse	Hamburg	5602,1	1977,54	1300
DDTU	Adele	Bremen	6367,7	2247,87	1350
DDTV	Zeus II	Bremen	814,3	287,45	250
DDTX	Antares	Bremen	4087,7	1442,97	2300
DDTY	Altair	Bremen	2521,7	890,16	1600
DDTZ	Freiheit	Bremen	398,3	140,61	250
DDUA	Flut	Bremen	701,2	247,54	250
DDUB	Möwe	Bremen	2123,1	749,46	1500
DDUC	Bellona	Bremen	1967,7	594,59	1100

* = Bruttoraumgehalt.

DDUD — DEBC

Unterscheidungssignale	Namen der Schiffe	Heimathafen der Schiffe	Nettoraumgehalt Kubikmeter	Nettoraumgehalt Registertons	PS
DDUD	Hector+	Bremen	3778,6	1333,83	2400
DDUE	Trierstein	Bremen	7362,6	2599,00	2850
DDUF	Consul Arlt+	Bremen	4096,4	1446,02	1650
DDUG	Lumme	Bremen	2075,8	732,75	1500
DDUH	Emmy Friederich	Bremen	7603,9	2684,16	2×2250
DDUI	Baden	Bremen	423,5	149,51	480
DDUJ	Helios+	Bremen	3799,0	1341,05	1600
DDUK	Delia	Bremen	1986,6	701,26	1100
DDUL	Erpel	Bremen	2075,7	732,73	1600
DDUM	Hercules+	Bremen	3930,3	1387,41	2400
DDUN	Rheinstein	Bremen	4233,8	1494,52	3900
DDUO	Pakistan	Bremen	187,3	66,13	2×200
DDUP	Arion	Bremen	366,2*	129,27*	700
DDUQ	Herkules	Bremen	366,9*	129,50*	700
DDUR	Steinbock	Bremen	366,9*	129,50*	700
DDUS	Vulcan	Bremen	366,2*	129,27*	700
DDUT	Hestia	Bremen	3874,5	1367,69	2400
DDUU	Lahnstein	Bremen	4234,0	1494,59	3900
DDUV	Milos	Bremen	776,2	274,01	300
DDUW	Lahneck	Bremen	1945,9	686,90	1200
DDUX	Saarstein	Bremen	4234,0	1494,59	3900
DDUY	Elsbeth Wiards	Bremen	9171,1	3237,41	3000
DDUZ	Nordland+	Bremen	507,6	179,19	300
DEAA	Atlas	Bremen	4013,2	1416,67	2400
DEAB	Niedersachsen	Bremen	280,0	98,91	450
DEAC	Sirius	Bremen	368,7*	130,15*	700
DEAE	Innstein	Bremen	4234,0	1494,59	3900
DEAF	Eschersheim	Bremen	4663,2	1646,11	1200
DEAG	Emsstein	Bremen	4242,4	1497,56	3900
DEAH	Levante	Bremen	4013,2	1416,67	2400
DEAI	Maja	Bremen	722,7	255,11	300
DEAJ	Marga Kiepe	Bremen	392,0	138,37	300
DEAL	Ruhrstein	Bremen	4238,7	1496,27	3900
DEAM	Geschwister Raabe	Bremen	560,0	197,66	520
DEAN	Buntentor	Bremen	4632,9	1635,43	1400
DEAO	Gazelle	Bremen	760,3	268,39	500
DEAP	Westsee	Bremerhaven	7419,4	2619,06	2200
DEAR	Traunstein	Bremen	7353,2	2595,68	4800
DEAS	Bärenfels	Bremen	11297,9	3988,17	3820
DEAT	Lichtenstein	Bremen	3612,5	1275,23	3900
DEAU	Nordsee	Bremerhaven	8871,9	3131,78	2900
DEAV	Horst Arlt	Bremen	423,9	149,63	300
DEAW	Birkenfels	Bremen	11280,9	3982,17	3820
DEAX	Liebenstein	Bremen	3612,5	1275,23	3900
DEAY	Thule	Bremen	420,0	148,25	300
DEAZ	Braunfels	Bremen	11313,9	3993,80	3820
DEBA	Seefahrer	Bremen	1588,0	560,56	720
DEBB	Gloria+	Bremen	7461,4	2633,87	2750
DEBC	Dudizol I	Bremen	138,4	48,86	120

* = Bruttoraumgehalt.

DEBD — DECY

Unterscheidungssignale	Namen der Schiffe	Heimathafen	Kubikmeter (Nettoraumgehalt)	Registertons (Nettoraumgehalt)	PS
DEBD	Albert	Bremen	402,7	142,16	300
DEBE	Alice	Bremen	356,6	125,86	450
DEBF	Heinrich	Bremen	402,7	142,16	360
DEBG	Flora	Bremen	1800,2	635,47	1040
DEBH	Castor	Bremen	1543,2	544,75	1200
DEBI	Altenwall	Bremen	1613,3	569,51	650
DEBJ	Galtgarben+	Bremen	1510,0	533,03	550
DEBK	Bernhard	Bremen	916,4	323,49	500
DEBL	Arcturus	Bremen	2294,8	810,08	1840
DEBM	Ann-Christin	Bremen	413,5	145,95	300
DEBN	Nabob	Bremen	13110,5	4628,00	6800
DEBO	Gisela Meyer-Gerhards	Bremen	785,9	277,42	360
DEBP	Joachim Hendrik Fisser	Bremen	715,2	252,47	1000
DEBQ	Bremen	Bremen	115,7	40,86	1200
DEBR	Diamant	Bremen	1481,5	522,95	800
DEBS	Neptun	Bremen	4180,4	1475,68	3050
DEBT	Arktos	Bremen	468,0	165,22	500
DEBU	Stahleck	Bremen	2468,9	871,52	1800
DEBV	Eifel	Bremen	2124,1	749,81	1000
DEBW	Justus Haslinger	Bremen	714,8	252,31	420
DEBX	Ägäis	Bremen	4231,8	1493,82	2×1200
DEBY	Barbara Meentzen	Bremen	1476,9	521,33	800
DECA	Ciandra+	Bremen	2911,1	1027,62	1200
DECB	Kitty Porr	Hamburg	1476,9	521,33	800
DECC	Brandenstein	Bremen	8938,8	3155,39	7800
DECD	Kondor+	Bremen	1495,6	527,96	1250
DECE	Bremer Roland	Bremen	368,1	129,95	450
DECF	Blockland	Bremen	2220,9	783,97	1000
DECG	Aldebaran	Bremen	4349,5	1535,36	3200
DECH	Greif+	Bremen	1431,3	505,26	800
DECI	Brillant	Bremen	1481,5	522,95	800
DECJ	Seewanderer+	Bremen	1613,7	569,63	720
DECK	Pan	Bremen	485,9	171,53	1400
DECL	Ehrenfels	Bremen	8455,6	2984,82	4650
DECM	Paul Honold	Bremen	10061,6	3551,74	3×1200
DECN	Bieberstein	Bremen	8946,6	3158,16	7800
DECO	Rolandseck+	Bremen	2282,4	805,69	1380
DECP	Mariaeck+	Bremen	2300,2	811,98	1400
DECQ	Gedania	Hamburg	1166,6	411,81	550
DECR	Colonia+	Bremen	2909,8	1027,18	1200
DECS	Marmara	Bremen	4207,9	1485,40	3600
DECT	Dudizol III	Bremen	154,4	54,50	120
DECU	Drachenfels	Bremen	8817,4	3112,56	4650
DECV	Margarethe Honold	Bremen	10056,2	3549,83	3600
DECW	Antwerpen	Bremen	714,6	252,26	490
DECX	Falkenfels	Bremen	8360,5	2951,25	3600
DECY	Vinum	Bremen	794,5	280,46	600

Unterscheidungssignale	Namen der Schiffe	Heimathafen der Schiffe	Kubikmeter (Nettoraumgehalt)	Registertons (Nettoraumgehalt)	PS
DECZ	Bärenstein	Bremen	8946,6	3158,16	7800
DEDA	Weserstein	Bremen	11229,4	3964,00	9000
DEDB	Bussard	Bremen	577,2	203,74	1100
DEDC	Werrastein	Bremen	11058,2	3903,55	9000
DEDD	Iris	Bremen	376,8	133,00	450
DEDF	Edda Cords	Bremen	4070,9	1437,01	3000
DEDG	Neckarstein	Bremen	11653,7	4113,76	9000
DEDH	Algenib	Bremen	4342,0	1532,72	3200
DEDJ	Veleda	Bremen	694,2	245,05	585
DEDK	Schwanheim	Bremen	16458,8	5809,95	3500
DEDL	Hafentor	Hamburg	701,9	247,49	490
DEDM	Ceres	Bremen	370,0	130,61	450
DEDN	Bornheim+	Bremen	7205,1	2543,49	2940
DEDO	Pollux	Bremen	1551,2	547,59	1600
DEDP	Freienfels	Bremen	8799,7	3106,31	4650
DEDQ	Nestor	Bremen	4041,6	1426,70	3335
DEDR	Moselstein	Bremen	11657,7	4115,15	9000
DEDS	Schwabenstein	Bremen	14834,4	5236,54	10560
DEDT	Silvia+	Bremen	8314,2	2934,92	3000
DEDU	Berlin	Bremen	29128,8	10288,46	13500
DEDV	Kurt Arlt	Bremen	3147,2	1110,95	1650
DEDW	Hohenfels	Bremen	10986,6	3878,27	7200
DEDX	Algol	Bremen	3605,8	1272,84	2940
DEDY	Karin Cords	Bremen	1711,4	604,14	1000
DEDZ	Audentia	Bremen	1336,8	471,88	980
DEEA	Hans Honold	Bremen	9941,6	3509,38	3600
DEEB	Habicht+	Bremen	1968,3	694,81	1330
DEEC	Stier	Bremen	65,5	23,13	700
DEEE	Farge	Bremen	84,8	29,94	1000
DEEF	Heinrich Honold	Bremen	9885,5	3489,57	3600
DEEH	Wesertal	Bremen	105,8	37,33	172
DEEJ	Brake	Bremen	84,8	29,94	1000
DEEK	Aries	Bremen	3597,6	1269,94	2940
DEEL	Goldenfels	Bremen	11205,7	3995,61	9000
DEEM	Havelstein	Bremen	11146,9	3934,86	9000
DEEN	Kahlenberg	Bremen	400,7	141,44	300
DEEO	Raffelberg	Bremen	722,3	254,98	300
DEEP	Bremer Wappen	Bremen	1129,0	398,55	500
DEER	Kandelfels	Bremen	11581,0	4088,10	8000
DEES	Robert Meyhoefer	Bremen	454,9	160,54	380
DEET	Lichtenfels	Bremen	13434,9	4742,53	5600
DEEU	Aschanti IV	Bremen	154,9	54,69	320
DEEV	Gutenfels	Bremen	11291,2	3985,81	9000
DEEW	Hilda Ahrens	Bremen	454,9	160,58	520
DEEX	Isarstein	Bremen	11140,8	3932,70	9000
DEEY	Seeclipper	Bremen	1937,0	683,75	1260
DEEZ	Aphaia	Bremen	679,3	239,79	750
DEFA	Kybfels	Bremen	11571,4	4084,70	8000
DEFB	Elisabeth Berger	Bremen	3411,0	1204,10	2620

DEFC — DEOK

Unterscheidungssignale	Namen der Schiffe	Heimathafen der Schiffe	Kubikmeter Nettoraumgehalt	Registertons Nettoraumgehalt	PS
DEFC	Vegesack	Bremen	810,8	286,23	760
DEFD	Bayernstein	Bremen	14927,5	5269,42	10560
DEFE	Thalia	Bremen	315,1	111,23	500
DEFF	Themis	Bremen	367,4	129,68	500
DEFG	Geier+	Bremen	1981,0	699,29	1330
DEFH	Roland	Bremen	19328,8	6823,05	4700
DEFI	Adria+	Bremen	4820,4	1701,60	2500
DEFJ	Brandenburg	Bremen-Vegesack	408,7	144,26	600
DEFK	Sachsen	Bremen-Vegesack	408,7	144,26	600
DEFL	Gulosenfjord	Bremen	256,7	90,63	800
DEFM	Schlesien	Bremen-Vegesack	408,7	144,26	600
DEFN	Thetis	Bremen	364,1	128,54	500
DEFO	Theseus	Bremen	330,2	116,56	500
DEFP	Mecklenburg	Bremen-Vegesack	408,7	144,26	600
DEFR	Pommern	Bremen-Vegesack	408,7	144,26	600
DEFS	Pirol+	Bremen	1271,0	448,67	590
DEFT	Elisabeth	Bremen	1400,4	494,36	1000
DEFU	Bremer Flagge	Bremen	392,9	138,69	500
DEFV	Max Arlt+	Bremen	1263,6	446,05	750
DEFW	Imsum	Bremen	247,4*	87,34*	750
DEFX	Emanuel II	Bremen	447,8	158,06	520
DEFY	Alexis	Bremen	644,9	227,66	1000
DEFZ	Dorum	Bremen	247,4*	87,34*	750
DEGA	Sielwall	Bremen	774,8	273,50	500
DEGB	Bär	Bremen	82,3	29,05	840
DEGC	Bremer Boerse	Bremen	446,6	157,64	500
DEGD	Körnerwall	Bremen	588,9	207,89	660
DENP	Alice	Bremerhaven	19,2	6,78	22
DENQ	Andreas	Bremerhaven	63,8	22,54	120
DENR	Anita	Bremerhaven	3,5	1,23	40
DENS	Anna	Wremen	11,2	3,95	40
DENT	Maria von Jever	Bremerhaven	548,3	193,54	850
DENU	Athlet	Hamburg	18,7	6,60	320
DENV	August	Bremerhaven	7,9	2,79	28
DENW	Bärbel	Lübeck-Travemünde	63,6	22,46	120
DENX	Magnet III	Hamburg	986,0	348,07	—
DENY	Aldebaran	Bremerhaven	732,8	258,58	1000
DENZ	Berta	Bremerhaven	62,6	22,11	125
DEOA	Bertha	Bremerhaven	22,4	7,91	16
DEOB	Flachsee	Bremerhaven	1844,6	651,16	1020
DEOC	Malangen	Bremerhaven	738,3	260,63	1000
DEOD	Castor	Lübeck-Travemünde	63,7	22,49	120
DEOE	Chronik	Bremerhaven	1046,8	365,53	—
DEOF	Hermann Krause	Bremerhaven	743,4	262,42	1000
DEOG	Hermann Ahlers	Bremerhaven	745,6	263,21	880
DEOH	Wolf I	Hamburg	18,9	6,67	120
DEOI	Heidi	Lübeck-Travemünde	63,6	22,45	120
DEOJ	Karlsburg	Bremerhaven	750,4	264,89	1000
DEOK	Emmy	Bremerhaven	10,0	3,50	20

* = Bruttoraumgehalt.

DEOL — DEQN

Unter-scheidungs-signale	Namen der Schiffe	Heimathafen	Kubikmeter (Nettoraumgehalt)	Registertons (Nettoraumgehalt)	PS
DEOL	Bernd-Peter	Bremerhaven	4,7	1,66	8
DEOM	J. Hinr. Wilhelms	Bremerhaven	593,3	209,45	1000
DEON	Braunschweig	Bremerhaven	717,29	253,20	1000
DEOO	Forelle	Hambg-Altenwerder	29,5	10,40	120
DEOQ	Freya	Fedderwardersiel	12,4	4,38	60/70
DEOR	Friedel	Bremerhaven	60,9	21,50	120
DEOT	Walross	Bremerhaven	66,3	23,41	150
DEOU	Birkenau	Bremerhaven	8153,8	2870,30	4400
DEOV	Gerda	Bremerhaven	59,7	21,06	150
DEOW	Gier	Bremerhaven	193,1	68,17	
DEOX	Falkland	Bremerhaven	755,3	266,62	1000
DEOY	Gladiator	Bremerhaven	8,5	3,00	40
DEOZ	Frankfurt a. M.	Bremerhaven	717,2	253,17	1000
DEPA	Harald	Wremen	3,8	1,34	12
DEPB	Heike	Bremerhaven	64,2	22,66	150
DEPC	Hertha II	Bremerhaven	10,4	3,67	45
DEPD	Hertha	Bremerhaven	64,5	22,78	120
DEPE	Wiking	Bremerhaven	741,0	261,57	1000
DEPF	Hever	Hamburg	647,2	228,45	275
DEPG	H. Klopp	Bremerhaven	26,6	9,39	80
DEPH	Hoffnung	Neustadt/Holst	37,5	13,24	125
DEPI	Hans Heinz	Heikendorf	63,5	22,42	120
DEPJ	Iduna	Bremerhaven	6,2	2,19	25
DEPK	Iris	Bremerhaven	64,0	22,60	150
DEPL	Henry Everling	Bremerhaven	774,7	273,49	1000
DEPM	Ursel	Bremerhaven	62,7	22,15	150
DEPN	Reinhard	Laboe	63,5	22,43	120
DEPO	Jan van Gent	Hamburg-Finkenwerder	61,7	21,78	150
DEPP	Jochen	Hamburg	39,6	13,98	230
DEPQ	Niederelbe	Hamburg-Finkenwerder	61,7	21,78	120
DEPR	Karin I.	Friedrichskoog	12,2	4,31	10
DEPS	Karoline	Heikendorf	65,1	22,98	150
DEPT	Ursula Rickmers	Bremerhaven	11685,6	4125,00	4400
DEPV	Hugo Homann	Bremerhaven	981,7	346,56	1250
DEPW	Magnet	Bremerhaven	803,4	283,60	—
DEPY	Magda-Lene	Neustadt/Holst.	29,7	10,48	125
DEQA	Mechthild	Bremerhaven	733,6	258,97	1000
DEQB	Mia	Bremerhaven	8,5	3,00	75
DEQD	Nation	Bremerhaven	1050,6	370,87	—
DEQE	Nordfjord	Bremerhaven	68,1	24,05	125
DEQG	Nordland	Hamburg	70,3	24,81	125
DEQH	Margarethe	Bremerhaven	109,8	38,76	150
DEQI	Freddy	Hamburg	87,9	31,01	150
DEQJ	Sancta Maria	Bremerhaven	69,0	24,35	125
DEQK	Dieter	Kiel	35,1	12,39	240
DEQM	Meteor	Schulau	71,0	25,08	100
DEQN	Fatima	Bremen	71,1	25,11	125

DEQQ — DETB					
Unterscheidungssignale	Namen der Schiffe	Heimathafen	Kubikmeter Nettoraumgehalt	Registertons Nettoraumgehalt	PS
DEQQ	Ilse-Marlen	Hbg.-Finkenwerder	65,2	23,01	150
DEQR	Paul	Bremerhaven	8,5	3,00	60/70
DEQT	Traute	Lübeck-Travemünde	61,7	21,78	150
DEQU	Nixe	Hbg.-Finkenwerder	61,8	21,80	130
DEQV	Preciosa	Wremen	5,4	1,92	20
DEQX	Schwalbe	Bremerhaven	10,8	3,81	40
DEQY	Seenixe	Bremerhaven	8,0	2,81	36
DERA	Henny	Cuxhaven	62,8	22,17	120
DERC	Traute Schumacher	Bremerhaven	15,5	5,31	120
DERD	Uranus	Lübeck-Travemünde	26,8	9,47	100/150
DERE	Vorwärts	Bremen	12,0	4,20	75
DERH	Wesermarsch	Bremerhaven	172,0	60,70	165
DERI	Adler	Bremerhaven	21,3	7,51	50
DERK	Wilhelm Peter	Kiel	58,9	20,79	120
DERL	Willkommen	Bremerhaven	5,9	2,09	40
DERM	Wilma	Leer	59,0	20,83	125
DERN	Unverzagt	Bremerhaven	220,7*	77,90*	90
DERO	Dora	Bremerhaven	12,1	4,29	75
DERP	Ingeborg	Bremerhaven	87,5	30,90	75
DERR	Frankfurt/Main	Bremerhaven	465,3	164,24	750
DERS	Ludwig Janssen	Bremerhaven	680,1	240,08	1000
DERV	Odin	Bremerhaven	474,7	167,58	850
DERX	Straßburg	Bremerhaven	656,1	231,62	850
DERZ	Helga	Bremerhaven	10,7	3,76	40
DESA	Jörg-Peter	Hamburg	681,3	246,37	300
DESB	St. Monika	Emden	328,3	115,87	250
DESC	Perseus	Bremerhaven	543,6	191,89	900
DESD	Wartburg	Bremerhaven	656,1	231,62	850
DESE	Koopmann Bohn	Bremerhaven	62,7	22,12	150
DESF	Ingrid Breuers	Bremerhaven	301,7	106,50	120
DESG	Sirius	Arnis/Schlei	30,7	10,82	120
DESI	Ursula Marie	Bremerhaven	3,9	1,37	6
DESJ	Paul Meentzen	Bremerhaven	646,6	228,25	800
DESK	Gneisenau	Lübeck-Travemünde	62,5	22,07	120
DESM	Grönland	Bremerhaven	651,1	229,84	1000
DESN	Island	Bremerhaven	664,8	234,67	1000
DESO	Schleswig-Holstein	Bremerhaven	653,6	230,71	800
DESP	Marlies	Bremerhaven	64,5	22,82	150
DESQ	Osnabrück	Bremerhaven	640,1	225,95	750
DESR	Fladengrund	Bremerhaven	657,5	232,10	860
DEST	Erna	Cuxhaven	57,0	20,13	120
DESU	Sonne	Bremerhaven	582,4	205,60	800
DESV	Sch 11	Bremerhaven	7,7	2,72	25
DESW	Schütting	Bremerhaven	705,1	248,90	750
DESX	Hans vom Hoff	Bremerhaven	667,4	239,12	850
DESY	Hans Kunkel	Bremerhaven	582,4	205,60	800
DESZ	Heinrich Bueren	Bremerhaven	679,6	239,88	875
DETA	Neptun	Bremerhaven	58,9	20,70	125
DETB	Orion	Lübeck-Travemünde	60,9	21,51	120

* = Bruttoraumgehalt.

DETC — DFAF

Unterscheidungssignale	Namen der Schiffe	Heimathafen	Kubikmeter (Nettoraumgehalt)	Registertons (Nettoraumgehalt)	PS
DETC	Germania	Heiligenhafen	60,1	21,21	120
DETE	Margarete Elisabeth	Kiel	63,1	22,26	120
DETF	Inge	Heiligenhafen	62,2	21,96	120
DETG	Wega	Lübeck-Travemünde.	59,7	21,09	120
DETH	Rolano	Schulau	55,8	19,71	120
DETI	Dietlinde	Lübeck-Travemünde	59,5	21,02	120
DETJ	Seelust	Heikendorf	60,1	21,22	120
DETK	Hanne	Lübeck-Travemünde	60,3	21,30	120
DETL	Pollux	Lübeck-Travemünde.	60,9	21,51	120
DETM	Atlantic	Lübeck-Travemünde.	62,4	22,03	120
DETN	Fortuna	Hbg.-Finkenwerder.	59,2	20,89	120
DETO	Tübingen	Bremerhaven	509,6	179,88	700
DETP	Rainer Falko	Lübeck-Travemünde	62,9	22,20	120
DETQ	Bernhard Grundmann	Bremerhaven	679,6	239,88	850
DETR	Christel	Bremerhaven	60,4	21,23	120
DETS	Paula	Bremerhaven	63,6	22,46	150
DETU	Anneliese	Kiel	59,5	21,02	150
DETV	Richard Kaselowsky	Bremerhaven	648,8	229,01	875
DETW	Nymphe	Hamburg-Finkenwerder	58,1	20,51	165
DETY	Wanderer	Sierksdorf	59,7	21,09	150
DEUA	Gotland	Kiel	58,9	20,78	120
DEUB	Friedrich Busse	Bremerhaven	679,6	239,88	875
DEUC	Hannelore	Lübeck-Travemünde.	59,5	21,02	120
DEUD	Peter von Danzig	Lübeck-Travemünde.	59,6	21,04	120
DEUE	Gudrun	Laboe	59,2	20,89	150
DEUF	Neuwerk	Niendorf	66,3	23,41	120
DEUH	Roland	Bremerhaven	676,9	238,95	1000
DEUI	Gerh. van Heukelum	Bremerhaven	641,4	226,41	875
DEUJ	Haltenbank	Bremerhaven	672,7	237,46	1000
DEUK	Wesel	Bremerhaven	402,1	141,95	750
DEUM	August Bösch	Bremerhaven	555,1	195,95	850
DEUN	Mond	Bremerhaven	555,1	195,95	800
DEUO	Uwe	Hamburg	541,5	191,16	800
DEUP	Preußen	Bremerhaven	675,4	238,40	750
DEUQ	Hein Davidsen	Bremerhaven	578,0	204,05	875
DEUS	Bonn	Bremerhaven	507,4	179,11	720
DEUT	Anna Busse	Bremerhaven	537,4	189,70	800
DEUU	Süderau	Bremerhaven	1971,9	696,09	1430
DEUV	Norderau+	Bremerhaven	4051,1	1430,05	1430
DEUW	Andenes	Bremerhaven	674,9	238,24	1000
DEUX	Rogge I	Bremerhaven	370,9	130,93	—
DEUY	Rogge XVII	Bremerhaven	686,7	242,40	—
DEUZ	Rogge XVIII	Bremerhaven	686,7	242,40	—
DFAA	Carl	Bremerhaven	101,0*	35,67*	145
DFAB	Nordsee	Bremerhaven	205,6*	72,59*	350
DFAC	Rogge 25	Bremerhaven	318,8	112,55	—
DFAE	Dortmund	Bremerhaven	670,9	236,82	990
DFAF	Regulus	Bremerhaven	671,9	237,19	1000

* = Bruttoraumgehalt.

DFAG — DFGL

Unter-scheidungs-signale	Namen der Schiffe	Heimathafen	Kubikmeter (Nettoraumgehalt)	Registertons (Nettoraumgehalt)	PS
DFAG	Max Gundelach	Bremerhaven	557,3	196,72	850
DFAH	van Ronzelen	Bremerhaven	771,3	272,27	800
DFAI	Teutonia	Bremerhaven	571,0	201,56	800
DFAJ	Speyer	Bremerhaven	620,2	218,92	800
DFAK	Max Pust	Bremerhaven	668,2	235,86	1000
DFAL	Delphin	Bremerhaven	458,1	161,71	800
DFAM	Nürnberg	Bremerhaven	713,4	251,82	880
DFAN	Bremen	Bremerhaven	670,9	236,82	990
DFAO	Frisia	Bremerhaven	686,7	242,41	1000
DFAP	Varuna	Bremerhaven	20,0	7,08	10/12
DFAQ	Helgoland	Bremerhaven	676,1	238,66	1000
DFAR	Hans Homann	Bremerhaven	557,9	196,95	850
DFAS	Rogge 9	Bremerhaven	164,7	58,13	—
DFAT	Cornelia Siegholt	Bremerhaven	344,8	121,70	560
DFAU	Stadt Herten	Bremerhaven	742,8	262,22	880
DFAV	Bremerhaven	Bremerhaven	1517,6	535,71	1000
DFAW	Alemannia	Bremerhaven	746,2	263,41	1000
DFAX	Christian Homann	Bremerhaven	563,1	198,77	820
DFAY	Friedenau	Bremerhaven	14420,3	5090,38	5800
DFAZ	Mosel	Bremerhaven	555,9	196,22	820
DFBA	Gustav Dahrendorf	Bremerhaven	806,4	284,67	1250
DFEY	Anna-Catharina	Cuxhaven	3,6	1,26	25
DFEZ	Antilope	Otterndorf	9,5	3,35	60
DFFA	Auguste	Cuxhaven	10,0	3,54	75
DFFC	Betty	Cuxhaven	8,8	3,11	25
DFFE	Condor	Cuxhaven	7,3	2,58	50
DFFF	Diana	Otterndorf	4,6	1,62	40
DFFI	Edelweiß	Friedrichskoog	5,3	1,89	17
DFFJ	Edelweiß	Friedrichskoog	7,6	2,68	18
DFFK	Edith	Cuxhaven	3,0	1,05	15
DFFL	Edith	Cuxhaven	3,3	1,16	12
DFFO	Elbbutt	Cuxhaven	7,6	2,68	30
DFFP	Elisabeth	Dorum	3,8	1,34	20
DFFR	Elli	Cuxhaven	9,0	3,18	25
DFFS	Else	Dorum	6,7	2,37	25
DFFU	Emmi	Cuxhaven	8,0	2,82	50
DFFX	Eva	Cuxhaven	9,0	3,18	50
DFFY	Falke	Cuxhaven	11,7	4,13	75
DFFZ	Forelle	Cuxhaven	8,6	3,04	36
DFGB	Fortuna	Cuxhaven	7,7	2,72	36
DFGC	Fortuna	Dorum	9,0	3,18	50
DFGE	Franz	Cuxhaven	4,8	1,69	16
DFGF	Frieda	Cuxhaven	4,2	1,48	40/45
DFGG	Fritz Hermann	Dorum	4,2	1,48	25
DFGH	Fritz Walter	Cuxhaven	10,8	3,81	25
DFGI	Gebrüder	Otterndorf	19,7	6,95	100
DFGJ	Gerda	Cuxhaven	4,9	1,75	50
DFGK	Gerhard	Geversdorf	113,5	40,07	50
DFGL	Germania	Dorum	5,8	2,04	36

DFGM — DFIZ

Unterscheidungssignale	Namen der Schiffe	Heimathafen der Schiffe	Kubikmeter (Nettoraumgehalt)	Registertons (Nettoraumgehalt)	PS
DFGM	Gertrud	Cuxhaven	8,3	2,93	50
DFGN	Gertrud	Gräpel	2,2	0,78	12
DFGO	Gertrud	Cuxhaven	2,8	0,98	26
DFGR	Grete	Cuxhaven	31,3	11,04	75
DFGS	Grete	Dorum	4,2	1,47	25
DFGT	Grete	Dorum	4,3	1,51	20
DFGU	Nei-Ut	Wremen	8,0	2,84	18
DFGV	Guschi	Cuxhaven	6,9	2,44	60
DFGW	Hans	Cuxhaven	5,4	1,91	24
DFGX	Hans Friedrich	Oberndorf	185,9	65,61	60
DFGY	Heike	Altenbruch	3,4	1,20	12
DFHA	Helene Caecilia	Spieker-Neufeld	3,7	1,31	16
DFHC	Hertha	Cuxhaven	9,9	3,49	20
DFHE	Hoffnung	Dorum	5,1	1,80	30
DFHG	Hüxter	Cuxhaven	299,0	105,53	400
DFHH	Ilse	Cuxhaven	5,2	1,84	40
DFHI	Inge	Otterndorf	8,9	3,14	25
DFHJ	Ingrid	Otterndorf	9,2	3,26	40
DFHK	Insulaner	Helgoland	147,6	52,11	80
DFHL	Irmgard	Cuxhaven	20,1	7,10	75
DFHM	Jans	Cuxhaven	4,6	1,62	35
DFHN	Jens	Cuxhaven	2,9	1,02	15
DFHO	Johann	Oberndorf	80,3	28,33	30
DFHQ	Theoja II	Cuxhaven	108,4	38,28	120
DFHR	Catharina Auguste	Cuxhaven	9,4	3,30	20
DFHS	Roland von Wedel	Cuxhaven	80,0	28,24	150
DFHT	Keen Tied	Dorum	4,2	1,48	32
DFHU	Kehrwieder	Otterndorf	7,0	2,46	25
DFHV	Kehrwieder	Dorum	5,8	2,05	18
DFHX	Klara	Cuxhaven	3,0	1,08	18
DFHZ	Krabbe	Cuxhaven	7,6	2,68	24
DFIB	Liesel	Cuxhaven	10,9	3,85	16
DFIC	Lucie	Cuxhaven	5,8	2,05	50
DFID	Margretha	Ostrhauderfehn	322,6	113,87	75
DFIE	Verena	Friedrichskoog	4,4	1,55	18
DFIG	Marion	Cuxhaven	13,8	4,87	40
DFII	Meta	Cuxhaven	4,2	1,48	16
DFIJ	Minna	Cuxhaven	4,1	1,46	25
DFIN	Nautilus	Dorum	4,9	1,73	25
DFIO	Nige Oge	Cuxhaven	20,8	7,35	80
DFIP	Nordcap	Otterndorf	10,2	3,60	75
DFIQ	Nordlicht	Cuxhaven	19,6	6,92	100
DFIR	Nordriff	Cuxhaven	12,6	4,45	75
DFIS	Nordstern	Otterndorf	9,7	3,43	40
DFIU	Die Liebe	Cuxhaven	9,8	3,44	40
DFIV	Olendik	Dorum	6,5	2,29	20
DFIX	Paul	Cuxhaven	11,2	3,95	45
DFIZ	Präsident Freiherr von Maltzahn	Cuxhaven	49,4	17,43	120

DFJA — DFLN					
Unterscheidungssignale	Namen der Schiffe	Heimathafen	Kubikmeter Nettoraumgehalt	Registertons	PS
DFJA	Renate	Cuxhaven	5,1	1,80	36
DFJC	Rügen	Cuxhaven	26,9	9,50	100
DFJD	Sathurn	Hamburg	261,0	92,13	160
DFJF	Schwalbe	Cuxhaven	5,1	2,08	16/18
DFJI	Seehund	Spieka	4,4	1,55	24
DFJJ	Seehund	Dorum	4,0	1,41	20
DFJK	Seemöwe	Cuxhaven	5,2	1,84	18
DFJL	Seemöwe	Cuxhaven	18,1	6,37	70
DFJM	Seerose	Dorum	4,1	1,45	18
DFJN	Seeschwalbe	Friedrichskoog	8,9	3,15	60
DFJO	Seestern	Cuxhaven	16,9	5,96	75
DFJU	Siegrid	Neuhaus/Oste	8,1	2,86	12
DFJV	Siegrid	Cuxhaven	8,2	2,89	30
DFJW	Sonny Boy	Cuxhaven	3,1	1,09	25
DFJX	Sophia	Cuxhaven	5,4	1,90	25
DFJY	Sophie	Otterndorf	6,0	2,12	25
DFKC	Taube	Cuxhaven	8,8	3,11	28
DFKD	Taucher O. Wulf	Cuxhaven	89,1	31,44	160
DFKE	Taucher Sievers	Cuxhaven	63,6	22,49	150
DFKG	Traute	Neuhaus/Oste	79,6	28,09	22
DFKH	Ursula	Cuxhaven	4,0	1,43	25
DFKI	Ursula	Friedrichskoog	4,2	1,48	25
DFKJ	Vaterland	Cuxhaven	3,4	1,20	36
DFKK	Victoria	Dorum	3,8	1,43	10
DFKL	Walter	Cuxhaven	3,1	1,10	20
DFKN	Welle	Cuxhaven	4,6	1,63	16
DFKO	Werner	Cuxhaven	7,4	2,62	50
DFKP	Wilhelmine	Cuxhaven	8,5	3,01	20
DFKQ	Willkomm	Cuxhaven	11,5	4,06	30
DFKR	Zukunft	Dorum	5,8	2,05	18
DFKS	Schlesien	Cuxhaven	656,1	231,61	750
DFKU	Sachsen	Cuxhaven	656,1	231,62	750
DFKV	Koblenz	Cuxhaven	645,5	227,87	800
DFKX	Hochsee I	Cuxhaven	136,7*	48,25*	225
DFKZ	Seeteufel	Bremen	949,1	335,02	300
DFLA	Franken	Cuxhaven	608,4	214,78	850
DFLB	Hornsriff	Hbg.-Finkenwerder	60,1	21,09	120
DFLC	Dithmarschen	Cuxhaven	60,9	21,51	120
DFLD	Jürgen Dieter	Cuxhaven	61,7	21,77	120
DFLE	Anita	Hbg.-Finkenwerder	59,0	21,08	120
DFLF	Bayern	Cuxhaven	608,4	214,78	850
DFLG	Alte Liebe	Heikendorf	60,3	21,30	120
DFLH	Gretchen	Otterndorf	102,8	36,31	25
DFLI	Butendiek	Cuxhaven	60,1	21,90	100
DFLJ	Witten	Cuxhaven	640,1	225,95	750
DFLK	Münster	Cuxhaven	528,7	186,62	850
DFLL	Schwaben	Cuxhaven	602,3	212,63	850
DFLM	Albinus	Cuxhaven	59,9	21,02	120
DFLN	Karlsruhe	Cuxhaven	640,1	225,95	800

* = Bruttoraumgehalt.

Unterscheidungssignale	Namen der Schiffe	Heimathafen der Schiffe	Kubikmeter Nettoraumgehalt	Registertons Nettoraumgehalt	PS
DFLO	Freiburg i. Br.	Cuxhaven	509,6	178,88	900
DFLP	Waltraut	Cuxhaven	62,9	22,21	120
DFLQ	Fladengrund	Neustadt/Holst.	60,1	21,23	150
DFLR	Fischereidirektor Meinken	Cuxhaven	59,7	21,90	180
DFLS	Ronald	Osten	405,0	142,96	250
DFLT	Helgoland	Lübeck-Travemünde.	63,2	22,31	150
DFLV	Günther	Cuxhaven	86,4	30,51	—
DFLW	Darmstadt	Cuxhaven	476,0	168,1	920
DFLZ	Hermann Fischer	Cuxhaven	39,6	13,09	120
DFMA	Hildesheim	Cuxhaven	640,1	225,95	800
DFMB	John Olbers I	Cuxhaven	101,6	35,87	100
DFMD	Helene	Otterndorf	91,9	32,44	60
DFME	Hermann	Oberndorf	42,9	15,13	12
DFMF	Anita	Oberndorf	83,4	29,45	25
DFMG	Otto F. C. Bertram	Cuxhaven	548,4	193,58	750
DFMH	Finkenwärder	Cuxhaven	548,4	193,58	750
DFMI	Emmy Ottens	Cuxhaven	2129,4	751,67	670
DFMJ	Heidelberg	Cuxhaven	506,5	178,51	900
DFMK	Taucher O. Wulf II	Cuxhaven	68,5	24,19	280
DFML	Lore Ottens	Cuxhaven	2149,4	758,75	850
DFMN	Kurmark	Cuxhaven	678,2	239,42	1000
DFMO	Mark Brandenburg	Cuxhaven	671,6	237,06	1000
DFMP	Duisburg	Cuxhaven	548,3	193,54	850
DFMQ	Hannover	Cuxhaven	670,8	236,78	1000
DFMR	Wuppertal	Cuxhaven	713,4	251,82	875
DFMS	Harald Ottens	Cuxhaven	2284,6	806,48	750
DFMT	Margaretha Müller	Cuxhaven	516,4	182,29	735
DFMU	Heimatland	Cuxhaven	58,1	20,55	120
DFMV	Margrit	Cuxhaven	58,2	20,55	120
DFMW	Uta	Cuxhaven	62,7	22,13	120
DFMX	Taucher O. Wulf IV	Cuxhaven	180,6*	63,67*	290
DFMY	Catharina Müller	Cuxhaven	520,4	183,69	1000
DFMZ	Westfalen	Cuxhaven	766,8	270,66	1000
DFNA	Württemberg	Cuxhaven	766,8	270,66	1000
DFNB	Hof	Cuxhaven	717,2	253,17	1000
DFNC	Baden	Cuxhaven	753,3	265,93	1000
DFRP	Sabine	Uetersen	1138,9	402,03	290
DFSJ	Luci	Barnkrug	138,7	48,96	25
DFSK	Henny	Assel	110,2	38,89	20
DFSL	Frieda	Assel	65,6	23,15	18
DFSM	Stadersand+	Stade	868,0	306,40	500
DFSN	Waltraut	Grünendeich	110,5	38,99	60
DFSO	Wilhelmine Oltmann	Stade	464,8	164,09	250
DFSP	Johanne	Drochtersen	78,1	27,56	25
DFSQ	Mary	Barnkrug	129,5	45,73	25
DFSR	Emma Fitschen	Assel	62,7	22,14	16
DFSS	Margaretha	Barnkrug	105,2	37,14	25
DFST	Anna	Ostendorf	114,5	40,41	24/28

DFSU — DFVL

Unter-scheidungs-signale	Namen der Schiffe	Heimathafen	Nettoraumgehalt Kubikmeter	Nettoraumgehalt Registertons	PS
DFSU	Adolph	Gauensiek	79,6	28,11	28
DFSV	Alwine	Barnkrug	65,5	23,13	25
DFSW	Margareta	Assel	105,5	35,47	45
DFSX	Katharina Becker	Westmoorende	67,1	23,68	25
DFSY	Johanne	Assel	77,1	27,22	25
DFSZ	Anne	Assel	90,8	32,06	25
DFTA	Oste	Stade	670,7	214,52	300
DFTB	Anna	Gräpel	75,7	26,73	50
DFTC	Undine	Ritsch/Kehdingen	63,4	22,38	18
DFTD	Henny	Gauensiek	24,4	8,62	25
DFTE	Johanna	Krautsand	85,1	30,03	30
DFTF	Alma	Dornbusch	98,3	34,71	25
DFTG	Heinz Bernhard	Stade	381,6	134,71	300
DFTH	Pohlmann II	Assel	88,2	31,13	75
DFTI	Germane	Stade	383,1	135,23	250
DFTK	Vaterland	Stade	650,7	229,68	500
DFTL	Gunda	Stade	376,6	132,95	290
DFTM	Hermann Elsen	Stade	376,9	133,06	290
DFTN	Jan Suhr	Stade	510,1	180,07	300
DFTO	Rita Holst	Stade	410,3	144,85	270
DFTP	Renate Becker	Stade	334,5	118,06	300
DFTQ	Atlantis	Stade	517,2	182,59	300
DFUH	Adda	Grünendeich	355,1	125,36	160
DFUJ	Adele	Wischhafen	204,1	72,03	30
DFUK	Adele	Bützfleth	96,1	33,91	66
DFUL	Agnes	Krautsand	286,1	100,98	60
DFUM	Alma	Bützfleth	175,1	61,83	75
DFUN	Alwine	Assel	108,0	38,11	70
DFUO	Amalie	Wischhafen	121,0	42,73	50
DFUP	Amalie	Abbenfleth	121,9	43,02	80
DFUQ	Amanda	Ritsch/Kehdingen	128,0	45,19	80
DFUR	Amanda	Grünendeich	119,1	42,04	36
DFUT	Anna	Wischhafen	262,7	92,73	48
DFUU	Anna	Krautsand	110,8	39,12	60
DFUV	Anna	Assel	140,3	49,51	100
DFUW	Anna Dieckmann	Emden	113,6	40,09	25
DFUX	Anna-Maria	Dornbusch	113,0	39,88	100
DFUY	Anne	Bützfleth	158,2	55,84	90
DFUZ	Anni	Wischhafen	150,0	52,93	75
DFVB	Marianne Söhl	Ritsch/Kehdingen	93,3	32,95	36
DFVC	Bertha	Grünendeich	121,8	42,99	60
DFVD	Betty	Krautsand	120,8	42,64	60
DFVE	Catharina	Abbenfleth	222,1	78,39	120
DFVF	Comet	Krautsand	117,6	41,52	75
DFVG	Contentia	Assel	106,0	37,43	35
DFVH	Cremon	Dornbusch	116,9	41,28	85
DFVI	Daheim	Krautsand	166,9	58,91	50
DFVK	Dora	Dornbusch	83,2	29,36	25
DFVL	Edelweiß	Krautsand	118,8	41,94	75

Unterscheidungssignale	Namen der Schiffe	Heimathafen der Schiffe	Kubikmeter Nettoraumgehalt	Registertons Nettoraumgehalt	PS
DFVM	Elisabeth	Wischhafen	163,0	57,55	80
DFVN	Elise	Abbenfleth	96,5	34,07	25
DFVO	Ella	Bützfleth	154,7	54,61	100
DFVP	Else Marie	Heiligenhafen	101,4	35,78	35
DFVQ	Emma	Krautsand	4,2	1,48	25
DFVR	Jan Reinhold	Nordstrand	130,2	45,97	50
DFVS	Frieda	Dornbusch	91,1	32,15	50
DFVT	Frieda Elisabeth	Wischhafen	225,0	79,42	75
DFVU	Fritz-Alfred II	Krautsand	375,6	132,59	150
DFVW	Grete	Krautsand	199,7	70,50	70
DFVX	Günter	Wischhafen	154,1	54,39	50
DFVY	Gunda von Stade	Stade	5,9	2,10	36
DFVZ	Hans	Krautsand	167,8	59,22	75
DFWA	Walter	Lübeck	218,7	77,19	120
DFWB	Heini	Hamburg-Neuenfelde	260,7	92,04	150
DFWC	Heinrich	Dornbusch	109,4	38,60	75
DFWD	Helios	Stade	112,9	39,84	55
DFWE	Elke-Marie	Krautsand	147,7	52,15	90
DFWF	Hoffnung	Krautsand	208,9	73,74	90
DFWG	Ro. 14	Hamburg	124,6	43,97	36
DFWH	Ida	Krautsand	254,9	89,99	50
DFWI	Irma	Gauensiek	132,0	46,60	50
DFWJ	Johanna	Gauensiek	140,4	49,56	75
DFWK	Johanne	Neuland/Kehdingen	122,0	43,05	50
DFWL	Johanne	Bützfleth	196,6	69,38	50
DFWM	Johanne	Mühlenhafen	135,8	47,94	55
DFWN	Johannes Emil	Krautsand	108,3	38,22	40
DFWO	John Friedrich	Krautsand	153,3	54,11	80
DFWP	Jupiter	Büsum	5,6	1,96	75
DFWQ	Käte	Hamburg	334,5	118,07	200
DFWR	Käthe	Bremervörde	200,2	70,66	75
DFWS	Karin	Wischhafen	4,0	1,41	18
DFWT	Katharina	Mühlenhafen	191,9	67,73	70
DFWU	Kehrwieder	Wischhafen	201,4	71,09	75
DFWV	Lisa	Oberndorf	89,4	31,55	25
DFWW	Magda	Krautsand	141,6	49,98	100
DFWX	Margaretha	Stade	110,9	39,14	80
DFWY	Margaretha	Gauensiek	125,8	44,42	75
DFWZ	Margaretha	Krautsand	114,6	40,45	75/95
DFXA	Margrid	Krautsand	405,6	143,19	150
DFXB	Maria	Abbenfleth	98,9	34,91	35
DFXC	Maria Dorothea	Assel	77,4	27,32	25
DFXD	Marie	Bützfleth	69,4	24,49	75
DFXE	Marie	Ritsch/Kehdingen	197,6	69,75	75
DFXG	Mary	Königreich	112,8	39,83	25
DFXH	Mathilde	Wischhafen	211,4	74,62	50
DFXI	Merkur	Freiburg/Elbe	106,0	37,41	50
DFXJ	Meta Adele	Gauensiek	159,3	56,24	75
DFXK	Norderelbe	Hamburg	123,0	43,43	60

DFXL — DFZK

Unterscheidungssignale	Namen der Schiffe	Heimathafen der Schiffe	Kubikmeter (Nettoraumgehalt)	Registertons (Nettoraumgehalt)	PS
DFXL	Paul Gährs	Estebrügge	399,6	141,06	150
DFXM	Persia	Dornbusch	158,5	55,00	75
DFXN	Peter	Krautsand	130,7	46,15	45
DFXO	Peter	Ritsch	144,0	50,85	55
DFXQ	Rebecka	Barnkrug	91,9	32,45	75
DFXR	Ruhr	Bützfleth	260,5	91,97	110
DFXS	Seeadler	Wischhafen	132,0	46,60	80
DFXT	Sirius	Wischhafen	8,3	2,94	35
DFXU	Sophie	Laboe	118,8	41,95	36
DFXV	Süderelbe	Dornbusch	164,3	57,99	75
DFXW	Helene Stoffers	Bremerhaven	5,4	1,93	16
DFXX	Heinz-Georg	Barssel	214,8	75,84	75
DFXY	Uta	Stade	198,8	70,19	75
DFXZ	Venus	Oberndorf	215,8	76,19	90
DFYA	Venus	Gauensiek	111,1	39,20	75
DFYB	Vineta	Barnkrug	116,5	41,14	60
DFYC	Walter	Estebrügge	113,6	40,10	80
DFYD	Windhuk	Assel	100,7	35,54	70
DFYE	Windsbraut	Borstel/Jork	161,8	57,11	100
DFYF	Windsbraut	Wischhafen	208,7	73,69	80
DFYG	Windsbraut	Laboe	100,5	35,51	50
DFYH	Keen Tied	Itzehoe	115,1	40,61	80
DFYI	Lisa	Krautsand	77,4	27,33	15
DFYJ	Adele	Neuland/Kehdingen	122,7	43,32	25
DFYK	Trinchen	Barnkrug	115,2	40,67	25
DFYL	Johanna	Wischhafen	182,3	64,34	60
DFYM	Frankfurt	Bremen	189,9	67,03	
DFYN	Uranus	Abbenfleth	130,0	46,02	60
DFYO	Johanna	Freiburg/Elbe	128,5	45,30	80
DFYP	Dora	Freiburg/Elbe	151,0	53,31	40
DFYQ	Frieda	Bützfleth	108,4	38,27	25
DFYR	Sirene	Freiburg/Elbe	127,6	45,03	25/28
DFYS	Bertha	Abbenfleth	170,7	60,26	80
DFYT	Cäcilie	Freiburg/Elbe	118,5	41,84	25
DFYU	Marie	Gauensiek	85,5	30,16	25
DFYV	Johanne	Grünendeich	178,1	62,88	75
DFYW	Johannes	Estebrügge	222,1	78,39	100
DFYX	Frieda	Gräpel	124,0	43,76	30
DFYY	Anni	Gräpel	108,8	38,40	30
DFYZ	Friedrich	Bremervörde	86,2	30,43	25
DFZA	Betty	Gräpel	94,1	33,23	30
DFZB	Frieda	Barnkrug	65,4	23,07	75
DFZC	Sophie	Wischhafen	124,6	43,98	30
DFZD	Jürgen	Stade	405,0	142,96	250
DFZE	Ruth-Dieter	Stade	508,9	179,63	200
DFZF	Anna Sietas	Grünendeich	962,4	339,72	250
DFZH	Fortuna	Wischhafen	63,3	22,36	30
DFZJ	Magda Elfers	Assel	188,0	66,37	40
DFZK	Heinz	Lühe	192,6	67,99	—

Unterscheidungssignale	Namen der Schiffe	Heimathafen der Schiffe	Kubikmeter Nettoraumgehalt	Registertons Nettoraumgehalt	PS
DFZL	Elfriede	Assel	32,6	11,50	24
DFZM	Gerda Adele	Elm/Stade	130,2	45,95	25
DFZN	Courier	Dornbusch	76,4	26,95	18
DFZO	Ponape	Grünendeich	180,2	63,60	40
DFZP	Johannes Leopold	Itzehoe	111,3	39,28	25
DFZQ	Johanne-Marie	Bützfleth	101,8	35,92	25
DFZR	Claus	Bützfleth	63,9	22,54	25
DFZS	Hanni-Lene	Krautsand	424,2	149,75	250
DFZT	Anna	Assel	110,7	39,09	25
DFZU	Gretchen	Ritsch/Kehdingen	83,4	29,44	40
DFZV	Adele	Barnkrug	54,9	19,38	22
DFZW	Rolf Behrmann	Krautsand	422,8	149,24	250
DFZX	Schwinge	Stade	338,5	119,49	180
DFZY	Renate	Stade	462,6	163,30	250
DFZZ	Cremona 2	Dornbusch	438,0	154,52	240
DGAA	Heinrich	Stade	82,0	28,96	50
DGAB	Aar	Hamburg	497,6	175,64	250
DGAC	Achim Griese	Kiel	422,3	149,07	200
DGAD	Scheersberg	Hamburg	1507,5	532,15	1650
DGAE	Adalbert	Hamburg	282,9	99,87	165
DGAF	Ulla	Hamburg	299,9	105,88	150
DGAG	Bernd Leonhardt	Hamburg	9671,4	3414,0	3500
DGAH	Adele	Hamburg	268,4	94,75	75
DGAI	Adelheid	Hamburg	277,6	97,99	80
DGAJ	Adelheid	Hamburg	111,0	39,20	75
DGAK	Antje Adelheid	Hamburg	113,3	40,01	120
DGAL	Adler	Hamburg	182,4	64,40	75
DGAM	Dieksand	Hamburg-Finkenwdr.	60,2	21,24	130
DGAN	Adler	Hamburg-Altenwdr.	7,3	2,58	60
DGAO	Eckstein	Leer	372,8	131,60	145
DGAP	Agnes	Hamburg	136,5	48,20	70
DGAQ	Neuwied	Hamburg	1497,1	528,27	800
DGAR	A. H. Both	Hamburg	751,3	265,19	200
DGAS	Albatross	Hamburg-Finkenwdr.	41,7	14,72	80
DGAT	Albert	Hamburg	110,0	38,84	50
DGAU	Sankt Marien	Hamburg	1851,1	653,44	1500
DGAV	Eversand	Bremen	175,1*	61,81*	735
DGAW	Albert Gido	Hamburg	127,2	44,90	50
DGAX	Alida	Hamburg	160,4	56,64	75
DGAY	Birgitt	Hamburg	839,2	296,29	520
DGAZ	Alita III	Hamburg	260,3	91,88	125
DGBA	Fehmarn III	Hamburg	89,8	31,70	60
DGBB	Allegro	Hamburg	213,4	75,34	110
DGBC	Alma	Hamburg	402,3	142,03	150
DGBD	Alma	Hamburg	122,3	43,17	70
DGBE	Alma	Hamburg	271,7	95,90	75
DGBF	Alma	Hamburg	118,1	41,69	75
DGBG	Alster	Hamburg	103,6	36,56	50
DGBH	Pickhuben	Hamburg	963,7	340,18	1050

* = Bruttoraumgehalt.

DGBI — DGDF

Unter-scheidungs-signale	Namen der Schiffe	Heimathafen der Schiffe	Kubik-meter Nettoraumgehalt	Register-tons Nettoraumgehalt	PS
DGBI	Alteland	Hamburg	120,9	42,68	72
DGBJ	Altona	Hamburg	5,1	1,81	15
DGBK	Inka Ritscher +	Hamburg	925,7	326,77	300
DGBL	A. M. 1	Hamburg	137,8	48,64	100
DGBM	A. M. 2	Hamburg	78,2	27,62	55
DGBN	Birte Hugo Stinnes	Kiel	13765,8	4859,34	6000
DGBO	Amalie	Laboe	121,7	42,97	75
DGBP	Amandus	Hamburg	142,9	50,46	75
DGBQ	Anne II	Kiel	169,4	59,79	90
DGBR	Amazone	Hamburg	353,1	124,63	150
DGBS	Amor	Hamburg-Finkenwdr.	38,9	13,74	120
DGBT	Andome	Hamburg	124,1	43,82	75
DGBU	Anita	Hamburg	281,8	85,35	135
DGBV	Ness	Hamburg	1290,8	455,67	1530
DGBW	Seefalke III	Hamburg	174,0	61,44	130
DGBX	Anna	Hamburg	196,6	69,40	90
DGBZ	Cheeta	Hamburg	109,2	38,55	60
DGCA	Anna	Hamburg	98,7	34,85	50
DGCB	Mittelrhein	Emden	102,2	36,09	50
DGCC	Anna	Hamburg-Finkenwdr.	49,7	17,54	120
DGCD	Anna	Dorum-Neufeld	6,2	2,19	36
DGCE	Bilbao	Hamburg	3436,5	1213,07	2520
DGCF	Ernst G. Russ	Hamburg	21008,7	7416,07	7200
DGCG	Anna-Frieda	Hamburg	285,8	100,88	90/115
DGCH	Anna-Helene	Hamburg	250,7	88,49	90
DGCI	Nordland I	Wyk/Föhr	128,6	45,39	50
DGCJ	Anna-Maria	Hamburg	124,6	43,99	50
DGCK	Anna Marie	Hamburg	292,3	103,17	110
DGCL	Anna Marta	Hamburg	378,7	133,67	200
DGCM	Anna Thekla	Hamburg	277,4	97,92	100
DGCN	Anna Woldmann	Hamburg-Finkenwdr.	70,9	25,04	200
DGCO	Annchen Peters	Hamburg	971,3	342,87	350
DGCP	Anne-Elfriede	Hamburg	136,1	48,05	100
DGCQ	Anne Helene	Hamburg	145,5	51,38	95
DGCR	Flensburg	Hamburg	4045,3	1428,00	3500
DGCS	Annemarie	Hamburg	459,1	126,06	150
DGCT	Anni	Hamburg	183,9	64,93	90
DGCU	Anni	Hamburg	156,9	55,24	80
DGCV	Anni Lina	Hamburg	269,2	95,04	144
DGCW	Antares	Hamburg	324,9	114,70	100
DGCX	Antje	Hamburg	735,9	259,76	180
DGCY	Antje Mahler	Hamburg	369,9	130,58	120
DGCZ	Antje Oltmann	Hamburg	410,1	144,75	300
DGDA	Aquarius	Emden	146,6	51,74	125
DGDB	Argonaut	Hamburg	236,5	83,50	80
DGDC	Arnolde	Hamburg	421,3	148,74	165
DGDD	Astarte	Hamburg	314,6	111,05	100
DGDE	Astrid	Hamburg	95,9	33,84	150
DGDF	Atlantik	Hamburg	413,1	145,82	150

DGDG — DGFB

Unterscheidungssignale	Namen der Schiffe	Heimathafen der Schiffe	Kubikmeter Nettoraumgehalt	Registertons Nettoraumgehalt	PS
DGDG	Audieck	Hamburg-Finkenwdr.	60,9	21,51	120
DGDH	Auguste	Hamburg	330,7	116,73	120
DGDI	Auguste	Hamburg	4,3	1,53	525
DGDJ	Aurora	Hamburg	117,5	41,49	100
DGDK	Ausdauer	Hamburg	4905,1	731,50	2×180
DGDL	Aventura	Hamburg	275,4	97,22	150
DGDM	Baldur	Hamburg	111,4	139,31	260
DGDN	Antje	Hamburg	3,0	1,06	15
DGDO	Barnkrug	Hamburg	159,5	56,32	120
DGDP	Jupiter	Hamburg	37,4	13,21	250
DGDQ	Baumwall	Hamburg	10,2	3,59	525
DGDR	E. u. M. Schwimmkran III	Hamburg	1253,3	442,41	—
DGDS	Magnet II	Hamburg	869,4	306,88	—
DGDT	Berger V	Bremerhaven	906,5	319,99	—
DGDU	Berger VII	Hamburg	907,9	320,49	—
DGDV	Berta Louise	Hamburg	134,8	47,59	70
DGDW	Bertha	Hamburg	185,9	65,61	100
DGDX	Bertha	Hamburg	192,8	68,05	105
DGDY	Berta Hermine	Hamburg-Finkenwdr.	21,5	7,59	85
DGDZ	Bertha-Johanna	Hamburg	369,5	130,43	110
DGEA	Berta Köhlmann	Hamburg	392,7	138,62	150
DGEB	Bertha Troles	Hamburg	226,4	79,93	115
DGEC	Betty	Hamburg	156,1	55,10	50
DGED	Langeoog III	Langeoog	309,7	109,33	200
DGEE	Albertine	Hamburg	57,8	20,42	25
DGEF	Bugsier 4	Hamburg	68,1	24,05	850
DGEG	Brigitta	Strande	35,6	12,57	100
DGEH	Brix Hansen	Hamburg-Finkenwdr.	53,6	18,91	90
DGEI	Traute	Hamburg	525,0	185,33	300
DGEJ	Bürgermeister Ross	Hamburg	1127,1	397,88	1000
DGEK	Naumburg	Hamburg	4350,7	1535,80	3600
DGEL	Hornbay	Hamburg	4342,2	1532,80	5340
DGEM	Bussard	Hamburg	67,1	23,69	180
DGEN	Bützfleth	Hamburg	224,7	79,34	100
DGEO	B. & V. Kranich	Hamburg	526,2	185,75	1000
DGEP	Canopus	Hamburg	424,2	149,76	250
DGEQ	Capella	Hamburg	189,7	66,95	85
DGER	Carl Rehder	Hamburg	754,2	266,23	400
DGES	Carlshütte	Hamburg	418,5	147,43	200
DGET	Catharina	Bremerhaven	7,8	2,75	60
DGEU	Catharina	Cuxhaven	10,0	3,53	40
DGEV	Catharina	Hamburg-Altenwdr.	10,1	3,55	60
DGEW	Balkan+	Hamburg	12241,9	4321,38	4000
DGEX	C. A. Woldmann	Hamburg-Finkenwdr.	50,1	17,69	120
DGEY	Charlotte	Hamburg	161,5	57,02	70
DGEZ	Charlotte	Hamburg	653,8	230,81	350
DGFA	Nordstern	Hamburg	14,0	4,93	60
DGFB	Mary Robert Müller	Hamburg	2838,5	1001,98	1800

DGFC — DGGZ

Unter-scheidungs-signale	Namen der Schiffe	Heimathafen der Schiffe	Kubik-meter Nettoraumgehalt	Register-tons Nettoraumgehalt	PS
DGFC	C. H. Kreft	Hamburg-Finkenwdr.	61,9	21,83	130
DGFD	Christa	Hamburg	393,0	138,73	200
DGFE	Christa Juls	Hamburg	322,0	113,65	100
DGFF	Martin Friedrichs	Hamburg	770,4	271,95	1000
DGFG	Christine	Büsum	9,2	3,26	75
DGFH	Clara	Hamburg	198,8	70,19	75
DGFI	Claus	Hamburg	341,6	120,60	150
DGFJ	Claus	Hamburg	276,3	97,53	110
DGFK	Claus	Friedrichskoog	57,1	20,16	18
DGFL	Jenny Porr	Hamburg	637,2	224,54	360
DGFM	Claus Erich	Hamburg	336,3	118,73	100
DGFN	Bernd Becker	Hamburg	781,1	277,86	300
DGFO	Condor	Hamburg	233,2	82,33	100
DGFP	Condor	Hamburg	88,0	31,06	30
DGFQ	Condor	Hamburg	2,0	0,72	180
DGFR	Nora	Hamburg	1132,5	399,75	840
DGFS	Stuttgart	Hamburg	670,9	236,82	990
DGFT	Courier	Hamburg	223,5	78,90	100
DGFU	Frieda Jonas	Hamburg	355,4	125,46	200
DGFV	Ida Kuhlencort	Hamburg	106,0	37,41	55
DGFW	Delphin III	Hamburg	411,0	145,08	150
DGFX	Delphin IV	Hamburg	344,4	121,58	200
DGFY	Schauenburg	Hamburg	6493,5	2292,21	5400
DGFZ	Derfflinger	Hamburg	501,7	177,10	150
DGGA	Deutschland	Hamburg	579,0	204,39	200
DGGB	Diamant	Hamburg	35,4	12,51	90
DGGC	Diana	Wyk/Föhr	111,5	39,34	80/90
DGGD	Dide	Hamburg	298,3	105,29	100
DGGE	Grete Hagenah	Hamburg	174,1	61,46	75
DGGF	Dora	Hamburg	232,0	81,90	90
DGGG	Dora	Hamburg	350,2	123,62	150
DGGH	Dora	Hamburg	138,3	48,81	70
DGGJ	Dorotea	Hamburg	291,4	102,87	100
DGGK	Dorothea	Hamburg	276,5	97,59	75
DGGL	Dorothea	Hamburg	226,9	80,10	110
DGGM	Stuttgart	Hamburg	8977,7	3169,13	8000
DGGN	Thorwald	Hamburg	720,5	254,32	400
DGGO	Norderelbe II	Hamburg	280,4	98,99	65
DGGP	Eben Ezer	Hamburg-Finkenwdr.	31,2	11,02	85
DGGQ	Edith	Hamburg	281,2	99,27	90
DGGR	Egerland	Hamburg	392,8	138,76	200
DGGS	Haru	Hamburg	506,7	178,86	2×130
DGGT	Odin	Kiel	73,3	25,83	320
DGGU	Elbe	Hamburg	416,1	146,86	200
DGGV	Elbe	Hamburg	137,8	48,65	75
DGGW	Eric Reckmann	Hamburg	2382,9	841,15	1240
DGGX	Elbe	Hamburg	99,8	35,22	25
DGGY	Elbe	Hamburg	697,0	246,05	—
DGGZ	Tankleichter Elbe	Hamburg	2199,9	776,55	—

DGHA — DGIW

Unterscheidungssignale	Namen der Schiffe	Heimathafen der Schiffe	Nettoraumgehalt Kubikmeter	Nettoraumgehalt Registertons	PS
DGHA	Elenore	Hamburg	215,9	76,22	90
DGHB	Anna Rehder	Hamburg	1342,8	474,01	750
DGHC	Victor	Hamburg	2376,5	838,91	600
DGHD	Elisabeth	Hamburg	1026,7	362,41	450
DGHE	Sylvia	Hamburg	124,2	43,83	88
DGHF	Safi	Hamburg	4367,8	1541,83	1300
DGHG	Elise	Hamburg	158,2	55,85	90
DGHH	Ella	Hamburg	136,5	48,20	75
DGHI	Ellen	Hamburg	759,9	268,23	420
DGHJ	Düsseldorf	Hamburg	11703,8	4131,44	9000
DGHK	Elsa	Hamburg	191,4	67,55	80
DGHL	Elster	Hamburg	228,2	80,54	150
DGHM	Emanuel	Hamburg	281,7	99,45	90
DGHN	Emanuel	Hamburg	255,6	90,22	70
DGHO	Darmstadt	Hamburg	11523,5	4067,79	9000
DGHP	Emil	Hamburg	4,4	1,55	475
DGHQ	Emma	Hamburg	304,7	100,57	70
DGHR	Christa Thielemann	Brake	103,7	36,60	50
DGHS	Emma	Hamburg	223,3	78,82	150
DGHT	Emma	Hamburg	166,4	58,76	120
DGHU	Emma	Hamburg	128,3	45,28	50
DGHV	Emma	Hamburg-Altenwdr.	9,0	3,09	50
DGHW	Emma	Hamburg-Altenwdr.	22,3	7,87	60
DGHX	Emma	Hamburg	219,0	77,31	120
DGHY	Marina	Hamburg	127,2	44,91	75
DGHZ	Emma Irene	Hamburg	300,7	106,15	125
DGIA	Dixy Porr	Hamburg	1587,8	560,48	1000
DGIB	Emma Lucie	Hamburg	203,9	71,98	75
DGIC	Emma Oltmann	Hamburg	158,2	55,84	80
DGID	Energie	Hamburg	4905,1	1731,50	800
DGIE	Gerd	Hamburg	415,1	146,54	235
DGIF	Erich	Hamburg	122,4	43,22	60
DGIG	Damaskus	Hamburg	7526,2	2656,69	2750
DGIH	Ferdinandstor	Hamburg	1907,8	673,44	1250
DGII	Erika	Hamburg	168,2	59,36	85
DGIJ	Erna	Heiligenhafen	126,6	44,68	50
DGIK	Blitz	Hamburg	417,2	147,28	360
DGIL	Erna Elisabeth	Hamburg	122,2	43,05	35
DGIM	Erna Marie	Hamburg	225,9	79,73	90
DGIN	Erna Meyer	Hamburg	314,2	110,91	100
DGIO	Erni	Rendsburg	263,7	93,10	90
DGIP	Ernst	Hamburg	129,5	45,73	90
DGIQ	Tema Palm	Hamburg	9635,9	3401,48	2300
DGIR	Transatlanta	Hamburg	9362,5	3304,98	3350
DGIS	Ernst August	Hamburg	130,5	46,07	100
DGIT	Erwin	Hamburg	148,3	52,36	50
DGIU	Erwin	Hamburg	225,1	79,45	100
DGIV	Esriel	Hamburg	106,4	37,54	50
DGIW	Esso 60	Hamburg	382,4	134,98	—

DGIX — DGKS

Unterscheidungssignale	Namen der Schiffe	Heimathafen der Schiffe	Kubikmeter Nettoraumgehalt	Registertons Nettoraumgehalt	PS
DGIX	Estetal	Hamburg	163,4	57,67	120
DGIY	Hermann Blume	Hamburg	531,3	187,54	300
DGIZ	Oldenburg	Hamburg	690,2	243,64	300
DGJA	Ewald Ehlert	Rendsburg	560,7	197,94	200
DGJB	Adler	Hamburg	77,9	27,50	75
DGJC	Fairplay II	Hamburg	193,5*	68,31*	358
DGJD	Christianna Pikuritz	Hamburg	3919,9	1383,71	3600
DGJE	Gustav	Hamburg	193,4*	68,29*	361
DGJF	Fairplay VI	Hamburg	193,2*	68,20*	353
DGJG	Fairplay VIII	Hamburg	254,8*	89,95*	379
DGJH	Fairplay IX	Hamburg	209,6*	73,98*	349
DGJI	Fairplay X	Hamburg	140,8	49,70	650
DGJJ	Fairplay XI	Hamburg	210,9*	74,44*	347
DGJK	Fairplay XII	Hamburg	230,9*	81,85*	312
DGJL	Wolfgang	Hamburg	146,9*	58,22*	300
DGJM	Fairplay XVI	Hamburg	165,8*	58,53*	410
DGJN	Fritz	Hamburg	285,8*	100,90*	329
DGJO	Falke	Hamburg	293,4	103,58	200
DGJP	Falke	Hamburg	252,9	89,28	100
DGJQ	Falkenstein	Hamburg	280,7	99,08	150
DGJR	Fanto XVIII	Hamburg	235,8	83,24	125
DGJS	Fiducia	Hamburg	144,7	51,07	50
DGJT	Finkwarder	Hamburg	406,4	143,45	180/215
DGJU	Fischland	Hamburg	317,5	112,07	120
DGJV	Fleiss	Hamburg	394,8	139,38	300
DGJW	Hildegard	Hamburg	1226,8	433,03	775
DGJX	F. M. Harmstorf	Hamburg	171,8	60,65	—
DGJY	Fortuna	Hamburg	160,0	56,49	75
DGJZ	Fortuna	Hamburg	215,0	75,90	100
DGKA	Fortuna	Hamburg	334,2	117,96	150
DGKB	Fortuna	Hamburg	314,4	110,97	200
DGKC	Fortuna	Hamburg	102,9	36,33	55
DGKD	Fortuna	Hamburg	233,5	82,42	90
DGKE	Franz Holm	Hamburg	337,8	133,37	150
DGKF	Franziska	Hamburg	267,3	94,35	125
DGKG	Palmyra	Hamburg	220,8	77,95	120
DGKH	Freia	Burgstaaken	147,3	52,00	50
DGKI	Freia	Hamburg-Finkenwdr.	22,1	7,80	96
DGKJ	Freia	Hamburg-Finkenwdr.	331,8	11,23	120
DGKK	Freiherr vom Stein	Hamburg	435,7	135,81	150
DGKL	Frida	Hamburg	91,2	32,19	25
DGKM	Fridmariwalt	Hamburg	285,4	100,75	120
DGKN	Frieda	Hamburg	224,6	79,30	110
DGKO	Frieda	Hamburg	328,9	116,11	110
DGKP	Frieda	Hamburg	301,6	106,46	100
DGKQ	Frieda	Hamburg	185,1	65,33	100
DGKR	Frieda	Hamburg	260,9	92,09	80
DGKS	Frieda	Hamburg	108,5	38,29	80

* = Bruttoraumgehalt.

DGKT — DGMP

Unterscheidungssignale	Namen der Schiffe	Heimathafen der Schiffe	Kubikmeter Nettoraumgehalt	Registertons Nettoraumgehalt	PS
DGKT	Heike Schlüter	Rendsburg	565,2	199,52	250
DGKU	Erich Schröder	Hamburg	2796,6	987,19	2800
DGKV	Frieda Mariechen	Hamburg	113,8	40,16	50
DGKW	Friedrich Campsen	Hamburg	161,9*	57,14*	240
DGKX	Hornberg	Hamburg	6566,7	2318,05	3330
DGKY	Friedrich Wilhelm	Hamburg	293,9	103,73	100
DGKZ	Fritz Reuter	Hamburg	86,4	30,51	120
DGLA	Fritz Schindler	Hamburg	392,7	138,62	110
DGLB	Fritz Vollmers	Hamburg	304,4	107,46	150
DGLC	Gebrüder	Hamburg	22,2	7,85	75
DGLD	Gebrüder	Büsum	13,8	4,88	50
DGLE	Heijo	Haren/Ems	298,8	105,48	150
DGLF	Gemeinschaft	Bremerhaven	264,7	93,44	—
DGLG	Gerda	Hamburg	165,2	58,33	40
DGLH	Gerda II	Hamburg	345,8	122,07	150
DGLI	Heros	Hamburg	378,8	133,73	200
DGLJ	Gerda Waller	Hamburg	272,0	96,01	110
DGLK	Gerfried	Hamburg	456,3	161,06	150
DGLL	Konrad	Hamburg	59,8	21,11	120
DGLM	Gertha	Hamburg	210,4	74,28	90
DGLN	Gertrud	Hamburg	498,8	176,06	329
DGLO	Gertrud	Hamburg	357,9	126,35	150
DGLP	Gertrud	Hamburg	312,8	110,41	90
DGLQ	Gertrud	Cranz/Elbe	469,8	165,86	150
DGLR	Gertrud	Hamburg	190,7	67,30	75
DGLS	Gertrud II	Hamburg	494,4	174,53	150
DGLT	Katharina Kolkmann	Hamburg	1501,7	530,10	1000
DGLU	Gesche	Hamburg	93,5	33,00	50
DGLV	Gesine	Hamburg	128,5	45,37	50
DGLW	Hannchen	Lübeck-Schlutup	20,1	7,08	80
DGLX	Gloria	Hamburg	404,1	142,64	200
DGLY	Glückauf	Hamburg	63,2	22,31	150
DGMA	Goden Wind	Hamburg-Finkenwdr.	75,1	26,52	180
DGMB	Götaälv	Hamburg	828,7	292,54	600
DGMC	Angelika I	Düsseldorf	788,2	278,20	405
DGMD	Gorch Fock	Hamburg	348,8	123,12	150
DGME	Gorch Fock	Hamburg-Finkenwdr.	72,6	25,82	180
DGMF	Gossi	Hamburg	176,1	62,17	50
DGMG	Grauerort	Hamburg	209,7	74,04	150
DGMH	Greif	Hamburg	296,7	104,73	450
DGMI	Gundula+	Hamburg	1878,1	662,97	750
DGMJ	Greta	Hamburg	136,2	48,09	60
DGMK	Greta	Hamburg	344,1	121,95	200
DGML	Gretchen	Hamburg	183,5	64,77	120
DGMM	Gretchen	Hamburg	211,2	74,56	60
DGMN	Leverkusen	Hamburg	11361,6	4010,65	9000
DGMO	Reinhard I	Hamburg	117,6	41,50	80
DGMP	Grete	Hamburg	108,9	38,43	50

* = Bruttoraumgehalt.

DGMQ — DGOO

Unterscheidungssignale	Namen der Schiffe	Heimathafen der Schiffe	Kubikmeter Nettoraumgehalt	Registertons Nettoraumgehalt	PS
DGMQ	Grete	Hamburg	229,6	81,06	90
DGMS	Amazone II	Hamburg	623,0	219,93	300
DGMT	Griep	Hamburg	1905,6	672,67	—
DGMU	Heino	Hamburg	348,5	123,00	500
DGMV	Gudrun	Hamburg	335,0	118,27	100/135
DGMX	Antonia	Hamburg	1544,8	651,21	1000
DGMY	Bernd	Hamburg	247,7	87,44	105
DGMZ	Antares	Hamburg	62,3	21,98	120
DGNA	Gustav Adolf	Hamburg	121,9	43,03	130
DGNB	Halmstad	Hamburg	1301,0	459,26	700
DGNC	Hamburg	Hamburg	226,1	79,82	150
DGND	Hamburg	Hamburg	264,3	93,30	2×300
DGNE	Silesia	Hamburg	407,8	143,97	112
DGNF	Hanna	Hamburg	421,7	148,85	200
DGNG	Hannchen Allers	Hamburg	336,7	118,87	120
DGNH	Cranz I	Hamburg-Finkenwdr.	85,4	30,15	150
DGNI	Hannover	Hamburg	214,5	75,73	120
DGNJ	Hans	Ritsch	136,7	48,26	75
DGNK	Hans	Hamburg	126,3	44,58	50
DGNL	Hans	Hamburg	185,5	65,48	70
DGNM	Erika Reinhold	Hamburg	139,3	49,19	60
DGNN	Hans	Hamburg	352,7	124,50	175
DGNO	Hans Albert	Hamburg	151,1	53,34	75
DGNP	Gustav Heinrich Weitert	Hamburg	2028,3	716,01	740
DGNQ	Hans Günther	Hamburg	299,9	105,85	100
DGNR	Kettwig	Hamburg	4578,2	1616,09	1096
DGNS	Hans Hinrich	Hamburg	192,2	67,86	100/120
DGNT	Gustav Pistor	Hamburg	9676,5	3415,79	3000
DGNU	Luise Leonhardt	Hamburg	9287,6	3278,52	3500
DGNV	Essen	Hamburg	11254,0	3972,66	9000
DGNW	Hans und Grete	Hamburg	121,4	42,87	75
DGNX	Elli	Hamburg	381,0	134,49	100
DGNY	Hans Werner	Hamburg	204,3	72,12	107
DGNZ	Hanseat	Hamburg	185,4	65,44	150
DGOA	Schürbek	Hamburg	3753,9	1325,14	1875
DGOB	Wittebank	Hamburg	58,9	20,79	150
DGOC	Hartwig	Hamburg	208,5	73,60	120
DGOD	Uwe	Hamburg	152,6	53,86	315
DGOE	Hebe	Hamburg	162,7	57,45	150
DGOG	Muschelgrund	Hamburg-Finkenwdr.	60,1	21,20	120
DGOH	Heidberg	Hamburg	2279,6	804,70	1500
DGOI	Heimat	Hamburg	396,2	139,86	300
DGOJ	Heimat	Hamburg	271,8	95,96	120
DGOK	Heimatland	Hamburg	271,9	96,00	150
DGOL	Heimkehr	Hamburg	265,9	93,85	180
DGOM	Heimkehr	Hamburg	184,6	65,16	70
DGON	Heimwärts	Hamburg	187,5	66,17	100
DGOO	Natal+	Hamburg	12464,9	4400,10	4000

DGOP — DGQM

Unter-scheidungs-signale	Namen der Schiffe	Heimathafen der Schiffe	Kubik-meter Nettoraumgehalt	Register-tons Nettoraumgehalt	PS
DGOP	Hein Godenwind....	Hamburg	163,6	57,76	50
DGOQ	Lugano	Hamburg	3339,6	1178,89	3500
DGOR	Heinrich	Cranz..............	99,0	34,95	50
DGOS	Heinrich Block	Hamburg	400,2	141,27	225
DGOT	Heinz	Hamburg	159,5*	56,45*	180
DGOU	Aeolus............	Hamburg	189,6	66,95	100
DGOV	Heinz-Helmut	Hamburg	352,1	124,28	75
DGOW	Heinz Schriewer	Hamburg	346,2	122,20	150
DGOX	Helene............	Hamburg	281,8	99,49	150
DGOY	Helene............	Hamburg	122,7	43,31	75
DGOZ	Helene............	Hamburg-Altenwdr..	30,6	10,80	80
DGPB	Helene B. Schupp...	Hamburg	1111,9	392,50	520
DGPC	Helga	Hamburg	388,0	136,97	90
DGPD	Helga	Hamburg-Finkenwdr.	60,9	21,48	150
DGPE	Helga	Hamburg	91,0	32,12	25
DGPF	Nanna............	Hamburg	450,7	159,09	300
DGPG	Triglav	Hamburg	44,0	15,53	150/180
DGPH	Hertha Henning	Hamburg	228,2	80,56	75
DGPI	Helmuth...........	Hamburg	321,1	113,36	180
DGPJ	Helmut	Büsum	6,2	2,18	20
DGPK	Helmut............	Hamburg	220,3	77,78	85
DGPL	Hendricka..........	Neufeld...........	5,0	1,75	15
DGPM	Henry Six	Hamburg-Altenwdr.	21,4	7,57	100
DGPN	Euros	Hamburg	625,1	220,67	1500
DGPO	Morian	Uetersen	240,4	84,85	115
DGPQ	Herma............	Hamburg	133,8	47,22	75
DGPR	Hermann	Rendsburg	427,1	150,76	100
DGPS	Hermann	Hamburg	115,1	40,62	50
DGPT	Hermann	Lübeck-Travemünde	87,7	30,94	45
DGPU	Hermine	Hamburg	167,4	59,11	90
DGPV	J. C. Ertel	Hamburg	949,5	335,19	600
DGPW	Claus Schriewer	Hamburg	360,8	127,35	300
DGPX	Herta	Neuenfelde.........	184,2	65,02	140
DGPY	Elli-Margot.........	Hamburg	258,8	91,37	75
DGPZ	Hertha	Hamburg	82,9	29,25	120
DGQA	Hertha	Hamburg	94,5	33,34	50
DGQB	Hiev	Hamburg	1785,3	630,22	—
DGQC	Hilda	Hamburg-Finkenwdr.	72,5	25,59	120
DGQD	Hilda.............	Hamburg-Harburg ..	11,9	4,21	60
DGQE	Hilde Loop.........	Hamburg-Finkenwdr.	60,9	21,48	120
DGQF	Deneb + ...	Hamburg	1067,0	376,65	475
DGQG	Käte Boll	Haren/Ems	1065,1	376,00	—
DGQH	Hinrich Peters......	Hamburg	1368,3	483,01	450
DGQI	Hinrich Wilhelm	Hamburg	284,7	100,50	150
DGQJ	Schulau	Hamburg	68,1	24,05	850
DGQK	Hoffnung	Hamburg	153,7	54,26	80
DGQL	Mignon	Hamburg	123,8	43,71	150/165
DGQM	Gisela Russ	Hamburg	1727,6	609,86	1575

* = Bruttoraumgehalt.

DGQN — DGSN

Unterscheidungssignale	Namen der Schiffe	Heimathafen der Schiffe	Kubikmeter Nettoraumgehalt	Registertons Nettoraumgehalt	PS
DGQN	Belgrano	Hamburg	10173,0	3591,07	3680
DGQO	Hummel	Hamburg	661,2	233,41	400
DGQP	Stubbenhuk	Hamburg	3972,1	1402,15	2880
DGQQ	Ida	Hamburg	210,7	74,36	155
DGQR	Dammtor	Hamburg	1880,4	663,77	1250
DGQS	Immanuel	Hamburg	378,9	133,74	180
DGQT	Inge	Rendsburg	284,4	109,39	150
DGQU	Ingeborg	Hamburg	453,9	160,22	150
DGQV	Adrian+	Hamburg	13682,3	4829,85	6000
DGQW	Ingeborg	Hamburg	186,8	65,94	90
DGQX	Ingeborg III	Hamburg	216,1	76,28	125
DGQY	Irene	Hamburg	405,9	143,28	210
DGQZ	Irene	Kiel	34,0	12,01	150
DGRA	Ingrid Metzendorff	Hamburg	200,9	70,92	150
DGRB	Marie-Elise	Flensburg	163,9	57,85	80/100
DGRC	Mariechen II	Hamburg	224,0	79,07	105
DGRD	Emma Sell	Kiel	124,6	43,98	100
DGRE	Irmgard	Hamburg	282,9	99,87	100
DGRF	Irmgard	Hamburg	420,5	148,42	100
DGRG	Isar	Hamburg	176,9	62,46	80
DGRH	Jacobus	Hamburg	245,1	86,50	175
DGRI	Sapele Palm	Hamburg	7687,6	2713,72	2850
DGRJ	Jason	Cuxhaven	65,8	23,22	250
DGRK	J. C. Wriede	Hamburg-Finkenwdr.	54,7	19,31	120
DGRL	Adele+	Hamburg	901,6	318,27	300
DGRN	Cairo	Hamburg	4221,0	1490,02	2750
DGRP	Anke Tiedemann	Hamburg	205,3	72,47	50
DGRQ	Johanna	Hamburg	143,3	50,60	50
DGRR	Johanna	Hamburg-Finkenwdr.	30,4	10,73	90
DGRS	Johanna Höge	Hamburg	300,3	105,99	75
DGRT	Johanne	Hamburg	294,2	103,85	75
DGRU	Johanne	Hamburg	127,3	44,95	75
DGRV	Falke	Lübeck	64,4	22,72	25
DGRW	Johanne Becker	Hamburg	248,0	87,53	150
DGRX	Johannes	Hamburg	235,3	83,05	75
DGRY	Remscheid	Hamburg	5037,4	1778,19	4200
DGRZ	Johannes	Hamburg	268,6	94,83	90
DGSA	Johannes Matthies	Hamburg	291,7*	102,98*	400
DGSB	Windhuk+	Hamburg	12463,1	4399,49	4000
DGSC	Obereider	Rendsburg	233,8	82,54	150
DGSF	Jonni Wilhelmine	Hamburg	244,4	86,26	110
DGSG	Karin W	Hamburg	66,6	23,51	136
DGSI	Vriendschap	Hamburg	48	17	120
DGSJ	Weissenburg	Hamburg	4344,3	1533,53	3600
DGSK	Justizia	Hamburg	147,9	52,19	50
DGSL	Jutta	Hamburg	149,8	52,89	75
DGSM	Jutta	Hamburg	17,5	6,18	—
DGSN	Käte	Hamburg	168,4	95,45	50

* = Bruttoraumgehalt.

DGSO — DGUO

Unterscheidungssignale	Namen der Schiffe	Heimathafen der Schiffe	Kubikmeter Nettoraumgehalt	Registertons Nettoraumgehalt	PS
DGSO	Käte	Hamburg	252,2	88,95	80
DGSP	Käte Hamm	Hamburg	448,7	156,39	200
DGSQ	Elise Oltmann	Hamburg	434,5	153,37	150
DGSR	Sibylle	Flensburg	562,0	198,74	240
DGSS	Käthe	Hamburg	131,0	46,23	120
DGST	Seefalke	Hamburg	525,0	185,33	300
DGSV	Käthe Block	Hamburg	166,6	58,81	75
DGSW	Reibel I	Hamburg	1918,7	677,32	700
DGSX	Käthe Ritscher	Hamburg	402,8	142,20	200
DGSY	Kamerad	Hamburg	179,9	63,50	110
DGSZ	Kaptaube	Hamburg	161,8	57,12	75
DGTA	Karl	Hamburg	280,1	98,88	80
DGTB	Frieda Wilckens	Hamburg	792,0	279,57	300
DGTD	Karla	Burgstaaken	254,9	89,97	100
DGTF	Katerine	Hamburg-Finkenwdr.	60,9	21,48	130
DGTG	Katharina	Hamburg	197,1	69,56	50
DGTH	Kattegat	Hamburg-Finkenwdr.	54,9	19,38	175
DGTI	Kehdingen	Hamburg	438,7	154,86	150
DGTJ	Hans Oltmann	Hamburg	830,2	293,07	700
DGTK	Kehrwieder II	Hamburg	498,3	175,90	250
DGTL	Uhlenhorst	Hamburg	1773,3	625,96	450
DGTM	Königsberg	Hamburg	280,1	98,88	145
DGTN	Kondor	Hamburg	279,6	98,70	90
DGTO	Lori Dreyer	Hamburg	423,9	149,65	200
DGTP	Kurt Both	Hamburg	357,7	126,27	165
DGTQ	Landkirchen	Hamburg	281,5	99,36	150
DGTR	Erna	Hamburg	13,1	4,61	70
DGTS	Landrath Küster	Hamburg-Finkenwdr.	34,1	12,03	85
DGTT	Cord Eckelmann	Hamburg	1113,6	393,11	800
DGTU	Leda	Hamburg	109,6	38,68	75
DGTV	Lene Reinhold	Hamburg	140,3	49,54	75
DGTW	Juist	Hamburg	468,5	165,39	200
DGTX	Nerissa	Hamburg	970,4	342,56	1000
DGTY	Liesbeth	Hamburg	137,9	48,66	70
DGTZ	Lilly	Hamburg	312,4	110,28	90
DGUA	Wally	Hamburg	274,6	96,95	150
DGUB	Line Hinsch	Hamburg	146,9	51,85	50
DGUC	Lisa	Hamburg	950,1	335,40	500
DGUD	Lisa	Hamburg	369,2	130,32	165
DGUE	Lisa	Wischhafen	169,7	59,91	100
DGUF	Lisa	Hamburg-Finkenwdr.	66,7	23,54	150
DGUG	Lisa Oltmann	Hamburg	275,5	97,26	125
DGUH	Liselotte	Hamburg	155,1	58,27	100
DGUI	Lothar	Hamburg	1215,1	428,93	450
DGUK	Ursel	Hamburg	145,4	51,33	50
DGUL	Hadersleben	Hamburg	537,3	189,67	225
DGUM	Luise	Hamburg	114,5	40,41	40
DGUN	Luise	Hamburg	125,7	44,38	50
DGUO	Gesa	Hamburg	238,1	84,04	165

DGUP — DGWS					
Unter-scheidungs-signale	Namen der Schiffe	Heimathafen	Kubikmeter Nettoraumgehalt	Registertons	PS
DGUP	Magdalena	Hamburg	123,9	43,73	70
DGUQ	Claere Jung	Hamburg	3705,9	1308,19	2520
DGUR	Magret-Inge	Hamburg	209,2	73,84	200
DGUS	Maja	Hamburg	243,1	85,83	100
DGUT	Marga	Hamburg	250,8	88,53	120
DGUU	Margaretha	Hamburg	279,6	98,69	75
DGUV	Margaretha	Hamburg	140,9	49,73	60
DGUW	Margaretha	Hamburg	164,8	58,18	80
DGUY	Margaretha Nibbe	Cranz/Elbe	390,8	137,97	200
DGUZ	Salmo	Hamburg	297,8	105,11	120
DGVA	Carlsson II	Hamburg	187,2	59,01	155
DGVB	Ingeborg II+	Hamburg	1030,9	363,89	300
DGVE	Margit	Hamburg-Finkenwdr.	68,9	24,33	180
DGVF	Maria	Hamburg	105,1	37,09	75
DGVG	Maria	Hamburg	135,2	47,73	110
DGVH	Maria	Hamburg	115,5	40,76	50
DGVJ	Maria	Hamburg-Finkenwdr.	7,8	2,76	60
DGVK	Concordia	Hamburg	2057,5	726,31	1400
DGVL	Vagabund	Hamburg	218,7	77,21	100
DGVM	Elisabeth Boll	Haren/Ems	565,0	199,43	240
DGVN	Marianne	Brake	102,9	36,34	50
DGVO	Marianne	Hamburg	208,4	73,57	80
DGVP	Marianne	Hamburg	153,3	54,11	75
DGVQ	Marieanne	Hamburg	129,2	45,63	36
DGVR	Marido	Hamburg	259,0	91,41	80
DGVS	Marie	Hamburg	149,1	52,62	90
DGVT	Marie	Hamburg	148,7	52,49	60
DGVU	Jan Hamm	Hamburg	600,1	211,82	300
DGVV	Dalbek+	Hamburg	7266,6	2565,11	2910
DGVY	Marie	Hamburg-Altenwdr.	3,0	1,04	15
DGVZ	Mariechen	Hamburg	141,2	49,86	75
DGWA	Josef Joham	Hamburg	806,3	284,61	475
DGWB	Mojenhörn	Hamburg	167,3	59,07	120
DGWC	Elke	Düsseldorf	670,5	36,67	400
DGWE	Marie Steffens	Hamburg	247,9	87,52	95
DGWF	Bugsier 7	Hamburg	68,1	24,05	850
DGWG	Martha	Hamburg	362,6	128,00	100
DGWH	Martha	Hamburg	106,1	37,44	50
DGWI	Martha	Hamburg	117,9	41,64	45
DGWJ	Condor	Hamburg	4,8	1,71	—
DGWK	Vegesack	Bremen	42,9	15,15	555
DGWL	Ellerbek	Hamburg	2899,2	1023,43	1875
DGWM	Martha Ahrens	Hamburg	342,0	120,71	200
DGWN	Martha Christine	Hamburg	223,5	78,89	120
DGWO	August Peters	Hamburg	1615,4	570,25	750
DGWP	Emmalies Funk	Hamburg	210,0	74,12	120
DGWQ	Mary	Hamburg	177,3	62,67	100
DGWR	Matador	Hamburg	159,3	56,24	90
DGWS	Matador	Hamburg	242,0	85,41	75

DGWT — DGYR

Unter-scheidungs-signale	Namen der Schiffe	Heimathafen der Schiffe	Kubikmeter Nettoraumgehalt	Registertons Nettoraumgehalt	PS
DGWT	Matador II	Hamburg	145,8	51,48	70
DGWU	Mathilde	Hamburg	315,3	111,32	75
DGWV	Wilhelm Doerenkamp	Hamburg	4833,9	1706,36	2520
DGWW	Ozean	Hamburg	391,4	138,17	300
DGWX	Max	Hamburg	79,9	28,20	60
DGWY	Ernst Gaulke	Hamburg	278,3	98,26	150
DGWZ	Melpomene	Hamburg	321,3	113,41	120
DGXA	Memelland	Hamburg	489,1	172,66	240
DGXB	Meridian	Brake	232,4	82,02	120
DGXC	Merkur	Hamburg	181,0	63,91	100
DGXD	Meta	Hamburg	273,8	96,65	75
DGXE	Meta	Hamburg	114,9	40,54	75
DGXH	Meta-Grete	Hamburg	215,0	75,91	100
DGXI	Meta Holst	Hamburg-Finkenwdr.	74,1	26,15	180
DGXJ	Ernst Uwe	Hamburg	258,7	91,32	150
DGXK	Meta Schröder	Hamburg-Finkenwdr.	59,2	20,89	150
DGXL	Meteor	Hamburg	233,5	82,44	75
DGXM	Meteor	Husum	10,5	3,71	35
DGXN	Methan	Hamburg	964,9	340,61	350
DGXO	Mimi	Hamburg	148,8	52,54	75
DGXP	Minna	Hamburg	179,8	63,48	120
DGXQ	Minna	Hamburg	2,8	0,97	30
DGXR	Minna Catharina	Hamburg	234,6	82,81	90
DGXS	Minna Marie	Hamburg	163,1	57,56	50
DGXT	Klaus Turowsky	Hamburg	712,6	251,53	300
DGXU	Antje-Marie	Neufeld	7,4	2,61	60
DGXV	Möwe	Hamburg	180,4	63,68	75
DGXW	Aenne Tänzler	Hamburg	18,3	6,46	14
DGXX	Monica	Warsingsfehn	503,6	117,77	400
DGXY	Otto	Hamburg	1042,0	367,82	1200
DGXZ	Mulli	Hamburg	156,3	55,16	70
DGYA	Muschi	Hamburg-Finkenwdr.	29,1	10,27	90
DGYB	Najade	Lübeck	141,2	49,83	320
DGYC	Neckar	Hamburg	546,9	193,07	300
DGYD	Neptunes	Hamburg	142,6	50,33	60
DGYE	Nessdiek	Hamburg-Finkenwdr.	57,2	20,18	120
DGYF	Neuenfelde	Hamburg	281,6	99,42	200
DGYG	Niederelbe	Hamburg	562,5	198,57	150
DGYH	Niedersachsen	Hamburg	376,6	132,93	165
DGYI	Niobe	Hamburg	137,4	48,52	80
DGYJ	Niobe	Hamburg	199,4	70,40	75
DGYK	Nixe	Hamburg	198,0	69,91	90
DGYL	Nobiskrug	Hamburg	452,4	159,69	175
DGYM	Norden	Hamburg	316,4	111,70	180
DGYN	Grete Hauschildt	Hamburg	790,9	279,17	300
DGYO	Clara Blumenfeld	Hamburg	4365,1	1540,88	1200
DGYP	Nordmark	Hamburg	380,4	134,28	200
DGYQ	Nordstern	Hamburg-Finkenwdr.	60,9	21,48	125
DGYR	Ilse Russ	Hamburg	1731,9	611,38	1575

DGYS — DHAO

Unterscheidungssignale	Namen der Schiffe	Heimathafen der Schiffe	Kubikmeter (Nettoraumgehalt)	Registertons (Nettoraumgehalt)	PS
DGYS	Nymphe	Wilhelmshaven	38,6	13,63	100
DGYT	Nordwind+	Hamburg	2503,8	883,84	1400
DGYU	Leipzig	Hamburg	11257,2	3973,79	9000
DGYV	Olga	Hamburg	477,7	168,64	200
DGYW	Ingrid Becker	Rendsburg	394,5	139,25	108
DGYX	Orion	Hamburg	315,8	111,47	200
DGYY	Lothareins	Hamburg	697,4	239,83	305
DGYZ	Oste	Hamburg	136,5	48,17	100
DGZA	Ostetal	Hamburg	225,6	79,65	165
DGZB	Ostmark	Hamburg	485,0	171,22	560
DGZC	Ostsee	Hamburg	258,9	91,41	150/155
DGZD	Pallos	Hamburg	149,5	52,76	75
DGZE	Palme	Hamburg	146,9	51,86	70
DGZF	Margarete Peters+	Hamburg	1804,4	636,96	800
DGZG	Erik Seyd	Hamburg	728,6	257,21	300
DGZH	Peter	Cranz/Elbe	124,2	43,86	25
DGZI	Luise Weitert	Hamburg	394,8	139,37	240/300
DGZJ	Petrolina	Hamburg	1006,0	355,11	—
DGZK	Pinnau	Hamburg	273,6	96,58	70
DGZL	Nordstern	Hamburg	13489,5	4761,80	4200
DGZM	Widar	Hamburg	8639,8	3049,86	3500
DGZN	Pirat	Hamburg	538,7	190,15	200
DGZO	Leanna	Hamburg	3902,8	1377,69	1400
DGZP	Welheim+	Hamburg	14542,0	5133,32	6000
DGZQ	Esteburg	Hamburg	890,9	314,49	400
DGZR	Polaris	Hamburg	240,9	85,05	110
DGZS	Polarstern	Hamburg	126,2	44,54	60
DGZT	Portia	Hamburg	1255,1	443,04	800
DGZU	Preciosa	Hamburg	121,6	42,92	70
DGZV	Presto	Hamburg	39,5	13,95	85
DGZW	Christian Goedeken	Hamburg	766,3	270,52	1200
DGZX	Regina	Hamburg	138,5	48,90	70
DGZY	Reina	Hamburg	131,3	46,34	50
DGZZ	Nordlicht	Hamburg	483,5	170,68	300
DHAB	Roland	Hamburg	396,0	139,78	150
DHAC	Peter S	Hamburg	430,5	151,97	280/300
DHAD	Rolf Hubert	Hamburg	202,8	71,58	100
DHAE	Esperanza+	Hamburg	8064,6	2846,81	4200
DHAF	Rügen	Flensburg	14,0	4,99	35
DHAG	Rungholt	Hamburg	566,5	199,99	300
DHAH	Rungholt	Hamburg	11,3	3,98	50
DHAI	Transpazifik Hugo Stinnes	Hamburg	18297,2	6458,91	4500
DHAJ	Nordland+	Hamburg	13643,2	4816,04	4200
DHAK	Samoa	Hamburg	19,5	6,89	250
DHAL	Troyburg+	Hamburg	6920,0	2442,77	3600
DHAM	Orion II	Hamburg	930,2	328,37	430
DHAN	Schlei	Hamburg	155,9	55,04	120
DHAO	Schwalbe	Hamburg	436,5	154,08	120

DHAP — DHCL

Unterscheidungssignale	Namen der Schiffe	Heimathafen	Nettoraumgehalt Kubikmeter	Nettoraumgehalt Registertons	PS
DHAP	Schwalbe	Hamburg	106,9	37,73	125
DHAQ	Schwalbe	Lübeck	253,3	89,41	90
DHAR	Schwalbe	Hamburg-Finkenwdr.	73,4	13,32	90
DHAS	Schwalbe II	Hamburg	237,1	83,71	150
DHAT	Schwan	Rendsburg	71,8	25,35	50
DHAU	Seeadler	Hamburg	109,9	38,78	80
DHAV	Bayern	Leer	282,1	99,57	300
DHAW	Seefalke	Hamburg	143,6	50,71	75
DHAX	Tübingen	Hamburg	10302,0	3636,60	9000
DHAY	Seemöve	Hamburg	214,9	75,85	150
DHAZ	Seemöve	Hamburg	191,8	67,70	50
DHBA	Seestern	Hamburg	171,7	60,62	135
DHBB	Seeteufel	Hamburg	140,7	49,68	70
DHBC	Sellin	Hamburg	70,2	24,78	135
DHBD	Selma	Hamburg	455,7	160,87	150
DHBE	Borkum	Hamburg	322,6	113,86	200
DHBF	Hertha Gerdau	Hamburg	788,3	278,28	300
DHBG	Siegfried Brey	Hamburg	293,4	103,59	110
DHBH	Silvana	Hamburg	391,9	138,36	180
DHBI	Sirene	Brake	243,8	86,07	70
DHBJ	Sleipner	Hamburg	249,2	87,97	80
DHBK	Sleipner	Hamburg	423,4	149,46	200
DHBM	Sperber	Hamburg	55,5	19,61	150
DHBN	Spika	Hamburg	157,4	55,55	60
DHBO	Richard Kaselowski	Hamburg	20683,6	7301,32	7200
DHBP	Spongia	Hamburg	97,1	34,29	90
DHBQ	Stade	Hamburg	428,4	151,21	590
DHBR	Lucie Schulte	Hamburg	3236,4	1142,46	1250
DHBS	Steinburg	Hamburg	433,3	152,94	165
DHBT	Joachim	Lübeck	1,3	0,46	525
DHBU	Stör	Hamburg	399,6	141,05	150
DHBV	Stör	Hamburg-Altenwdr.	6,8	2,40	36
DHBW	Käthe Brunckhorst	Hamburg	425,1	150,07	300
DHBX	Süderilw	Hamburg-Finkenwdr.	45,8	16,16	125
DHBY	Sülfmeister	Hamburg	173,6	61,27	120
DHBZ	Ingeborg	Hamburg	1870,8	660,39	750
DHCA	Taube	Hamburg	134,7	47,56	40
DHCC	Taucher Flint I	Hamburg	86,9	30,66	200
DHCD	Taucher Flint II	Hamburg	54,7	19,29	160
DHCE	Taucher Flint III	Hamburg	60,1	21,21	180
DHCF	Taucherfahrzeug III	Hamburg	45,4	16,02	65
DHCG	Taucher Harmstorf 5	Hamburg	47,8	16,87	75
DHCH	Taucher Harmstorf 6	Hamburg	23,2	8,20	50
DHCI	Taucher Ottar Harmstorf IX	Hamburg	274,6	96,92	
DHCJ	Thea	Hamburg	125,2	44,18	120
DHCK	Thea	Hamburg	300,2	105,97	100
DHCL	Thomas	Hamburg	790,8	279,16	250

DHCM — DHEI

Unter-scheidungs-signale	Namen der Schiffe	Heimathafen	Kubikmeter Nettoraumgehalt	Registertons Nettoraumgehalt	PS
DHCM	Erna R.	Hamburg	311,3	109,90	240
DHCN	Tina Meta	Hamburg	14,4	5,08	66
DHCO	Tine Schröder	Hamburg	140,1	49,44	70
DHCP	Tinka	Hamburg	313,7	110,75	150
DHCQ	Pionier	Bensersiel	71,4	25,19	100
DHCR	Treue	Hamburg	394,8	139,38	214
DHCS	Triton	Hamburg	121,2	42,80	60
DHCT	Undine	Hamburg	422,6	149,17	150
DHCU	Undine	Hamburg	139,0	49,08	75
DHCV	Uranus	Hamburg	130,1	45,92	50
DHCW	Göttingen	Hamburg	10311,5	3639,94	9000
DHCX	Uwe-Ursula	Hamburg	295,4	104,26	180
DHCY	Valborg	Hamburg	473,1	167,01	150
DHCZ	Vertrauen	Hamburg	237,6	83,86	50
DHDA	Elke Freese	Hamburg	465,5	164,32	250
DHDB	Geier	Hamburg	78,2	27,61	250
DHDC	Vorsetzen	Hamburg	11,8	4,17	475
DHDD	Vorwärts	Hamburg	225,0	79,43	90
DHDE	Vorwärts	Hamburg	138,3	48,83	80
DHDF	Ilse Schulte	Hamburg	9112,3	3216,63	4000
DHDG	Walküre	Hamburg	279,8	98,75	120
DHDH	Walter	Hamburg	127,2	44,89	90
DHDI	Walter	Hamburg	122,0	43,06	100
DHDJ	Marita	Haren/Ems	385,2	135,97	200
DHDK	Ane Jess	Rendsburg	210,8	74,42	120
DHDL	Wanda	Hamburg	218,5	77,13	60
DHDM	Urania	Hamburg	169,7	59,90	275
DHDN	Wega	Cuxhaven	54,6	19,26	100
DHDO	Weißer Greif	Eckernförde	389,9	137,62	150
DHDP	Welf	Hamburg	292,5	103,27	165
DHDQ	Beate Bolten	Hamburg	4149,2	1464,68	2300
DHDR	Werner	Hamburg	1358,0	479,39	650
DHDS	Weser	Hamburg	749,2	264,45	—
DHDT	Rothenburg	Hamburg	4255,64	1503,76	3500
DHDU	Wilfried	Hamburg	424,7	149,93	150
DHDV	Wilfriede Klünder	Hamburg	292,5	103,25	100
DHDW	Wilhelmina	Brake	264,5	93,36	105
DHDX	Wilhelmine	Hamburg	128,1	45,22	45
DHDY	Lina	Hamburg	7,6	2,68	60
DHDZ	Willida	Hamburg	138,1	48,74	50
DHEA	Willy Charles	Hamburg	244,7*	86,36*	525
DHEB	Willy Marie	Hamburg	280,8	99,13	110
DHEC	Windhund	Hamburg	322,0	113,66	150
DHED	Wolf	Hamburg	515,2	181,85	150
DHEE	Arkona	Hamburg	111,5	39,36	50
DHEF	Wotan	Hamburg	220,5	77,83	120
DHEG	Woterküken	Büsum	15,3	5,39	75
DHEH	Mangan	Hamburg	1643,4	580,12	850
DHEI	Amalie C. Ertel	Hamburg	2375,0	838,37	1370

* = Bruttoraumgehalt.

DHEJ — DHGF

Unterscheidungssignale	Namen der Schiffe	Heimathafen der Schiffe	Kubikmeter Nettoraumgehalt	Registertons Nettoraumgehalt	PS
DHEJ	E. u. M. Schwimmkran IV	Hamburg	1405,3	496,08	—
DHEK	Dortmund	Hamburg	11536,9	4072,54	9500
DHEL	Pollux	Oldersum	74,1	26,15	16/18
DHEM	Fairplay V	Hamburg	289,0*	102,01*	510
DHEN	Erika Schulte	Hamburg	1715,7	605,63	1470
DHEO	Erna Liebisch	Hamburg	497,4	175,57	330
DHEP	Süd-West	Hamburg	726,8	256,55	250
DHEQ	Asgard	Hamburg	23,1	8,16	45
DHER	Paul	Hamburg	660,2	233,05	250
DHES	Ingeborg	Hamburg	170,0	60,01	150
DHET	Gesine	Cuxhaven	5,5	1,95	38
DHEU	Stintfang	Hamburg	4331,4	1528,98	3500
DHEV	Helmut	Hamburg	158,1	55,82	100
DHEW	Aufbau	Hamburg	408,0	141,47	300
DHEX	Emma Sauber	Hamburg	4288,5	1513,84	1320
DHEY	Emsriff	Hamburg	9030,7	3187,83	1800
DHEZ	Bergungsschute 4	Hamburg	246,3	86,95	—
DHFA	Bugsier 11	Hamburg	68,1	24,05	850
DHFB	Oda	Hamburg	681,2	240,45	330
DHFC	Martha Russ	Hamburg	2119,0	748,01	1200
DHFD	Brook	Hamburg	2252,3	795,08	1250
DHFE	Adolph	Hamburg	98,2	34,67	250
DHFF	Dorothea Weber	Hamburg	691,0	243,92	250
DHFG	Juliane Schröder	Hamburg	3112,4	1098,68	1500
DHFH	Klaus Wilhelm	Hamburg	513,2	181,17	360
DHFJ	Rothebude	Hamburg	185,0	65,30	250
DHFK	Helgoland	Husum	18,2	6,43	100
DHFL	Hans	Hamburg	38,9	13,72	150
DHFM	Bugsier 9	Hamburg	44,9	15,86	470
DHFN	Meta	Hamburg	192,1	67,80	130
DHFP	Tanganjika	Hamburg	7610,6	2686,55	4600
DHFQ	Rudolf Oetker	Hamburg	20678,3	7299,45	7200
DHFR	Cranz	Hamburg	610,8	215,60	250
DHFS	Johannes Friedrich	Hamburg	294,7	104,04	120
DHFT	Gertrud	Hamburg	161,5	57,00	75
DHFU	Carlshütte IV	Rendsburg	110,4	38,96	50
DHFV	E. Russ	Hamburg	2102,5	742,18	1200
DHFW	Wilhelmine Essberger	Hamburg	20579,2	7264,54	7200
DHFX	Ludwigshafen	Hamburg	11279,4	3981,61	9000
DHFY	Paul J. Müller	Hamburg	421,9	148,92	825
DHFZ	Artus	Hamburg	2435,0	859,54	700
DHGA	Genius	Hamburg	387,0	136,59	200
DHGB	Hermann-Hans	Hamburg	521,0	183,91	250
DHGC	Tilly Russ	Hamburg	2129,0	751,53	1200
DHGD	Charlotte Schröder	Hamburg	3195,2	1127,90	1250
DHGE	Welle	Hamburg	369,9	140,10	350
DHGF	Garlstorf	Hamburg	1440,9	508,65	550

* = Bruttoraumgehalt.

DHGG — DHIF

Unterscheidungssignale	Namen der Schiffe	Heimathafen	Kubikmeter (Nettoraumgehalt)	Registertons (Nettoraumgehalt)	PS
DHGG	Ulmbrüder 3	Hamburg	471,0	166,27	2×300
DHGH	Carla	Hamburg	95,6	33,73	30
DHGI	Adele	Hamburg	189,9	70,23	105
DHGJ	Lucy Essberger+	Hamburg	4101,0	1447,66	1200
DHGK	Berta-Marie	Hamburg	61,8	21,81	
DHGL	Friedel	Hamburg	415,7	146,74	250
DHGM	Este	Hamburg	566,0	199,79	250
DHGN	Erna	Hamburg	139,5	49,25	30
DHGP	Pergamon	Hamburg	6084,4	2147,80	4500
DHGQ	Hans Hermann	Hamburg	559,4	197,48	250
DHGR	Thetis	Hamburg	765,2	270,11	250
DHGS	Ulmbrüder 4	Hamburg	471,0	166,27	2×300
DHGT	Leopard	Hamburg	511,9	180,71	250
DHGV	Ilmenau	Lübeck	2071,5	731,22	600
DHGW	Annaliese Wehlen	Hamburg	280,7	99,08	80
DHGX	Esso München	Hamburg	28171,2	9944,42	12700
DHGY	Sonderburg	Hamburg	31,3	11,04	640
DHGZ	Hamburg	Hamburg	724,7	255,81	250
DHHA	Bravo I	Hamburg	2476,7	874,28	700
DHHB	Julius Pickenpack	Hamburg	627,7	221,59	800
DHHC	Virgilia	Hamburg	2323,4	820,17	880
DHHE	Ulmbrüder 5	Hamburg	471,0	166,27	2×300
DHHF	Alfred	Hamburg	1297,9	458,64	460
DHHG	Tross	Hamburg	117,8	41,59	105
DHHH	Elisabeth Arlt	Bremen	2110,0	744,83	900
DHHI	Reinbek	Hamburg	4449,4	1588,29	1850
DHHJ	Ella Feldtmann	Hamburg	612,7	216,27	250
DHHK	Triton	Hamburg	18,1	6,39	90
DHHL	Dörte II	Hamburg	444,8	157,03	250
DHHM	Rheinland	Hamburg	4562,4	1610 52	1200
DHHN	Thor	Hamburg	3440,4	1214,48	1800
DHHO	Gretchen v. Allwörden	Osten	509,9	179,98	250
DHHP	Edelgard	Hamburg	391,6	138,24	250
DHHR	Paul Lübcke	Hamburg	627,7	221,59	800
DHHS	Doggerbank	Burg/Fehmarn	57,3	20,21	150
DHHT	Hamburg	Hamburg	14951,6	5277,93	10560
DHHU	Wolfsburg	Hamburg	9318,8	3289,53	3100
DHHV	Mühlheim-Ruhr	Hamburg	6354,7	2243,20	2×950
DHHW	Hugo	Hamburg	341,5	120,54	150
DHHX	Thüringen	Hamburg	519,9	183,53	250
DHHY	Harald Schröder	Hamburg	3179,1	1122,21	1250
DHHZ	Asgard	Hamburg	2643,7	934,16	1120
DHIA	Midgard	Hamburg	3435,4	1212,71	1300
DHIB	Rügen	Hamburg	538,0	189,91	250
DHIC	Simson	Hamburg	690,7	243,81	—
DHID	Klaus	Hamburg	143,6	50,69	125
DHIE	Annemarie Renate	Hamburg	391,0	138,01	300
DHIF	Martha Peters	Hamburg	1833,6	647,23	900

DHIG — DHKG

Unterscheidungssignale	Namen der Schiffe	Heimathafen der Schiffe	Kubikmeter Nettoraumgehalt	Registertons Nettoraumgehalt	PS
DHIG	Claus Möller	Hamburg	627,1	221,59	800
DHIH	Hanseat	Hamburg	675,9	238,60	250
DHII	Levensau	Hamburg	1515,6	534,99	1430
DHIJ	Weser	Hamburg	566,8	200,10	—
DHIL	Wiking	Hamburg	576,7	203,57	520
DHIM	Jan Peter	Hamburg	415,5	146,66	300
DHIN	Matador	Hamburg	149,9*	52,74*	280
DHIO	Otto Schubert	Hamburg	691,0	243,92	800
DHIP	Fritz Hugo Stinnes	Hamburg	2081,5	734,78	800
DHIQ	Peter	Hamburg	435,8	160,19	175
DHIR	Maria Numssen	Hamburg	865,4	302,30	300
DHIS	Gebina	Haren/Ems	1061,3	374,63	300
DHIT	Wolfgang Russ	Hamburg	4523,5	1596,81	4000
DHIU	Holger	Hamburg	2548,2	899,51	1165
DHIV	Tanga	Hamburg	9532,7	3365,06	2× 2000
DHIW	Wotan	Hamburg	177,3	62,58	2×850
DHIX	Alfred Theodor	Hamburg	9357,1	3303,06	2800
DHIZ	Stralsund	Hamburg	429,9	151,74	750
DHJA	Almut	Hamburg	2465,4	870,29	900
DHJB	Rita	Hamburg	678,0	239,34	250
DHJC	Quadriga	Hamburg	4888,4	1724,29	5800
DHJE	Matthias Föcher	Hamburg	609,5	215,15	880
DHJF	Alteland	Hamburg	561,2	198,11	850
DHJG	Esso Baltic	Hamburg	15764,3	5564,80	2× 1500
DHJH	Bahrenfeld	Hamburg	428,4	151,23	970
DHJI	Bellatrix	Hamburg	6877,3	2427,70	1750
DHJJ	Falkenberg	Hamburg	2622,4	925,70	750
DHJK	Anton Castens	Hamburg	1693,3	597,75	700
DHJL	Arktis	Hamburg	291,7	102,99	550
DHJM	Bertha	Hamburg	94,1	33,33	60
DHJN	Keitum	Rendsburg	2549,0	899,79	1600
DHJO	Lühesand	Hamburg	1232,9	435,22	700
DHJQ	Frieden	Hamburg	6957,1	2455,86	1750
DHJR	Heinrich Colsmann	Hamburg	561,2	198,11	800
DHJS	Cordelia	Hamburg	3140,5	1108,59	1000
DHJT	Burstah	Hamburg	1841,0	649,86	2200
DHJU	Änne-Ursula	Hamburg	348,2	122,93	250
DHJV	Antilope	Hamburg	719,9	254,12	250
DHJW	Harriet Siedler	Hamburg	3272,3	837,42	700
DHJX	Ursula Schulte	Hamburg	7018,2	2477,43	4000
DHJY	Maria Schröder	Hamburg	3123,6	1102,65	1000
DHJZ	Morsum	Rendsburg	2549,0	899,79	1600
DHKA	Barmbek	Hamburg	428,4	151,23	970
DHKB	Korbach	Hamburg	3070,0	1083,70	1650
DHKC	Seeadler	Hamburg	200,2	70,67	125
DHKD	Claus Böge	Hamburg	3581,8	1264,38	1200
DHKE	Hilda-Rebecka	Hamburg	654,2	230,94	250
DHKF	Kapmöwe	Lübeck	1533,1	541,18	800
DHKG	Glückauf	Hamburg	8123,3	2867,54	2900

* = Bruttoraumgehalt.

DHKH — DHMG

Unterscheidungssignale	Namen	Heimathafen	Kubikmeter	Registertons	PS
	der Schiffe		Nettoraumgehalt		
DHKH	Carl	Hamburg	1556,0	549,26	600
DHKI	Winnetou	Hamburg	10810,6	3816,16	3500
DHKJ	Carl Julius	Hamburg	7041,3	2485,58	2240
DHKK	MargaretheReckmann	Hamburg	632,1	223,13	800
DHKL	Ingeborg Ahrens	Hamburg	3054,0	1078,06	800
DHKM	Najade	Hamburg	2274,9	803,02	925
DHKN	Bugsier 8	Hamburg	68,1	24,05	850
DHKP	Annemarie Krüger	Hamburg	1898,2	670,07	850
DHKQ	Brunsbüttel	Hamburg	4588,9	1619,88	5140
DHKS	Ägäis	Hamburg	401,5	141,73	250
DHKT	Otto Porr	Hamburg	764,3	269,79	500
DHKU	Vogtland	Hamburg	8432,4	2976,62	3100
DHKV	Lystum	Rendsburg	2552,7	901,12	1600
DHKW	Nobistor+	Hamburg	7030,5	2481,75	3000
DHKY	Franz Mathies	Hamburg	1285,8	453,90	550
DHKZ	Zuversicht	Hamburg	382,4	134,97	214
DHLA	Oldenburg	Hamburg	1861,9	657,24	2×700
DHLB	W. Th. Stratmann	Hamburg	463,5*	163,62*	1140
DHLC	Wilhelm Russ	Hamburg	1514,4	534,58	675
DHLD	Robert Eckelmann	Hamburg	666,2	235,16	2×160
DHLE	Coburg	Hamburg	3507,2	1238,04	1600
DHLF	Sylvia	Hamburg	908,3	320,62	660
DHLG	Martin Lütje	Hamburg	790,6	279,10	300
DHLH	Günther Russ	Hamburg	1526,4	538,81	675
DHLI	Glückauf	Hamburg	491,4	173,46	250
DHLJ	Pollux	Hamburg	86,1	30,38	
DHLK	Krautsand	Hamburg	399,1	137,70	250
DHLL	John Aug. Essberger	Hamburg	15190,0	5362,06	2800
DHLM	Las Palmas+	Hamburg	4926,6	1739,10	2×1000
DHLN	Holstein	Hamburg	7454,4	2631,40	1750
DHLO	Berlin	Hamburg	9179,5	3240,38	2600
DHLP	Beteigeuze	Hamburg	7896,6	2777,96	1800
DHLQ	Rabat	Hamburg	1860,7	656,82	2400
DHLR	Wilhelm Bornhofen	Hamburg	5229,3	1845,95	1450
DHLS	Kapt. Jan Reinecke	Hamburg	1994,5	704,06	920
DHLT	Blinkfuer	Hamburg-Finkenwdr.	59,3	20,92	120
DHLU	Tenerife+	Hamburg	4953,6	1748,63	2000
DHLV	Cläre Hugo Stinnes	Hamburg	3873,3	1367,27	1950
DHLW	Köhlfleet	Hamburg	420,7	148,52	250
DHLX	Maria Weitert	Hamburg	2739,3	966,97	700
DHLY	Kolonius	Hamburg	8041,5	2838,65	1750
DHLZ	Tanger+	Hamburg	4946,3	1746,05	2000
DHMA	Mai Rickmers	Hamburg	7909,7	2792,14	1700
DHMB	Irma-Renate	Kiel-Friedrichsort	61,6	21,73	150
DHMC	Ellen Hugo Stinnes	Hamburg	6130,4	2164,01	2000
DHMD	Jacob Becker	Hamburg	903,7	319,01	300
DHME	Hoechst	Hamburg	11321,3	3996,43	9000
DHMF	Brandenburg	Hamburg	4146,3	1463,64	2350
DHMG	Messina+	Hamburg	3548,8	1252,73	2000

* = Bruttoraumgehalt.

Unter-scheidungs-signale	Namen der Schiffe	Heimathafen	Kubik-meter Nettoraumgehalt	Register-tons	PS
DHMH	Luise	Hamburg	17,6	6,23	40
DHMI	Svealand+	Hamburg	3484,2	1229,93	2400
DHMJ	Algier+	Hamburg	3548,5	1252,63	2400
DHMK	Heinrich Ihde	Hamburg	546,8	193,03	750
DHML	Lisboa	Hamburg	1858,6	665,10	1400
DHMM	Ebba Blumenfeld	Hamburg	9584,7	3383,39	2000
DHMN	Bugsier 10	Hamburg	44,9	15,86	470
DHMO	Valencia	Hamburg	1974,6	597,03	2400
DHMP	Santa Ursula	Hamburg	11612,6	4099,25	3600
DHMQ	Niedersachsen+	Hamburg	6888,2	2431,54	4540
DHMR	Marabu+	Hamburg	1380,2	487,20	540
DHMS	Hai	Hamburg	34,2	12,06	120
DHMT	Hecht	Hamburg	34,2	12,06	120
DHMU	Timandra	Hamburg	640,0	225,90	800
DHMV	Palermo+	Hamburg	3562,3	1257,50	2400
DHMX	Norrland	Hamburg	3487,0	1230,91	1600
DHMZ	Marianne	Hamburg	74,9	26,44	18
DHNA	Sankt Johann	Hamburg		1028,00	1200
DHNB	Atlantic	Hamburg	12031,2	4247,01	2250
DHNC	Hannover	Leer	524,7	185,21	2×270
DHND	Antje	Heiligenhafen	62,9	22,20	120
DHNE	Jersbek	Hamburg	2855,4	1007,97	1850
DHNF	Benno	Hamburg	3631,8	1282,02	2000
DHNG	Planet	Hamburg	737,9	260,46	300
DHNH	Ruhrland	Hamburg	1277,4	450,94	760
DHNI	Helga I	Hamburg	136,9	48,33	35
DHNJ	Steinhöft	Hamburg	1428,4	504,21	1500
DHNK	Esther Schulte	Hamburg	8078,9	2851,87	2100
DHNL	Santa Elena	Hamburg	11607,5	4097,45	4000
DHNM	Burkhard Bröhan+	Hamburg	3716,4	1311,90	1650
DHNN	Titania	Hamburg	640,0	225,92	800
DHNO	Käthe Jonas+	Hamburg	947,3	334,39	300
DHNP	Helene	Kiel	52,7	18,62	18
DHNQ	Medemsand	Hamburg	1873,5	661,34	1200
DHNR	Leichter 1	Hamburg	943,8	333,17	—
DHNS	Klaus Schoke	Hamburg	9241,4	3262,22	3000
DHNT	Lina Robert Müller	Hamburg	2185,1	771,35	1480
DHNU	Petra	Hamburg	1111,9	392,49	1040
DHNV	Aegir	Hamburg	8520,90	3007,88	3500
DHNW	Achilles	Hamburg	359,2	126,79	350
DHNX	Ganges	Hamburg	16257,0	5738,74	3300
DHNY	Duisburg	Hamburg	4180,7	1475,78	2350
DHNZ	Elisabeth Bornhofen	Hamburg	3387,0	1195,63	2300
DHOA	L. F. Mathies	Hamburg	1931,5	681,83	750
DHOB	Liselotte Essberger	Hamburg	3604,9	1272,54	1200
DHOC	Proteus	Hamburg	4284,1	1512,28	4100
DHOD	Hans Hinnick	Hamburg	65,9	23,28	1500
DHOE	Odenwald	Hamburg	8043,1	2839,21	4200
DHOF	Röpkesien	Hamburg	398,2	140,57	300

DHOG — DHQB

Unterscheidungssignale	Namen der Schiffe	Heimathafen der Schiffe	Nettoraumgehalt Kubikmeter	Nettoraumgehalt Registertons	PS
DHOG	Rehhorst	Hamburg	2142,4	756,26	900
DHOH	Wittorf	Hamburg		732	900
DHOI	Heluan	Hamburg	2423,4	855,46	1200
DHOJ	Ostpreussen+	Hamburg	8509,1	3003,71	2000
DHOK	Atlanta	Hamburg	1389,7	490,58	1400
DHOL	Scharhörn	Hamburg	1460,7	515,64	1250
DHOM	Cremon	Hamburg	642,8	226,89	800
DHON	Eider	Hamburg	1076,5	380,00	—
DHOO	Hermes	Hamburg	679,9	240,01	300
DHOP	Herta Johanne III	Hamburg	416,0	146,85	300
DHOQ	Salty	Hamburg	14,3	5,04	
DHOR	Ulmbrüder 6	Hamburg	603,6	213,08	500
DHOS	Pollux	Hamburg	77,9*	27,50*	200
DHOT	Paula	Hamburg	396,6	140,00	250
DHOU	Perseus	Hamburg	4284,1	1512,28	4100
DHOV	Bernd Wesch	Hamburg	2336,5	824,79	900
DHOW	Ocean	Hamburg	138,2	48,79	75
DHOX	Spreewald	Hamburg	8120,9	2866,66	4200
DHOY	Esso 61	Hamburg	88,4	31,21	88
DHOZ	Krautsand	Hamburg	917,0	323,70	750
DHPA	Fairplay I.	Hamburg	19,7	6,95	970
DHPB	Adolf Leonhardt	Hamburg	11272,8	3379,28	3500
DHPC	Santa Catarina	Hamburg	11651,6	4113,01	3520
DHPD	Seefalke	Hamburg	60,5	21,36	125
DHPE	Vangard	Hamburg	2660,2	939,06	840
DHPF	Frieda Peters	Hamburg	1877,1	662,60	1050
DHPG	Hornfels	Hamburg	6386,8	2254,53	2700
DHPH	Stadeland	Hamburg	411,4	145,24	300
DHPI	Pinguin	Hamburg	37,6	13,26	150
DHPJ	Max Bornhofen	Hamburg	8241,2	2909,16	1740
DHPK	Reinhart Lorenz Russ	Hamburg	4261,2	1504,19	2800
DHPL	August Bolten	Hamburg	4236,6	1495,50	2300
DHPM	Heimo Reckmann	Hamburg	958,2	338,35	1200
DHPN	Gretchen Müller	Hamburg	1496,4	528,22	1100
DHPO	Kaltehofe	Hamburg	263,4	92,97	150
DHPP	Transvaal	Hamburg	6202,1	2189,34	3300
DHPQ	Esso 65	Hamburg	93,2	32,89	120
DHPR	Diana	Hamburg	75,6	26,70	108
DHPS	Continent	Hamburg	9491,7	3350,57	3360
DHPT	Hornsund	Hamburg	6392,4	2256,53	2700
DHPU	Bruno	Hamburg	136,1	48,03	40
DHPV	Amrum	Hamburg	1714,9	605,37	1200
DHPW	Flensburg	Flensburg	208,7*	73,66*	350
DHPX	Athen	Hamburg	4270,1	1507,34	2750
DHPY	Hermann Sauber	Hamburg	3942,6	1391,73	1700
DHPZ	Angelburg	Hamburg	4298,6	1517,42	4800
DHQA	Monika	Hamburg	1450,8	512,15	1000
DHQB	Kreuzberg	Hamburg	662,4	233,84	660

* = Bruttoraumgehalt.

DHQC — DHRY

Unter-scheidungs-signale	Namen der Schiffe	Heimathafen der Schiffe	Kubikmeter (Nettoraumgehalt)	Registertons (Nettoraumgehalt)	PS
DHQC	Flottbek	Hamburg	3723,7	1314,48	2200
DHQD	Kamerun	Hamburg	6163,9	2186,45	3330
DHQE	Anni	Hamburg	106,0	37,42	36
DHQF	Hildegard Peters	Hamburg	2727,7	962,87	950
DHQG	Tarpenbek	Hamburg	3694,0	1303,98	1875
DHQH	Ernst Blumenfeld+	Hamburg	7869,2	2777,83	2400
DHQI	Ehrenfeld	Hamburg	3334,6	1177,11	1400
DHQJ	Burg Sparrenberg	Hamburg	6699,8	2365,02	3500
DHQK	Kapitän Schröder	Hamburg	477,4	168,54	750
DHQL	Pegasus	Hamburg	4295,3	1516,23	5100
DHQM	Eifeltal	Bremen	1461,8	516,02	750
DHQN	Jan	Hamburg	144,4	50,99	750
DHQO	Hildegard Z. Nimtz+	Hamburg	5849,5	2064,86	2100
DHQP	Konsul Nimtz	Hamburg	7144,7	2522,09	2300
DHQQ	Otterberg	Cuxhaven	2812,8	992,91	1000
DHQR	Santa Isabel	Hamburg	11618,1	4101,19	3520
DHQS	Onabe	Hamburg	110,2	36,89	250
DHQT	Heinrich Grammerstorf	Kiel	7649,6	2700,30	2×1200
DHQU	Nady	Hamburg	2607,0	920,26	1000
DHQV	Assel	Hamburg	787,5	277,98	300
DHQW	Ulmbrüder 7	Hamburg	603,1	212,90	2×250
DHQX	Moseltal	Hamburg	1461,8	516,02	800
DHQY	Anita	Hamburg	6702,5	2365,97	4000
DHQZ	Helga Böge	Hamburg	3730,4	1316,83	1450
DHRA	Otto Blumenfeld	Hamburg	4698,8	1658,69	1500
DHRB	Teutonia	Hamburg	2161,2	762,89	655
DHRC	Magdeburg	Hamburg	4183,2	1476,67	2350
DHRD	Nigeria	Hamburg	6188,2	2184,45	2750
DHRE	Else Müller	Hamburg	1493,7	527,27	1150
DHRF	Marga	Hamburg	7674,9	2709,23	2200
DHRG	Johann Haltermann	Hamburg	3203,2	1130,73	1680
DHRH	Eilenau	Hamburg	8874,2	3132,59	2800
DHRI	Poseidon	Hamburg	9287,9	3275,63	4000
DHRK	Sarrius	Hamburg	76,9	27,16	25
DHRL	Holnis	Hamburg	7654,4	2702,03	2000
DHRM	Jacob Rüsch+	Hamburg	1479,1	522,11	300
DHRN	Albert	Hamburg	161,1	56,88	120
DHRO	Claus Bischoff	Hamburg	7473,3	2638,08	1700
DHRP	Klara Köpke	Hamburg	94,2	33,25	40
DHRR	Niedermehnen	Hamburg	635,4	224,28	850
DHRS	Steinburg	Hamburg	1792,1	632,62	660
DHRT	Rolf	Hamburg	423,9	149,64	250
DHRU	Rügen	Hamburg	1228,4	433,63	860
DHRV	Habicht	Lübeck	144,7*	51,06*	400
DHRW	Olga	Hamburg	11082,6	3912,15	2000
DHRX	Isebek	Hamburg	764,9	270,00	520
DHRY	Christine	Hamburg	1211,3	427,58	650

* = Bruttoraumgehalt.

DHRZ — DIBU

Unterscheidungssignale	Namen der Schiffe	Heimathafen der Schiffe	Kubikmeter Nettoraumgehalt	Registertons Nettoraumgehalt	PS
DHRZ	Taucher Ottar Harmsdorf IV	Hamburg	94,9*	33,50*	325
DIAA	Desdemona	Hamburg	3296,5	1163,68	1470
DIAB	Atlantik	Hamburg	6076,9	2145,14	3000
DIAC	Helga	Hamburg	14813,7	5229,23	2200
DIAD	Esso 62	Hamburg	78,5	27,72	90
DIAE	Peter Frese	Hamburg	410,3	144,83	250
DIAF	Ulmbrüder 8	Hamburg	599,7	211,69	500
DIAG	Estetal	Hamburg	1461,8	516,02	800
DIAH	Osterbek	Hamburg	765,1	270,08	520
DIAI	Galata	Hamburg	4266,0	1505,00	2750
DIAJ	St. Michael	Hamburg	3110,9	1098,15	2100
DIAK	Hans Bröhan+	Hamburg	1817,4	641,56	1000
DIAL	Koblenz	Hamburg	56,2	19,83	400
DIAM	Cleopatra	Hamburg	3296,5	1163,68	1470
DIAN	Baldur	Hamburg	8630,6	3046,62	3500
DIAO	Transportör II	Hamburg	534,1	188,54	300
DIAP	Komet	Hamburg	46,6	16,44	—
DIAQ	Paul Hoop	Hamburg	526,2	185,73	300
DIAR	Irmgard Pleuger	Hamburg	3082,5	1088,13	1500
DIAS	Amazonas	Hamburg	3928,1	1386,64	2700
DIAT	Mok Wi	Hamburg	959,9	338,84	360
DIAU	Roland Russ	Hamburg	4292,0	1515,08	2750
DIAV	Agnes Essberger	Hamburg	801,4	282,91	360
DIAW	Robert Weitert	Hamburg	1923,3	678,94	1500
DIAX	Hans	Hamburg	1501,6	530,06	550
DIAY	St. Katharina	Hamburg	3110,9	1098,15	2680
DIAZ	Helene	Hamburg	98,5	34,77	36
DIBA	Käthe-Marie	Hamburg	382,2	134,91	300
DIBB	Heilbronn	Hamburg	1220,9	430,98	700
DIBC	Leada	Hamburg	3766,6	1329,60	1400
DIBD	Martha	Hamburg-Finkenwdr.	31,7	11,20	120
DIBE	Hermann Tiedemann	Hamburg-Finkenwdr.	53,7*	18,96*	
DIBF	Vulkan	Hamburg	6820,3	2407,55	4200
DIBG	Evelyn	Hamburg	50,3	17,77	45
DIBH	Pazifik	Hamburg	6145,5	2169,35	3000
DIBI	Esso Bolivar	Hamburg	17100,6	6036,51	3600
DIBJ	Werratal	Hamburg	3546,4	1251,87	2560
DIBK	Isartal	Hamburg	1471,3	519,36	900
DIBL	Hinrich Hey	Hamburg	627,5	221,49	1100
DIBM	Kaspir Robert Müller	Hamburg	2839,9	1002,49	1800
DIBN	Idol	Hamburg	21,3	7,52	100
DIBO	Sturmvogel	Hamburg	170,7	60,26	65
DIBP	Otto Kamm II	Hamburg	169,2	59,74	150
DIBQ	Alstertor	Hamburg	3808,9	1344,53	4670
DIBR	Mathilde	Hamburg	219,4	77,45	100
DIBS	Heinrich Lorenz+	Hamburg	2702,1	953,83	2500
DIBT	Günther	Hamburg	103,8	36,65	45
DIBU	Usedom	Hamburg	120,08	42,43	200

* = Bruttoraumgehalt.

DIBV — DIDS

Unter-scheidungs-signale	Namen der Schiffe	Heimathafen der Schiffe	Kubik-meter Nettoraumgehalt	Register-tons Nettoraumgehalt	PS
DIBV	Libanon	Hamburg	7448,4	2629,27	2750
DIBW	Augsburg	Hamburg	4268,1	1506,64	3600
DIBX	Hein Hoyer	Hamburg	10107,0	3567,77	2600
DIBY	Christa	Hamburg	3865,9	1364,67	1400
DIBZ	Quartole	Hamburg	4195,6	1481,05	4200
DICA	Flottbek	Hamburg	107,9	38,07	180
DICB	Spitzerdorf+	Hamburg	1095,1	386,57	475
DICC	Grimm	Hamburg	654,5	230,98	800
DICD	Heinrich Erich	Hamburg	82,3	29,05	18
DICE	Marie	Hamburg	49,8	17,58	18
DICF	Helmuth	Hamburg	59,6	21,05	150
DICG	Eduard Becker	Hamburg	2047,1	722,64	1050
DICH	Alstertal	Hamburg	3546,4	1251,87	2560
DICI	Marie Rüsch	Hamburg	790,9	279,18	300
DICJ	William	Hamburg	381,0	134,48	180
DICK	Peka	Hamburg	1171,3	413,49	700
DICL	Werner Felter	Hamburg	588,7	207,82	300
DICM	Georg Russ	Hamburg	3531,6	1246,66	2400
DICN	Julin	Hamburg	1614,3	569,84	750
DICO	Köln	Hamburg	670,9	236,82	1000
DICP	Alsterdamm+	Hamburg	1623,1	572,94	800
DICQ	Carl Mathies	Hamburg	1267,8	447,53	600
DICR	Frankfurt	Hamburg	14857,9	5444,84	10560
DICS	Würzburg	Düsseldorf	1549,6	547,03	700
DICT	Eduard Schupp	Hamburg	1869,3	659,87	525
DICU	Pamela	Hamburg	895,9	316,27	950
DICV	Quadrivium	Hamburg	4182,4	1476,39	4200
DICW	Bugsier 1	Hamburg	68,0	23,99	600
DICX	Hansestadt Hamburg	Hamburg	1182,0	417,23	700
DICY	Lautertal+	Hamburg	1456,6	514,19	900
DIDA	Värmland	Hamburg	971,6	342,99	1000
DIDB	Simplon	Hamburg	794,3	280,40	886
DIDC	Anni Ahrens	Hamburg	1507,6	532,18	1050
DIDD	St. Patrick	Hamburg	527,5	186,21	500
DIDE	Fina	Hamburg	1804,6	637,03	1000
DIDF	Margarethe IV	Hamburg	122,8*	43,69*	300
DIDG	Ausdauer	Hamburg	10,7	3,78	25
DIDH	Trostbrücke+	Hamburg	1424,8	502,94	720
DIDI	Elsa Essberger	Hamburg	18731,9	6612,35	6650
DIDJ	Johannes Schupp	Hamburg	1863,8	657,92	650
DIDK	Bugsier 2	Hamburg	68,2	24,06	850
DIDL	Anna Catharina	Hamburg	3490,1	1232,00	1800
DIDM	Andrea	Hamburg	4153,7	1466,26	3600
DIDN	Anneliese Porr	Hamburg	717,3	253,21	660
DIDO	Pelion+	Hamburg	3325,5	1173,90	1500
DIDP	Kassel	Hamburg	8967,1	3165,40	8000
DIDQ	Johanna	Hamburg	3827,2	1351,01	1400
DIDR	Marxburg	Hamburg	590,8	205,55	400
DIDS	Helene Mathies	Hamburg	2017,0	712,01	900

* = Bruttoraumgehalt.

DIDT — DIFR

Unterscheidungssignale	Namen	Heimathafen	Kubikmeter	Registertons	PS
	der Schiffe		Nettoraumgehalt		
DIDT	Steckelhörn	Hamburg	3866,7	1364,49	2700
DIDU	Passau	Bremerhaven	670,9	236,82	990
DIDV	Santa Teresa+	Hamburg	18928,8	6681,88	4000
DIDX	Serena	Hamburg	1419,7	501,15	800
DIDY	Cressida	Hamburg	953,5	336,59	1000
DIDZ	Halleberg	Hamburg	2279,1	804,51	1095
DIEA	Margaret C. Ertel	Hamburg	1951,3	547,60	928
DIEB	Hans Gosch	Hamburg	676,8	238,90	1000
DIED	von Beckerath	Hamburg	422,4	149,10	750
DIEE	Jan Keiken+	Hamburg	1135,5	400,84	300
DIEF	Württemberg	Hamburg	13694,9	4834,28	6400
DIEG	Lissy Schulte	Hamburg	1074,2	379,20	1150
DIEH	Jutta Schröder	Hamburg	1832,2	646,78	1500
DIEI	Bugsier 3	Hamburg	68,1	24,05	850
DIEJ	Berlin	Hamburg	6062,0	2139,89	3360
DIEK	Tarbek	Hamburg	679,0	239,70	520
DIEL	Heidelberg+	Hamburg	15757,7	5562,47	9000
DIEM	Alsterpark	Hamburg	1646,3	581,14	800
DIEN	Babitonga	Hamburg	7631,2	2693,81	2750
DIEO	Waldeck	Hamburg	4839,8	1708,44	2800
DIEP	Santa Inés+	Hamburg	18877,1	6663,63	4000
DIEQ	Roland II	Hamburg	63,1	22,27	18
DIER	Billetal	Hamburg	3573,6	1261,48	2560
DIES	Palma	Hamburg	1132,5	399,76	840
DIET	Hinrich	Hamburg	2512,8	887,04	1600
DIEU	Westward-Ho	Hamburg	11,4	4,04	12
DIEV	Hermann Schulte	Hamburg	1836,7	648,36	1470
DIEW	Köln	Hamburg	8976,6	3168,74	8000
DIEX	Friedrich S. Müller	Hamburg	1520,6	536,79	1600
DIEY	Transatlantic+	Hamburg	9110,4	3215,96	3335
DIEZ	Amalie Essberger	Hamburg	593,0	209,32	400
DIFA	Paula Rahmann	Hamburg	597,8	211,02	300
DIFB	Falkenstein	Hamburg	8896,9	3140,59	5600
DIFC	Barbara	Hamburg	6839,8	2414,47	3600
DIFD	Rodenbek	Hamburg	3627,8	1280,61	2700
DIFE	Harald Becker	Hamburg	2053,4	724,84	1045
DIFF	August Sartori+	Hamburg	2928,4	1033,74	1280
DIFG	Warendorp	Lübeck	1572,1	554,95	1000
DIFH	Puck	Hamburg	341,7	120,62	360
DIFI	Trave	Hamburg	2041,5	720,67	—
DIFJ	Freundschaft	Hamburg	58,5	20,47	65
DIFK	Parnass	Hamburg	3336,9	1177,91	1500
DIFL	Wiedenborstel	Hamburg	2875,1	1014,91	1400
DIFM	Freya	Hamburg	106,7	37,66	28
DIFN	Ferdia	Hamburg	2849,0	1005,69	1400
DIFO	Braunschweig	Hamburg	11218,3	3960,06	9000
DIFP	Ophelia	Hamburg	3397,8	1199,43	1470
DIFQ	Alca	Hamburg	351,3	124,00	440
DIFR	Heimat	Hamburg-Finkenwdr.	61,5	21,71	130

DIFS — DIHL

Unter-scheidungs-signale	Namen der Schiffe	Heimathafen	Kubikmeter (Nettoraumgehalt)	Registertons (Nettoraumgehalt)	PS
DIFS	Nicola	Hamburg	1302,7	459,85	850
DIFT	Bussard	Hamburg		732	900
		Finkenwerder	61,9	21,86	120
DIFU	Käte	Hamburg-	61,9	21,86	120
		Finkenwerder	61,9	21,86	120
DIFV	Ingrid Leonhardt	Hamburg	8955,3	3161,23	3500
DIFW	Alk	Hamburg	112,7	39,79	460
DIFX	Hermann Krone	Hamburg	539,3	190,37	1440
DIFY	Michael M	Hamburg	1413,2	498,85	800
DIFZ	Mönkedamm	Hamburg	2017,0	712,01	1200
DIGA	Egon Wesch	Hamburg	725,2	255,98	1000
DIGB	Butt	Hamburg	593,3	209,44	500
DIGC	Transpacific+	Hamburg	8822,6	3114,39	3335
DIGD	Julius Hugo Stinnes	Hamburg	2928,1	1033,64	950
DIGE	Santa Rita+	Hamburg	17078,2	6028,62	4000
DIGF	Alsen	Hamburg	500,3	176,60	560
DIGG	Boreas	Hamburg	19,6	254,02	1500
DIGH	Nordmeer	Hamburg	13475,0	4756,74	4200
DIGI	Hüxter	Hamburg	942,6	332,75	1050
DIGJ	Simon von Utrecht	Hamburg	9254,8	3266,95	3000
DIGK	Radbod+	Hamburg	3248,9	1146,88	2523
DIGL	Helga	Hamburg	447,9	158,13	300
DIGM	Caroline	Hamburg	189,1*	66,75*	320
DIGN	Perikles	Hamburg	4281,9	1511,51	4670
DIGO	Konstanz	Hamburg	689,4	243,37	1000
DIGP	Marie Boettger	Hamburg	2180,3	769,65	1465
DIGQ	Katharina	Hamburg	631,4	222,89	300
DIGR	Karen Bolten	Hamburg	2922,6	1031,67	1850
DIGS	Mainz	Hamburg	689,4	243,37	875
DIGT	Gelsenkirchen	Hamburg	739,6	261,07	875
DIGU	Inge-Ursula+	Hamburg	883,5	311,88	250
DIGV	Transozean Hugo Stinnes	Hamburg	15252,4	5384,10	3600
DIGW	Santa Rosa+	Hamburg	16970,8	5990,71	4000
DIGX	Humor	Hamburg	174,1	61,45	280
DIGY	Karl	Hamburg	227,2	80,19	350
DIGZ	Furka	Hamburg	1069,0	377,36	590
DIHA	Muansa	Hamburg	6311,6	2227,99	3800
DIHB	Hans August	Hamburg	80,0	28,23	18
DIHC	Winnie Lattmann	Hamburg	3468,7	1224,46	1200
DIHD	Hornkliff	Hamburg	6458,4	2279,83	3300
DIHE	Albatross	Hamburg	75	26,50	275
DIHF	Marwa	Hamburg	448,5	158,32	300
DIHG	Grönnebek	Hamburg	3866,1	1364,72	2000
DIHH	Navico III	Hamburg	188,3	66,47	275
DIHI	Leichter III	Hamburg	1022,2	360,85	—
DIHJ	Charles Eckelmann	Hamburg	1165,0	411,24	750
DIHK	Heimdal	Hamburg	5309,5	1874,26	1775
DIHL	Valda Ahrenkiel	Hamburg	4391,0	1550,01	1650

* = Bruttoraumgehalt.

DIHM — DIJD

Unterscheidungssignale	Namen der Schiffe	Heimathafen der Schiffe	Kubikmeter Nettoraumgehalt	Registertons Nettoraumgehalt	PS
DIHM	Annie Hugo Stinnes	Hamburg	3057,5	1079,29	850
DIHN	Jan Jonas	Hamburg	607,0	214,26	300
DIHO	Hildegard Doerenkamp +	Hamburg	7808,9	2756,55	3800
DIHP	Fairplay IV	Hamburg	110,5	39,00	800
DIHQ	Max S	Hamburg	295,6	104,33	330
DIHR	Hansa	Hamburg	392,5	138,54	300
DIHS	Bugsier 14	Hamburg	68,1	24,05	850
DIHT	Navico IV	Hamburg	127,6	45,06	250
DIHU	Esso Düsseldorf	Hamburg	28382,4	10019,00	12672
DIHV	Alsterufer	Hamburg	4191,1	1479,45	4670
DIHW	Bugsier 12	Hamburg	44,8	15,88	470
DIHX	Stade	Hamburg	68,1	24,05	850
DIHY	Anke Henrici	Hamburg	930,1	328,31	300
DIHZ	Uwe	Hamburg	446,4	157,57	300
DIIA	Borkumriff	Hamburg	60,1	21,23	120
DIIB	Hedwig Lünstedt	Hamburg	701,1	247,49	300
DIIC	Karin	Hamburg-Finkenwerder	63,5	22,43	120
DIID	Normann	Hamburg-Finkenwerder	59,5	21,02	150
DIIE	Urundi	Hamburg	8067,6	2847,86	4900
DIIF	Frank Leonhardt	Hamburg	9501,9	3354,19	4200
DIIG	Vogesen	Hamburg	10701,5	3777,64	7200
DIIH	Bravo	Hamburg	198,8	70,18	350
DIII	Cap Blanco	Hamburg	9676,4	3415,77	7200
DIIJ	Günther	Hamburg	619,8	218,80	300
DIIK	Steendiek	Hamburg-Finkenwerder	60,2	21,48	120
DIIL	Bismarckstein	Hamburg	509,9	179,99	300
DIIM	Hamburg	Hamburg	37,4	13,19	120
DIIN	Heinrich Hugo Stinnes	Bremen	4327,7	1527,69	1600
DIIO	Botilla Russ	Hamburg	1177,7	415,73	1530
DIIP	Juno	Hamburg	107,2	37,83	2×150
DIIQ	Paul Rickmers +	Hamburg	12857,9	4538,33	5400
DIIR	Piräus	Hamburg	4085,7	1442,27	4650
DIIS	Jupiter	Hamburg	508,0	179,34	280
DIIT	Hannover	Hamburg	14866,2	5247,76	10560
DIIU	Cap Frio	Hamburg	9606,1	3390,96	7200
DIIV	Congo	Hamburg	6076,0	2144,82	2700
DIIW	Ellen M	Hamburg	341,4	120,50	300
DIIX	Else	Hamburg	59,5	21,02	120
DIIY	Quartett	Hamburg	4523,1	1596,66	5340
DIIZ	Michel	Hamburg	461,7*	162,98*	1140
DIJA	Johann Petersen	Hamburg	189,6*	66,94*	378
DIJB	Hasselwerder	Hamburg	599,8	211,73	300
DIJC	Klaus Leonhardt	Hamburg	9671,4	3414,00	3500
DIJD	Falke	Hamburg	25,2	8,91	300

* = Bruttoraumgehalt.

DIJE — DIQL

Unterscheidungssignale	Namen der Schiffe	Heimathafen der Schiffe	Kubikmeter Nettoraumgehalt	Registertons Nettoraumgehalt	PS
DIJE	Theresia Russ	Hamburg	1182,1	417,29	1500
DIJF	Klaus+	Hamburg	2463,4	869,59	1250
DIJG	Pagensand	Hamburg	2045,9	722,20	1200
DIJH	Geert Howaldt	Hamburg	8735,4	3083,61	4000
DIJI	Mica Sauber	Hamburg	849,1	299,74	650
DIJJ	Portunus	Hamburg	4647,8	1640,67	5140
DIJK	Nordkap	Hamburg	447,7	158,03	300
DIJL	Jörn Witt	Hamburg	1110,2	391,89	600
DIJM	Commerz	Hamburg	9266,4	3271,06	3360
DIJO	Nord	Hamburg	97,2*	34,32*	250
DIJP	Wappen von Hamburg	Hamburg	3245,1	1145,54	5×1200
DIJQ	Voline	Hamburg	615,4	217,23	300
DIJR	Kondor	Hamburg	351,1*	47,68*	275
DIJS	John Schröder	Hamburg	1905,6	672,66	1650
DIJT	Ditmar Koel	Hamburg	11425,4	4033,16	2500
DIJU	Horncap	Hamburg	4360,3	1539,18	5340
DIJV	Hedwig Henning	Hamburg	621,0	219,23	300
DIJW	Marschenland	Hamburg	417,0	147,20	280
DIJX	Gilda	Hamburg	450,1	158,89	300
DIJY	Heidenau	Hamburg	368,9	130,23	300
DIJZ	Gisela Essberger	Hamburg	857,4	302,66	520
DIKA	Esso Hamburg	Hamburg	28172,6	9944,94	12700
DIKB	Plato	Hamburg	525,7	185,57	300
DIKC	Hunneberg	Hamburg	1946,3	687,03	1250
DIKD	Ulanga	Hamburg	6133,8	2165,23	3800
DIKE	Cap Norte	Hamburg	10607,6	3744,69	7200
DIKF	Brunshausen	Hamburg	4586,0	1618,85	5140
DIKG	Faust	Hamburg	18870,8	6661,39	6500
DIKH	Henry Böge	Hamburg		1138	1200
DIKI	Quo vadis	Hamburg	480,4	169,58	280
DIKJ	Klaus Block	Hamburg	609,7	215,24	300
DIKK	Millerntor	Hamburg	8890,4	3138,30	4000
DIKL	Esso Frakfurt	Hamburg	28227,4	9964,26	12500
DIKM	Saturn	Hamburg	35,2	12,41	300
DIKN	Ravensberg+	Hamburg	3952,2	1395,11	3600
DIKO	Birka	Hamburg	1451,6	512,43	600
DIKP	Solveig Rickertsen	Hamburg	10027,0	3539,53	2800
DIKQ	Ingrid	Hamburg	450,5	159,04	300
DIKT	Julius Schindler	Hamburg	20593,0	6269,33	7200
DIKV	Cap Vilano	Hamburg	10619,4	3748,65	7200
DIKW	Fairplay XIV	Hamburg	109,3	38,60	800
DIKX	Solingen	Hamburg	5005,9	1767,09	4200
DIKY	Rita Bartels	Hamburg	450,7	159,09	300
DIQH	Adele	Dieksanderkoog	6,3	2,24	40
DIQI	Adelheid	Uetersen	274,9	97,06	150
DIQJ	Adler	Cuxhaven	7,5	2,63	50
DIQK	Adler	Friedrichskoog	3,6	1,27	20
DIQL	Adler	Friedrichskoog	5,7	2,02	50

* = Bruttoraumgewicht.

DIQN — DISQ

Unterscheidungssignale	Namen der Schiffe	Heimathafen der Schiffe	Kubikmeter (Nettoraumgehalt)	Registertons (Nettoraumgehalt)	PS
DIQN	Albert	Friedrichskoog	5,0	1,76	28
DIQP	Alice	Husum	9,6	3,39	60
DIQQ	Alma	Dieksanderkoog	2,9	1,02	10
DIQS	Anita	Friedrichskoog	4,3	1,52	25
DIQT	Anita	Cuxhaven	10,2	3,61	50
DIQU	Anna	Bützfleth	194,4	68,64	50
DIQV	Anna	Seester	9,4	3,32	50
DIQW	Anna	Schulau	30,3	10,69	90
DIQX	Anna	Friedrichskoog	3,0	1,05	18
DIQY	Anna	Meldorf	3,4	1,20	36
DIQZ	Anna Helene	Kaiser-Wilhelmkoog	3,1	1,09	16
DIRB	Anni	Friedrichskoog	7,4	2,61	50
DIRC	Antares	Dieksanderkoog	10,0	3,53	50
DIRD	Astarte	Wilhelmshaven	32,6	11,52	50
DIRE	Bernd	Hamburg	322,4	113,81	150
DIRF	Bertha	Friedrichskoog	3,4	0,85	15
DIRG	Bertha	Friedrichskoog	6,2	2,19	35
DIRI	F. Werner	Uetersen	427,9	151,04	200
DIRJ	Bodenwinkel	Brunsbüttelkoog	3,5	1,24	66
DIRK	Bornhofen	Glückstadt	8,7	3,07	28
DIRL	Eleonore	Uetersen	411,4	145,24	240
DIRM	Catharina	Brunsbüttelkoog	9,4	3,30	50
DIRN	Christine	Friedrichskoog	8,6	3,04	50
DIRO	Christine	Friedrichskoog	7,1	2,51	40
DIRP	Condor	Schulau	66,2	23,37	150
DIRQ	Condor	Friedrichskoog	6,1	2,15	40
DIRS	Diamant	Friedrichskoog	14,3	5,05	50
DIRU	Dora	Friedrichskoog	3,1	1,09	16
DIRV	Dorothea	Dieksanderkoog	3,1	1,11	30
DIRX	Düneck	Uetersen	343,5	121,25	160
DIRY	Ebenezer	Friedrichskoog	9,4	3,32	35
DIRZ	Elfriede	Neufeld	4,1	1,45	12
DISA	Elfriede	Friedrichskoog	3,8	1,34	24
DISB	Elise	Dieksanderkoog	5,3	1,87	16
DISC	Else	Neufeld	5,7	2,01	25
DISD	Emma	Dieksanderkoog	2,3	0,81	12
DISE	Emma Johanna	Uetersen	263,9	93,14	120
DISF	Erna	Dieksanderkoog	11,2	3,95	50
DISG	Erna	Emden	5,1	1,80	35/40
DISH	Ernst Heinrich	Moorege	109,0	38,49	72
DISI	Ernte	Oberndorf	129,0	45,53	35
DISJ	Fahrewohl	Friedrichskoog	6,0	2,12	18
DISK	Fahrewohl	Neufeld	5,7	2,01	50
DISL	Falke	Schulau	59,6	21,04	135
DISM	Fortuna	Glückstadt	300,7	106,16	150
DISN	Fortuna	Friedrichskoog	6,1	2,81	28
DISO	Freia	Friedrichskoog	6,2	2,21	25
DISP	Frieda	Dieksanderkoog	5,5	1,94	27
DISQ	Frieda	Schulau	36,6	12,90	100

DISR — DIUV

Unterscheidungssignale	Namen der Schiffe	Heimathafen der Schiffe	Kubikmeter (Nettoraumgehalt)	Registertons (Nettoraumgehalt)	PS
DISR	Friede	Dieksanderkoog	4,0	1,41	18
DISS	Frieda	Neufeld	6,7	2,36	25
DIST	Friedo	Friedrichskoog	4,5	1,58	20
DISU	Frija	Glückstadt	251,7	88,86	150
DISW	Alfred Hinsch	Hamburg	199,2	70,31	75
DISX	Grete	Neufeld	11,1	3,93	75
DISZ	Hans	Neufeld	7,0	2,47	38
DITA	Heimat	Glückstadt	10,1	3,57	30
DITB	Heinz	Brunsbüttelkoog	3,9	1,38	16
DITC	Helene	Seester	4,3	1,52	30
DITE	Helgo	Friedrichskoog	11,3	3,98	35/40
DITG	Holstein	Uetersen	420,7	148,51	200
DITH	Hooge	Dieksanderkoog	13,5	4,76	50
DITI	Ida Joerk	Hamburg	1524,7	538,22	550
DITJ	Iduna	Kaiser-Wilhelm-Koog	3,9	1,38	16/18
DITK	Ilse-Elfriede	Friedrichskoog	8,4	2,97	50
DITL	Ina	Friedrichskoog	1,2	0,42	7
DITM	Inge	Neufeld	2,8	0,98	12
DITN	Ingerta	Hamburg	39,9	14,08	145
DITO	Irmgard	Wischhafen	180,6	63,76	60
DITP	Johanna	Seesteraudeich	5,5	1,94	50
DITQ	Johanna	Friedrichskoog	3,8	1,34	20
DITR	Käthe	Friedrichskoog	6,6	2,33	40
DITS	Käte	Seesteraudeich	34,5	12,19	100
DITT	Nooa	Stade	374,4	132,17	200
DITU	Karin	Neufeld	11,8	4,17	40
DITV	Karin II	Friedrichskoog	3,5	1,24	12
DITW	Keen Tied	Dieksanderkoog	2,0	0,71	12
DITX	Kehrwieder	Burg/Dithm.	111,3	39,29	50
DITY	Kehrwieder	Seester	35,5	12,53	105
DITZ	Lena	Cuxhaven	2,8	0,99	15
DIUA	Lene	Friedrichskoog	4,0	1,41	16/18
DIUB	Lilli	Friedrichskoog	1,9	0,67	12
DIUD	Luise	Neufeld	2,3	0,83	8
DIUE	Lucia	Friedrichskoog	9,4	3,34	50
DIUF	Margarethe	Cuxhaven	11,4	4,01	80
DIUG	Maria	Brunsbüttelkoog	4,6	1,64	24
DIUI	Adlergrund	Lübeck-Travemünde	32,3	11,40	150
DIUJ	Marie-Eleonore	Helgoland	247,9	87,52	85
DIUK	Marie Falk	Möltenort	21,1	7,45	100
DIUL	Martha	Friedrichskoog	4,1	1,45	20
DIUM	Mary	Neufeld	9,6	3,41	50
DIUN	Hannchen Staeglich	Schulau	35,5	12,53	75
DIUO	Meta	Dieksanderkoog	6,1	2,15	25
DIUQ	Minna	Dieksanderkoog	9,3	3,28	40
DIUR	Möve	Neufeld	3,0	1,10	18
DIUS	Möve	Neufeld	2,6	0,91	18
DIUU	Muschel	Brunsbüttelkoog	3,3	1,16	45
DIUV	Nathurn	Glückstadt	10,1	3,56	38

DIUW — DIXC

Unterscheidungssignale	Namen der Schiffe	Heimathafen	Nettoraumgehalt Kubikmeter	Nettoraumgehalt Registertons	PS
DIUW	Nelson	Friedrichskoog	4,3	1,52	35
DIVA	Nordstern	Friedrichskoog	4,0	1,43	16
DIVB	Odin	Glückstadt	252,0	88,86	150
DIVC	Orion	Burg/Dithm.	248,2	87,63	40
DIVD	Paloma	Friedrichskoog	5,1	1,80	40
DIVE	Paloma	Hallig Hooge	15,7	5,55	12
DIVF	Pauline	Neufeld	2,0	0,72	12
DIVG	Pidder Lüng	Friedrichskoog	6,7	2,38	15
DIVH	Polarstern	Friedrichskoog	7,8	2,75	40
DIVI	Regenpfeifer	Friedrichskoog	11,4	4,02	25
DIVJ	Regina	Friedrichskoog	14,7	4,50	72
DIVK	Rheingold	Hamburg	277,6	98,00	120
DIVL	Rolf Detlef	Wedel	6,3	2,22	30
DIVN	Schwalbe	Friedrichskoog	2,1	0,74	16/18
DIVO	Schwan	Friedrichskoog	3,6	1,28	25
DIVP	Seeadler	Friedrichskoog	5,4	1,91	16
DIVQ	Seefalke	Friedrichskoog	4,3	1,52	10/14
DIVR	Seemöve	Friedrichskoog	10,5	3,71	75/90
DIVS	Seerose II	Neufeld	7,9	2,79	60
DIVT	Seestern	Neufeld	3,1	1,08	10
DIVU	Seestern	Burg/Dithm.	98,4	34,75	36
DIVV	Sirius	Seester	28,5	10,06	90
DIVW	Sneppfalk	Brunsbüttelkoog	12,1	4,27	18/20
DIVZ	Sturmvogel	Friedrichskoog	2,9	1,02	12/14
DIWB	Sturmvogel	Friedrichskoog	4,5	1,59	20
DIWC	Sturmvogel	Kasenort	7,0	2,47	12
DIWD	Süderau	Hallig Langeness	2,8	1,00	20
DIWE	Thea	Kollmar/Holstein	258,9	91,37	120
DIWF	Thor	Büsum	6,8	2,40	50
DIWG	Tiu	Glückstadt	253,9	89,62	150
DIWH	Traute	Glückstadt	275,5	97,25	250
DIWI	Urania	Friedrichskoog	45,9	11,10	40
DIWJ	Vorwärts	Brunsbüttelkoog	8,0	2,81	60
DIWK	Walter	Hamburg	133,2	47,01	50
DIWN	Wilhelmine	Brunsbüttelkoog	5,3	1,90	35
DIWO	Windsbraut	Dieksanderkoog	20,4	7,20	24
DIWP	Zukunft	Uetersen	345,6	122,0	150
DIWQ	Grete	Friedrichskoog	3,7	1,32	15
DIWR	Karl Heinz	Friedrichskoog	10,5	3,69	28
DIWT	Widder	Bremen	415,9	146,81	250
DIWU	Saxnot	Friedrichskoog	416,3	146,98	550
DIWV	Helga	Meldorf	2,8	1,00	8
DIWW	Erna	Elmshorn	283,1	99,95	120
DIWX	Frieda	Elmshorn	272,0	96,02	100
DIWY	Tine	Friedrichskoog	2,4	0,84	8
DIWZ	Gretchen Vollmers	Uetersen	412,6	146,64	250
DIXA	Amanda	Friedrichskoog	3,0	1,08	30
DIXB	Hanna	Friedrichskoog	11,0	3,91	40
DIXC	Emmy	Dieksanderkoog	4,4	1,55	16

DIXD — DJAC

Unterscheidungssignale	Namen der Schiffe	Heimathafen	Kubikmeter (Nettoraumgehalt)	Registertons (Nettoraumgehalt)	PS
DIXD	Henry	Friedrichskoog	4,1	1,47	
DIXF	Hildegard Bülow	Kollmar/Holstein	423,8	149,61	180
DIXG	Peter	Glückstadt	4,8	1,72	18
DIXH	Nordsee	Schulau	57,3	20,21	120
DIXI	Heimkehr	Friedrichskoog	8,0	2,82	40
DIXJ	Elisabeth Bröker	Schulau	385,8	136,18	250
DIXK	Pik As	Glückstadt	12,0	4,23	48
DIXL	Eggert Karstens	Büsum	13,6	4,80	
DIXM	Berta	Elmshorn	276,0	97,42	110
DIXN	Thyra	Elmshorn	265,2	93,63	120
DIXO	Kiel	Kiel	33,6	11,86	60
DIXP	Marta	Elmshorn	266,0	83,89	110
DIXQ	Zita	Elmshorn	229,9	81,16	65
DIXR	Antje Jansen	Uetersen	411,1	145,12	250
DIXS	Wilhelmine	Friedrichskoog	9,4	3,30	50
DIXT	Anke Christa	Glückstadt	62,4	22,04	150
DIXU	Grete	Itzehoe	58,1	20,52	—
DIXV	Minna	Friedrichskoog	2,8	0,99	30
DIXW	Amigo	Glückstadt	67,2	23,78	200
DIXX	Julianka	Itzehoe	950,9	335,67	250
DIXY	Edelweiß	Seester	18,1	6,39	105
DIXZ	Elbe	Elmshorn	58,9	20,80	180
DIYA	Ingrid	Uetersen	436,9	154,21	250
DIYB	Alma	Friedrichskoog	6,3	2,24	18
DIYD	Hans Bülow	Kollmar	682,4	240,88	520
DIYE	Bishorst	Haseldorf	412,9	145,74	300
DIYF	Schwalbe	Beidenfleth	125,2	44,19	66
DIYG	Albatros	Beidenfleth	92,4	32,63	40
DIYH	Anke	Niendorf	58,4	20,66	150
DIYI	Klaus Mewes	Friedrichskoog	9,5	3,34	75
DIYJ	Jann Mees	Schulau	58,1	20,52	150
DIYK	Luise	Friedrichskoog	16,6	5,88	90
DIYL	Ernst Sturm	Glückstadt	159,1	56,15	120
DIYM	Anita Schütt	Itzehoe	430,5	151,96	300
DIYP	Rosita Maria	Uetersen	478,4	168,86	300
DIYQ	Peter Meyer	Uetersen	353,6	124,8	350
DIYR	Hinrich Koppelmann	Schulau	412,5	145,62	300
DIYS	Seerose	Schulau	57,2	20,18	120
DIYT	Adler	Schulau	61,2	21,59	120
DIYU	Mittelriff	Schulau	60,3	21,28	150
DIYV	Käte	Schulau	59,5	21,02	120
DIYW	Bussard	Schulau	59,1	20,86	120
DIZX	Adler	Wyk/Föhr	9,2	3,24	50
DIZY	Ingrid Weide	Flensburg	3632,0	1282,11	1400
DIZZ	Albatros	Flensburg	211,9	74,81	260
DJAA	Harnis	Flensburg	1118,0	394,65	560
DJAB	Alexandra	Flensburg	155,5	54,90	420
DJAC	Ambronia	Amrum	23,7	8,35	100

DJAD — DJCW

Unterscheidungssignale	Namen der Schiffe	Heimathafen der Schiffe	Kubikmeter (Nettoraumgehalt)	Registertons (Nettoraumgehalt)	PS
DJAD	Ägir	Hamburg	275,2	97,15	150
DJAE	Annemarie	Keitum/Sylt	32,8	11,59	25
DJAF	Astrea	List/Sylt	110,8	39,20	86
DJAG	Carsten Witt	Bremen	1726,4	609,42	1200
DJAI	Christel	Neustadt/Holstein	21,1	7,44	75
DJAJ	Christine	Wyk/Föhr	97,9	34,57	100
DJAK	Doris	Flensburg	776,6	274,15	340
DJAL	Henriette	Munkmarsch	19,4	6,84	35/45
DJAM	Schleswig	Flensburg	246,3*	86,94*	380
DJAP	Inge R.-Christophersen	Flensburg	2925,0	1032,53	950
DJAQ	Fritz Jürgen	Kiel	60,9	21,51	125
DJAR	Föhr-Amrum	Wyk/Föhr	239,1	84,39	240
DJAS	Hilligenlei	Wyk/Föhr	184,9	65,28	320
DJAT	Forelle	Flensburg	63,3	22,33	125
DJAU	Frisia	Wyk/Föhr	123,9	43,73	80
DJAV	Magdalene	Flensburg	504,1	177,95	300
DJAW	Annik	Flensburg	2048,9	723,99	1100
DJAX	Grete	Flensburg	80,9	28,55	50
DJAY	Uthlande	Wyk/Föhr	520,4	183,71	400
DJAZ	Habicht	Flensburg	176,1	62,17	250
DJBA	Maria Elise	Flensburg	40,1	14,15	130
DJBB	Hedwig Pannbacker	Flensburg	529,5	168,91	300
DJBC	Hermine	Wyk/Föhr	92,5	32,64	50
DJBD	Venus	Flensburg	529,0	186,72	300
DJBE	Irmgard	Amrum	18,2	6,43	100
DJBF	Käthe Marie	Amrum	71,1	25,10	70
DJBH	Karl Friedrich	Dagebüll	43,9	15,49	95
DJBI	Libelle	Flensburg	63,3	22,33	100
DJBJ	Lina	Amrum	130,3	46,00	50
DJBL	Marie Ursula	Flensburg	310,0	109,42	150
DJBM	Nordfriesland	Wyk/Föhr	423,4	149,46	300
DJBN	Oste	Wyk/Föhr	83,6	29,52	120
DJBO	Rolf Verhey	Dagebüll	23,4	8,27	75
DJBP	Rungholt	Wyk/Föhr	35,3	12,48	72
DJBR	Jul	Wyk/Föhr	143,9	90,81	120
DJBT	Siegfried	Neustadt/Holst.	20,0	7,06	90
DJBV	Stern vom Osten	Neustadt/Holst.	18,4	6,49	100
DJBW	Kapitäne Christiansen	Wyk/Föhr	182,9	64,56	200
DJBY	Walküre	Flensburg	157,5	55,60	120
DJCE	Hubert	Langballigholz	18,1	6,38	120
DJCI	Arkona	Hamburg	2221,0	784,03	650
DJCL	Anna	Amrum	18,2	6,43	
DJCP	Bianka	Heiligenhafen	18,0	6,37	105
DJCS	Venus	Flensburg	6125,0	2162,12	1500
DJCT	Flensau	Flensburg	2151,3	759,39	1200
DJCV	Charlotte Bohl	Flensburg	418,4	147,71	250
DJCW	Jupiter	Flensburg	2116,6	747,16	1200

* = Bruttoraumgehalt.

Unter-scheidungs-signale	Namen der Schiffe	Heimathafen der Schiffe	Kubikmeter (Nettoraumgehalt)	Registertons (Nettoraumgehalt)	PS
DJCX	Schwennau	Flensburg	2120,8	748,63	1200
DJCY	Jan Meeder	Flensburg	421,6	148,82	250
DJCZ	Pallas	Flensburg	2085,9	736,31	1200
DJDC	Hochmeister	Flensburg	829,8	291,91	360
DJDD	Merkur	Flensburg	780,1	275,38	250
DJDE	Krusau	Flensburg	2324,7	820,61	1200
DJDF	Schleswig-Holstein	Flensburg	724,7	255,83	250
DJDG	Hilligenlei	Langeness	21,2	7,48	68
DJDH	Meteor II	Schulau	87,7	30,90	185
DJDJ	AnnelisChristophersen	Flensburg	1402,4	495,05	830
DJDK	Münster	Flensburg	755,4	266,67	250
DJDL	Maria Althoff	Flensburg	712,8	251,61	390
DJDM	Bernhard Howaldt	Flensburg	9216,4	3253,40	3000
DJDN	Hermann Althoff	Flensburg	711,8	251,25	250
DJDO	Birknack	Flensburg	4232,1	1493,93	1600
DJDP	Hera	Hamburg	1104,1	389,78	520
DJDQ	Amisia	Flensburg	1576,2	556,39	520
DJDR	Diana	Flensburg	4230,0	1493,17	1600
DJDS	Holstein+	Glücksburg	2307,9	814,69	1000
DJDT	Ada	Maasholm	15,7	5,53	50
DJDU	Adler	Büsum	9,5	3,35	25
DJDV	Adler	Büsum	6,5	2,20	50
DJDW	Adler	Tönning	7,6	2,68	40
DJDX	Admiral Scheer	Büsum	5,8	2,05	40
DJDY	Albatros	Büsum	9,1	3,23	40
DJDZ	Albert	Cuxhaven	97,2	34,32	50
DJEB	Alma-Helene	Büsum	9,8	3,46	60
DJEC	Annita	Büsum	7,8	2,75	50
DJED	Anna	Pellworm	43,6	15,37	95
DJEE	Anna	Büsum	14,5	5,10	25
DJEF	Anna-Auguste	Büsum	5,0	1,76	36
DJEG	Hans-Gerhard	Husum	9,0	3,18	40
DJEH	Annemarie	Friedrichskoog	4,2	1,48	25
DJEI	Anni	Pellworm	91,8	32,41	25
DJEJ	Antje	Büsum	2,8	0,99	20
DJEK	Arn VII	Arnis/Schlei	863,6	304,84	300
DJEL	Bertha	Büsum	15,3	5,40	75
DJEM	Bertha	Flensburg	19,3	6,83	120
DJEN	Bertha-Elisabeth	Büsum	8,0	2,82	54
DJEO	Bravo	Büsum	8,3	2,93	40
DJEP	Bussard	Husum	10,2	3,60	75
DJEQ	California	Büsum	10,5	3,71	50
DJER	Capella	Büsum	12,3	4,34	50
DJES	Carl Jensen	Kappeln/Schlei	150,0	52,83	120
DJET	Carmen-Silva	Husum	4,8	1,69	36
DJEU	Catrina	Friedrichstadt	138,9	49,03	100
DJEV	Blitz	Büsum	10,6	3,76	50
DJEW	Christine	Pellworm	75,5	26,65	56
DJEX	Clara	Maasholm	9,3	3,30	44

DJEY — DJGW					
Unterscheidungssignale	Namen der Schiffe	Heimathafen der Schiffe	Kubikmeter Nettoraumgehalt	Registertons Nettoraumgehalt	PS
DJEY	Columbus	Pellworm	5,2	1,85	25
DJEZ	Concordia	Büsum	7,1	2,49	50
DJFA	Condor	Büsum	15,5	5,47	50
DJFB	Cormoran	Büsum	12,9	4,54	75
DJFC	Danzig	Büsum	9,7	3,42	40
DJFD	Diana	Büsum	5,1	1,78	36
DJFF	Dithmarschen	Büsum	9,5	3,35	50
DJFG	Dolly Schlömer	Büsum	21,1	7,45	100
DJFH	Dorathea	Büsum	6,7	2,36	50
DJFI	Edelweiß	Husum	6,4	2,27	35
DJFJ	Eider	Süderstapel	184,2	65,02	100
DJFK	Elbing	Büsum	8,8	3,11	50
DJFL	Elise	Büsum	3,5	1,24	15
DJFM	Elke	Husum	4,2	1,48	25
DJFN	Ella	Tönning	2,0	0,71	28
DJFO	Sliesand	Maasholm	59,7	21,09	150
DJFP	Elly	Büsum	3,7	1,31	24
DJFQ	Elsa	Husum	6,8	2,43	36
DJFR	Else	Husum	4,9	1,75	30
DJFS	Erich	Tönning	5,3	1,87	32
DJFT	Ernst	Büsum	8,9	3,14	60
DJFU	Erwin	Friedrichskoog	6,3	2,23	80
DJFV	Falke	Büsum	7,0	2,47	10
DJFW	Feuerland	Büsum	14,8	5,22	100
DJFX	Forelle	Büsum	5,0	1,77	36
DJFY	Fortuna	Büsum	9,8	3,46	50
DJFZ	Frieda	Büsum	7,0	2,47	50
DJGA	Frieda	Büsum	3,3	1,16	30
DJGB	Frida	Büsum	18,8	6,63	75
DJGC	Friesland	Ording	7,9	2,79	25
DJGD	Frischauf	Büsum	4,5	1,59	24
DJGE	Fürchtenicht	Büsum	11,2	3,95	40
DJGF	Fürchtenicht	Tönning	14,7	5,19	90
DJGG	Georg-Hinrich	Büsum	5,5	1,94	40
DJGH	Germania	Büsum	5,1	1,80	40
DJGI	Gertrud Helene	Husum	3,2	1,13	25
DJGJ	Giserda	Tönning	5,7	2,01	40
DJGK	Gorch Fock	Büsum	4,5	1,59	25
DJGL	Grete	Tönning	6,5	2,29	25
DJGM	Günther	Lübeck-Travemünde	23,5	8,30	100
DJGN	Gustav	Pellworm	101,2	35,20	50
DJGP	Hanna	Husum	9,7	3,43	50
DJGQ	Helene	Pellworm	5,3	1,89	25
DJGR	Gebrüder II	Büsum	11,0	3,88	75
DJGS	Hedi Engels	Büsum	24,9	8,21	120
DJGT	Heimatland	Husum	10,6	3,77	50
DJGU	Heimbringer	Pellworm	14,3	5,06	35
DJGV	Heinrich Christian	Husum	5,7	2,01	40
DJGW	Helene	Pellworm	13,4	4,73	40

DJGX — DJIY

Unterscheidungssignale	Namen der Schiffe	Heimathafen der Schiffe	Kubikmeter Nettoraumgehalt	Registertons Nettoraumgehalt	PS
DJGX	Helene	Husum	9,6	3,39	80
DJGY	Helmut	Friedrichskoog	3,4	1,20	40
DJGZ	Henny	Büsum	4,1	1,46	28
DJHA	Herbert	Büsum	5,4	1,91	40
DJHB	Herta	Arnis/Schlei	148,5	52,41	120
DJHD	Hildegard-Marie	Husum	21,7	7,66	75
DJHE	Hoffnung	Tönning	5,2	1,83	50
DJHF	Hoffnung	Büsum	6,5	2,28	40
DJHG	Holstein	Büsum	9,1	3,21	50
DJHH	Iduna	Büsum	9,2	3,24	40
DJHI	Imperator	Büsum	5,2	1,84	36
DJHJ	Inge	Büsum	10,2	3,60	60
DJHK	Ingrid	Büsum	8,9	3,14	60
DJHM	Johann-Hinrich	Büsum	9,1	3,21	50
DJHN	Julie	Pellworm	8,7	3,08	50
DJHO	Karl-Heinz	Kappeln/Schlei	127,7	45,06	75
DJHP	Kehrwieder	Büsum	60,1	21,21	150
DJHQ	Bertha	Büsum	6,0	2,11	24
DJHR	Klaus Groth	Büsum	21,2	7,48	80
DJHS	Königsberg	Büsum	7,7	2,72	40
DJHT	Komet	Büsum	8,6	3,04	50
DJHU	Conrad	Büsum	7,3	2,59	30
DJHV	Tön 20	Tönning	5,0	1,78	
DJHW	Kurt	Büsum	8,9	3,14	50
DJHX	Nordmeer	Büsum	60,0	21,20	150
DJHY	Leonore	Pellworm	6,7	2,38	36
DJHZ	Leonore-Johanna	Büsum	7,3	2,58	75
DJIA	Lilli	Büsum	4,8	1,69	25
DJIB	Loreley	Büsum	5,7	2,01	40
DJIC	Lucia	Kiel	89,0	31,42	65
DJID	Ludwig	Büsum	11,3	3,99	44
DJIF	Paluca	Büsum	5,8	2,04	25
DJIG	Marie	Husum	57,5	20,31	65
DJII	Rungholt	Husum	30,5	10,76	50
DJIJ	Mariechen	Kappeln/Schlei	13,2	4,67	75
DJIK	Mariechen	Maasholm	9,3	3,28	75
DJIL	Marie-Luise	Büsum	4,3	1,52	25
DJIM	Marie-Luise	Husum	7,8	2,77	75
DJIN	Marie-Luise	Pellworm	11,2	3,95	75
DJIO	Martha	Munkmarsch	103,5	36,54	100
DJIQ	Martha	Büsum	6,8	2,40	40
DJIR	Mary	Tönning	5,2	1,84	38
DJIS	Mary	Husum	9,1	3,32	50
DJIT	Mathilde	Tönning	1,7	0,61	10
DJIU	Fairplay III	Hamburg	12,3	4,34	400
DJIV	Merkur	Husum	6,5	2,30	25
DJIW	Frieda	Pellworm	30,9	10,93	45
DJIX	Meteor	Büsum	5,2	1,84	36
DJIY	Möve	Büsum	5,2	1,84	36

DJIZ — DJKW

Unterscheidungssignale	Namen der Schiffe	Heimathafen	Kubikmeter (Nettoraumgehalt)	Registertons (Nettoraumgehalt)	PS
DJIZ	Möwe	Wöhrden	2,5	0,88	20
DJJA	Möve	Tönning	8,2	2,89	38
DJJB	Neptun	Büsum	9,6	3,38	50
DJJC	Nixe	Büsum	11,3	3,99	30
DJJD	Norderoog	Pellworm	11,8	4,18	40
DJJF	Nordfriesland	Husum	8,5	3,01	35
DJJG	Nordseeluft	Büsum	10,7	3,76	50
DJJH	Nordstern	Büsum	7,2	2,54	40
DJJI	Odin	Büsum	6,8	2,30	40
DJJJ	Orion	Büsum	4,0	1,40	25
DJJK	Passarge	Büsum	9,0	3,17	50
DJJL	Pellworm	Pellworm	135,7	47,90	2×165
DJJM	Pellworm	Pellworm	389,7	137,55	150
DJJN	Peter	Husum	7,9	2,78	50
DJJO	Godenwind	Büsum	9,4	3,31	75
DJJP	Polarstern	Büsum	6,0	2,12	40
DJJQ	Schwalbe	Maasholm	9,3	3,28	50
DJJR	Heimat	Kappeln	22,9	8,09	150
DJJS	Seeadler	Büsum	5,2	1,84	40
DJJT	Seemöve	Büsum	5,1	1,81	20
DJJU	Seeschwalbe	Büsum	5,1	1,81	40
DJJV	Seestern	Fedderwardersiel	4,5	1,58	20
DJJW	Sonja-Charlotte	Büsum	12,63	4,46	50
DJJX	Störtebecker	Friedrichskoog	12,5	4,42	45
DJJY	Eiderstedt	Tönning	10,6	3,75	75
DJJZ	Stralsund	Büsum	9,1	3,21	40
DJKA	Stropp	Büsum	11,0	3,90	35
DJKB	Sturmvogel	Büsum	18,6	6,57	100
DJKC	Süderoog	Pellworm	11,1	4,17	40
DJKD	Südfall	Büsum	4,8	1,70	25
DJKE	Südwest	Maasholm	12,0	4,23	50
DJKF	Svea	Tönning	6,7	2,37	25
DJKG	Paulina	Büsum	469,9	175,41	245
DJKH	Paloma	Büsum	58,0	20,46	150
DJKI	Möwe	Büsum	9,4	3,33	40/50
DJKJ	Wilhelmine Lass	Büsum	10,8	3,81	50
DJKK	Venus	Büsum	6,4	2,26	36
DJKL	Vera	Büsum	9,1	3,21	50
DJKM	Vorwärts	Büsum	4,9	1,72	35
DJKN	Werner	Büsum	14,2	5,01	58
DJKO	Wilhelm Külper	Büsum	34,1	12,02	120
DJKP	Wilhelmine	Büsum	7,3	2,59	50
DJKQ	Wilhelmine II	Büsum	37,1	10,00	50
DJKR	Herma Ohle	Hamburg	115,3	40,69	75
DJKS	Rudolf Engels	Büsum	59,2	20,89	150
DJKT	Maa 23	Maasholm	8,0	2,84	50
DJKU	Wohlfahrt	Maasholm	7,1	2,49	50
DJKV	Nordwest	Maasholm	16,7	5,91	120
DJKW	Woterküken	Büsum	12,6	4,46	50

DJKX — DJMZ

Unterscheidungssignale	Namen der Schiffe	Heimathafen der Schiffe	Nettoraumgehalt Kubikmeter	Nettoraumgehalt Registertons	PS
DJKX	Zukunft	Büsum	24,29	7,5	75
DJKY	Zukunft	Tönning	3,3	1,16	36
DJKZ	Zukunft	Husum	8,5	3,00	75
DJLA	Elsa	Maasholm	18,1	6,37	30
DJLB	Nordlicht	Büsum	16,7	5,91	75
DJLC	Pionier	Hallig Hooge	10,0	3,53	
DJLD	Annemarie	Kappeln	26,5	9,36	150
DJLE	Sturmvogel	St. Peter	7,6	2,70	25
DJLG	Meteor	Pellworm	92,8	32,76	
DJLH	Wohlfahrt	Büsum	6,4	2,28	25
DJLJ	Momme Friedrich	Büsum	10,9	3,85	
DJLK	Gebrüder	Büsum	19,7	6,95	20
DJLL	Mica	Büsum	10,6	3,73	50
DJLM	Stadt Husum	Husum	67,9	23,95	100
DJLN	Hubertus	Büsum	2,6	0,92	36
DJLO	Mariana	Büsum	495,4	174,89	300
DJLP	Schwalbe	Pellworm	6,6	2,33	20
DJLQ	Forelle	Pellworm	6,2	2,17	50
DJLS	Maa 5	Maasholm	6,4	2,24	30
DJLT	Capella	Husum	15,7	5,5	100
DJLU	Wiking	Büsum	16,1	5,68	
DJLW	Steingrund	Büsum	13,8	4,80	60
DJLY	Sandshörn	Husum	13,9	4,93	36
DJLZ	Tamora	Büsum	452,4	59,69	470
DJMA	Tön 9	Tönning	9,4	3,32	35
DJMB	Barbara	Büsum	25,4	8,96	75
DJMC	Else	Büsum	7,2	2,52	30
DJMD	Libelle	Büsum	4,0	1,41	24
DJMF	Concordia	Kappeln/Schlei	31,5	11,10	
DJMG	Puck	Kappeln/Schlei	38,0	13,40	
DJMH	Nöck	Kappeln/Schlei	84,8	29,94	100
DJMI	Hertha	Büsum	5,8	2,02	36
DJMJ	Anna	Tümlauerkoog	4,9	1,74	25
DJMK	Seehund	Maasholm	19,5	6,88	15
DJML	Heimkehr	Husum	7,5	2,65	50
DJMM	Antje	Kappeln/Schlei	15,3	5,39	100/120
DJMN	Reini	Kappeln/Schlei	9,6	3,39	75
DJMO	Pidder Lüng	Hallig Hooge	31,7	11,18	15
DJMP	Albatros	Tönning	5,5	1,95	
DJMQ	Anne Ohl	Ulsnis	389,5	137,51	250
DJMR	Marga	Maasholm	29,3	10,35	
DJMS	Wik	Kiel	86,5	30,58	117
DJMT	Klara-Luise	Büsum	8,3	2,93	28
DJMU	Minna	Maasholm	8,8	3,12	25
DJMV	Maa 10	Maasholm	8,3	2,93	
DJMW	Kro 8	Maasholm	4,7	1,66	25
DJMX	Tön 24	Tönning	5,0	1,76	30
DJMY	Condor	Kappeln/Schlei	22,4	7,91	120
DJMZ	Kehrwieder	Büsum	10,8	3,81	24

DJNA — DJPD

Unterscheidungssignale	Namen der Schiffe	Heimathafen der Schiffe	Nettoraumgehalt Kubikmeter	Nettoraumgehalt Registertons	PS
DJNA	Gerda	Ording	4,4	1,57	
DJNB	Nordmeer	Burgstaaken	18,7	6,61	150
DJNC	Sturmvogel	Kappeln/Schlei	26,9	9,38	120
DJND	Adler	Kappeln/Schlei	20,7	7,32	
DJNE	Bussard II	Büsum	20,2	7,12	80
DJNF	Kehrwieder	Tönning	8,8	3,09	
DJNG	Greif	Kappeln/Schlei	15,8	5,58	
DJNH	Vorwärts	Arnis/Schlei	17,1	6,02	
DJNI	Nauke	Tönning	9,1	3,22	
DJNL	Norderholm+	Kiel	4284,0	1512,27	3300
DJNM	Anna	Kiel	102,2	36,08	200
DJNN	Anna-Elise	Varelerhafen	112,9	39,84	75
DJNO	Annemarie	Leer	373,8	131,54	195
DJNP	Antje	Kiel	15,2	5,35	75
DJNQ	August	Kiel	119,6	42,22	160
DJNR	Käte Grammerstorf	Kiel	4061,1	1433,60	1275
DJNS	Bruno Grammerstorf	Kiel	1319,3	465,71	700
DJNT	Bülk	Kiel	89,3	31,53	350
DJNU	Bungsberg	Hamburg	680,3	240,10	360
DJNV	Schleswig	Kiel	564,9	199,42	800
DJNW	Heikendorf	Kiel	616,6	217,7	1120
DJNZ	Dorathea	Kiel	48,1	16,95	120
DJOA	Schleswig-Holstein	Kiel	50,1	17,68	150
DJOB	Geheimrat Sartori	Kiel	1408,4	497,15	1000
DJOC	Eckholt	Eckernförde	12,7	4,46	100
DJOD	Edith Becker	Kiel	96,2	33,97	50
DJOE	Elisabeth	Tatting	5,4	1,91	20
DJOF	Emil	Kiel	509,2	179,73	150
DJOG	Emma Dorothea	Schilksee-Strande	13,0	4,57	80
DJOH	Glücksburg	Kiel	613,5	216,55	1530
DJOI	Fehmarn	Hamburg	579,8	204,69	330
DJOJ	Elisabeth Entz	Rendsburg	16057,4	5668,54	2×2250
DJOK	Friedrichsort	Kiel	339,0	119,67	280
DJOL	Georg	Kiel	121,1	42,76	100
DJOM	Hans-Helmut	Schilksee-Strande	13,6	4,77	90
DJON	Hans-Johann	Rendsburg	374,4	122,64	135
DJOO	Seeadler	Kiel	31,1	10,97	120
DJOR	Heinrich	Kiel	126,7	44,72	120
DJOS	Henni	Rendsburg	134,5	47,56	75
DJOT	Falkenstein	Kiel	612,8	216,38	1530
DJOU	Hertha	Kiel	136,7	48,25	150
DJOV	Heimkehr	Eckernförde	65,1	22,98	120
DJOW	Hilda	Kiel	515,2	181,86	150
DJOZ	Hoh 11	Hohwacht	2,2	0,78	10
DJPA	Hohwacht	Kiel	86,0	30,25	300
DJPB	Holsatia	Kiel	277,5	97,97	380
DJPC	Elch	Hamburg	172,3*	60,83*	550
DJPD	Holtenau	Kiel	202,2*	71,73*	350

* = Bruttoraumgehalt.

DJPF — DJRX

Unter-scheidungs-signale	Namen der Schiffe	Heimathafen	Kubik-meter (Nettoraumgehalt)	Register-tons (Nettoraumgehalt)	PS
DJPF	Ilse	Kiel	159,5	56,30	130
DJPG	Ingrid	Kiel	331,7	117,08	150
DJPH	Phönix	Heikendorf	15,6	5,49	100
DJPI	Christian Sartori+	Kiel	3733,5	1317,98	2250
DJPJ	Karin	Kiel	381,6	134,69	180
DJPK	Mönkeberg	Kiel	206,0	72,55	240
DJPM	Laboe	Kiel	687,7	242,76	950
DJPO	Dieter Waltraud	Rendsburg	363,0	128,14	350
DJPS	Esso Nordenham	Hamburg	287,7	98,38	240
DJPU	Neuende	Hamburg	660,0	232,99	300
DJPV	Hei 31	Heikendorf	15,7	5,54	80
DJPX	Nordmark	Eckernförde	9,1	3,20	120
DJPY	Nordstern	Eckernförde	9,2	3,26	80
DJPZ	Editha	Eckernförde	797,5	281,52	460
DJQA	Ernst Friesecke	Kiel	961,4	339,37	450
DJQB	Iltis	Kiel	436,1	153,95	—
DJQC	Edith	Heikendorf	34,0	12,00	120
DJQD	Maria	Heikendorf	24,0	8,47	120
DJQI	Schwan	Möltenort	23,8	8,39	150
DJQJ	Schwansen	Kiel	1140,1	402,44	360
DJQK	Seeadler	Rendsburg	230,6*	81,42*	330
DJQL	Sonja	Kiel	38,1	13,46	80
DJQM	Theoja I	Cuxhaven	36,7	12,95	125
DJQO	Maria Fr. Joerk	Kiel	416,3	146,96	250/270
DJQP	Christa Griese	Kiel	550,6	194,35	230
DJQQ	Eva	Heikendorf	31,8	11,24	96
DJQR	Gaarden	Kiel	169,5	59,84	500
DJQS	Sucher	Rendsburg	405,5	143,13	200
DJQU	Flensburg	Kiel	564,9	199,42	850
DJQV	Ute	Kiel	39,3	13,87	100
DJQW	Veritas	Kiel	137,8	48,65	75
DJQX	Viktoria	Kiel	121,0	42,73	240
DJQZ	Käte Oltmann	Hamburg	328,0	115,77	200
DJRA	Rudolf	Norderney	100,7	35,54	175
DJRB	Kronsberg	Hamburg	993,2	350,59	1000
DJRC	Stadtrat Suhr	Eckernförde	16,9	5,96	72
DJRE	Wogram	Heikendorf	38,2	13,51	120
DJRG	Möwe	Neustadt/Holst.	14,2	5,02	120
DJRH	Mamsell	Kiel	21,7	7,64	170
DJRI	Seestern	Heikendorf	17,6	6,21	80
DJRL	Karl-Heinz	Heiligenhafen	19,5	6,90	100
DJRM	Horst	Büsum	10,0	3,51	75
DJRN	Atlantic	Emden	60,8	21,46	120
DJRP	Kronsort	Eckernförde	22,2	7,85	90
DJRQ	Christa	Heikendorf	28,7	10,15	100
DJRS	Johann Böhnke	Strande	46,2	16,29	180
DJRU	Marianne J. Nimtz	Hamburg	4518,3	1594,95	1200
DJRW	Amrum	Hamburg	1020,5	360,23	185
DJRX	Hedwig-Elisabeth	Heikendorf	36,1	12,75	125

* = Bruttoraumgehalt.

DJRZ — DJUT

Unterscheidungssignale	Namen der Schiffe	Heimathafen der Schiffe	Kubikmeter (Nettoraumgehalt)	Registertons (Nettoraumgehalt)	PS
DJRZ	Heimatland	Eckernförde	36,9	13,02	120
DJSA	Carl Sifferlien	Eckernförde	17,2	6,09	120
DJSC	Hanne Scarlett	Kiel	880,6	310,84	2000
DJSD	Lilli Scarlett	Kiel	926,4	327,03	2000
DJSE	Nordmeer	Eckernförde	31,2	11,01	120
DJSF	Castor	Kiel	128,8*	45,47*	220
DJSH	Frie 4	Kiel-Friedrichsort	14,1	4,99	100
DJSI	Doris	Kiel	110,1	38,88	60
DJSJ	Ellerbek	Kiel	564,9	199,42	850
DJSK	Wellingdorf	Kiel	564,9	199,42	850
DJSL	Duburg	Kiel	2468,0	871,20	1200
DJSN	Emmi	Laboe	49,1	17,34	
DJSO	Felsen	Eckernförde	52,9	18,68	110
DJSQ	Frisch Auf	Eckernförde	23,9	8,43	100
DJSR	Bonanza	Kiel	8157,8	2879,72	1520
DJST	Grete-Herta	Möltenort	16,2	5,73	100
DJSU	Söte Deern	Eckernförde	21,1	7,45	
DJSX	Glücksburg	Kiel	2468,4	871,34	1200
DJSY	Heikendorf	Kiel	284,6	100,45	300
DJTB	Schwalbe	Eckernförde	14,6	5,15	90/120
DJTE	Frie 2	Friedrichsort	16,4	5,75	75
DJTF	Peter	Heikendorf	26,4	9,31	120
DJTG	Brigitte	Eckernförde	27,5	9,70	120
DJTH	Hei 28	Heikendorf	21,9	7,75	100
DJTJ	Elisabeth	Eckernförde	37,6	13,29	120
DJTK	Blidum	Rendsburg	2417,2	853,80	1200
DJTL	Kehrwieder	Kiel	11,0	3,88	
DJTM	Kitzeberg	Kiel	221,3	78,00	300
DJTN	Neumünster	Kiel	487,6	172,12	925 u. 180
DJTS	Elfriede+	Kiel	3065,5	1082,13	800
DJTU	Lab 111	Cuxhaven	4,2	1,49	15
DJTV	Annemarie	Kiel	2237,2	789,73	800
DJTZ	Marie Luise	Strande	36,6	12,91	120
DJUA	Martin	Heikendorf	47,5	16,77	150
DJUC	Möltenort	Kiel	265,1	93,50	300
DJUE	Roland	Kiel	871,5	307,65	250
DJUF	Annchen Felter+	Lübeck	1044,9	368,86	500
DJUH	Rendsburg	Kiel	489,5	172,80	1205
DJUJ	Pollux	Kiel	128,8*	45,47*	220
DJUK	Heimat	Laboe	19,3	6,83	85
DJUL	Claus S	Hamburg	210,7	74,39	125
DJUM	Heimatland	Möltenort	59,6	21,04	150
DJUO	Hei 24	Heikendorf	38,6	13,63	150
DJUP	Einigkeit	Möltenort	41,8	14,00	150
DJUR	Trave	Kiel	505,0	190,70	850
DJUS	Spüler III	Rendsburg	1085,3*	383,51*	125
DJUT	Freya	Kiel	40,8	14,40	150

* = Bruttoraumgehalt.

DJUV — DJXE

Unterscheidungssignale	Namen der Schiffe	Heimathafen der Schiffe	Kubikmeter (Nettoraumgehalt)	Registertons (Nettoraumgehalt)	PS
DJUV	Schwalbe	Kiel	154,3*	54,48*	120
DJUW	Schwan	Neumühlen/Kiel	210,1	74,17	—
DJUX	Schwentine	Neumühlen/Kiel	7,4	2,62	49
DJUY	Stadt Kiel	Kiel	410,6	144,94	520
DJUZ	Steffen	Kiel	208,4*	73,58*	250
DJVA	Stein	Kiel	5,0	1,78	550
DJVB	Bussard I	Hamburg	92,0*	32,49*	281
DJVC	Heimat	Rendsburg	23,4	8,28	150
DJVE	Husum	Kiel	536,4	189,33	850
DJVF	Eider	Kiel	540,2	190,70	850
DJVG	Konsul Sartori	Kiel	1426,8	503,66	1000
DJVH	St. S. 80	Kiel	685,4	241,95	312
DJVI	St. S. 81	Kiel	685,0	241,70	312
DJVJ	Christian	Kiel	20,4	7,20	120
DJVL	Vorwärts	Brunsbüttelkoog	279,2*	98,57*	450
DJVN	Schwentine	Kiel	540,2	190,70	850
DJVQ	Karin	Heikendorf	32,8	11,59	150
DJVR	Karl Grammerstorf	Kiel	3932,3	1197,48	2300
DJVS	Kiel 30	Kiel	23,5	8,30	105
DJVT	Günter	Büsum	9,9	3,48	36
DJVU	Hei 47	Heikendorf	23,5	8,29	85
DJVV	Herbert	Rendsburg	147,5	52,08	75
DJVW	Büsum	Kiel	536,4	189,33	850
DJVX	Waltraut Behrmann	Rendsburg	410,2	144,81	250
DJVY	Inge	Laboe	16,1	5,69	100
DJVZ	Cläre Grammerstorf	Kiel	6192,9	2186,09	1800
DJWB	Aline	Haffkrug	15,9	5,61	90
DJWC	Altstadt	Lübeck	92,3	32,58	160
DJWD	Uwe	Lübeck-Travemünde	24,5	8,65	120
DJWE	Anne Gret	Lübeck-Gothmund	18,1	6,40	75
DJWF	Antje	Niendorf	25,0	8,84	150
DJWI	Brandenburg	Hamburg	265,8	93,82	150
DJWJ	Hans Matthias	Burgstaaken	439,1	154,99	220
DJWK	Friedrich Pahlke	Burg/Fehmarn	8,5	3,01	100
DJWL	Flamingo	Flensburg	181,3	64,01	350
DJWN	Anneliese	Lübeck-Schlutup	25,5	9,02	95
DJWP	Möwe II	Lübeck-Travemünde	2002,3	706,81	920
DJWQ	Ilse Feldmann	Heiligenhafen	60,9	21,51	120
DJWR	Deutschland	Haffkrug	8,2	2,89	65
DJWT	Dora	Burgstaaken	103,8	36,65	100
DJWU	Edelweiß	Neustadt/Holstein	9,0	3,18	75
DJWX	Elbing II	Lübeck	1267,4	447,40	570
DJWY	Motorfisch	Hamburg	508,8	179,62	300
DJWZ	Ostpreußen	Heiligenhafen	60,2	21,41	125
DJXA	Elbing VIII	Lübeck	949,0	335,00	350
DJXB	Hella	Haffkrug	63,6	22,44	150
DJXD	Christoffer Oldendorff	Lübeck	8291,5	2926,89	1750
DJXE	Hedwig	Lübeck-Travemünde	25,3	8,93	150

* = Bruttoraumgehalt.

DJXF — DJZL

Unter-scheidungs-signale	Namen der Schiffe	Heimathafen der Schiffe	Kubik-meter Nettoraumgehalt	Register-tons Nettoraumgehalt	PS
DJXF	Emmi	Niendorf	8,1	2,84	72
DJXG	Jutta	Lübeck-Travemünde	63,5	22,48	150
DJXH	Hans Peter	Lübeck-Travemünde	65,3	23,05	150
DJXJ	Urania	Heiligenhafen	59,7	21,09	125
DJXK	St. Georg	Hamburg	196,2	69,26	225
DJXM	Sturmvogel	Heiligenhafen	60,9	21,49	120
DJXN	Kehrwieder	Burgstaaken	61,3	21,63	150
DJXL	Margarethe	Lübeck-Schlutup	31,3	7,51	120
DJXO	Gemma	Lübeck	325,0	114,74	500
DJXP	Gerda	Büsum	12,0	4,24	75
DJXQ	Gertrud	Kiel	23,4	8,26	160
DJXR	Heidi	Friedrichskoog	15,8	5,59	100
DJXS	Gorch Fock	Niendorf	20,2	7,13	90
DJXV	Gretel	Lübeck-Gothmund	5,3	1,86	50
DJXW	Griep to	Lübeck-Travemünde	29,7	10,47	100
DJXX	Elsbeth	Lübeck-Schlutup	19,6	6,91	75
DJXY	Habicht	Lübeck-Travemünde	23,0	8,11	150
DJXZ	Hanna Frida	Kiel	78,8	27,83	36
DJYA	Heita	Lübeck-Travemünde	63,5	22,42	
DJYB	Hai	Timmendorferstrand	18,7	6,62	120
DJYC	Gretchen I	Lübeck-Travemünde	14,3	5,06	150
DJYD	Heimat	Lübeck-Schlutup	17,6	6,20	100
DJYE	Heimat	Niendorf	16,1	5,67	70
DJYF	Heimat	Neustadt/Holst.	11,9	4,19	50
DJYG	Venus	Lübeck-Travemünde	60,9	21,49	120
DJYJ	Helene	Lübeck-Travemünde	12,2	4,29	120
DJYK	Helgoland	Lübeck	687,1	242,54	460
DJYL	Fona	Lübeck	1114,8	393,54	1000
DJYM	Glückauf	Hamburg	658,0	232,27	250
DJYN	Holl fast	Brake	29,7	10,47	120
DJYO	Ingrid	Lübeck-Travemünde	16,5	5,84	90
DJYP	Irjo	Niendorf	18,4	6,50	75
DJYR	Columbus	Lübeck-Travemünde	62,4	20,08	120
DJYS	Hoffnung	Lübeck-Travemünde	61,0	21,53	120
DJYT	Johannes	Lübeck	528,8	185,62	300
DJYU	Hans Werner	Lübeck-Travemünde	17,4	6,15	150
DJYV	Sirius II	Neustadt/Holst.	16,7	5,70	75
DJYW	Lissy	Emden	298,9	105,53	230
DJYX	Lore	Lübeck-Travemünde	20,7	7,30	150
DJZA	Marie	Lübeck	211,6	74,70	150
DJZB	Mariechen	Heiligenhafen	144,3	50,95	125
DJZD	Anke II	Glückstadt	61,9	21,85	150
DJZE	Möwe	Lübeck-Schlutup	11,0	3,95	40
DJZF	Möwe	Hamburg	380,8	134,48	250
DJZG	Christine	Großenbrode	17,3	6,10	125
DJZH	Neptun	Niendorf	4,6	1,61	
DJZJ	Neustadt	Neustadt/Holst.	19,1	6,76	120
DJZK	Elmshorn	Elmshorn	304,8	107,60	200
DJZL	Nordstern	Lübeck-Travemünde	15,9	5,63	100

DJZM — DKCD

Unterscheidungssignale	Namen der Schiffe	Heimathafen der Schiffe	Kubikmeter (Nettoraumgehalt)	Registertons (Nettoraumgehalt)	PS
DJZM	Vineta	Lübeck-Travemünde	60,2	21,25	120
DJZN	Orion	Hamburg	420,3	148,36	125
DJZO	Ost	Hamburg	78,8*	27,83*	140
DJZP	Ostwacht	Burg/Fehmarn	98,1	34,62	600
DJZQ	Perseus	Burgstaaken	26,1	9,21	150
DJZR	Ursula Heinemeier	Lübeck	1354,8	478,24	900
DJZS	Polyp	Lübeck	65,3	23,05	120
DJZT	Pommern	Großenbrode	5,2	1,85	50
DJZU	Pregel	Hamburg	298,4	105,33	150
DJZV	Preußen	Lübeck-Travemünde	17,7	6,36	105
DJZW	Reni	Lübeck-Travemünde	26,5	9,37	90
DJZY	Richard	Kiel	119,1	42,05	60
DJZZ	Seemöwe	Lübeck-Travemünde	1410,9	498,04	1000
DKAA	Roswitha	Neustadt/Holst.	16,6	5,86	150
DKAB	Trotz	Büsum	15,2	5,35	75
DKAF	Liebe	Heiligenhafen	34,1	12,03	150
DKAG	Gretke Oldendorff	Lübeck	2024,3	714,58	900
DKAH	Seeadler	Maasholm	16,3	5,74	70
DKAK	Seeschwalbe	Lübeck	25,2	8,91	35
DKAN	Wodan	Lübeck	628,1	221,73	350
DKAO	Skandia	Flensburg	522,0	184,26	360
DKAP	Steinbutt	Heiligenhafen	27,5	9,69	100
DKAR	Sturmvogel	Heiligenhafen	7,2	2,53	25
DKAS	Swea	Lübeck-Travemünde	22,1	7,82	50
DKAX	Travemünde	Lübeck	87,9	31,01	340
DKAY	Ursula	Lübeck-Travemünde	21,8	7,69	95
DKAZ	Stella +	Lübeck	3351,7	1183,15	1840
DKBA	Eversen	Niendorf	82,5	29,12	240
DKBB	Erna Oldendorff	Lübeck	3232,8	1141,19	1200
DKBD	Tra 49	Lübeck-Travemünde	10,9	3,86	100
DKBE	Dorthe Oldendorff	Lübeck	3527,4	1245,16	850
DKBF	Birte Oldendorff	Lübeck	3277,7	1157,05	1250
DKBG	Venus	Burgstaaken	30,4	10,75	120
DKBJ	Hermann	Neustadt/Holst.	22,2	7,85	120
DKBK	Pfadfinder	Niendorf	15,9	5,62	100
DKBM	Henning Oldendorff	Lübeck	6499,4	2294,24	1800
DKBO	Zwei Gebrüder	Heiligenhafen	7,5	2,66	50
DKBP	Herkules	Heiligenhafen	18,3	6,44	90
DKBQ	Emma	Burgstaaken	20,5	7,23	75
DKBR	Dievenow	Lübeck-Travemünde	23,4	8,25	70
DKBS	Falke	Kiel	21,5	7,58	150
DKBT	Waltraut	Heiligenhafen	19,6	6,93	
DKBU	Nordland	Niendorf	16,8	5,95	70
DKBW	Heimwärts	Neustadt/Holst.	18,9	6,68	105
DKBX	Nie 25	Niendorf	13,2	4,64	80
DKBY	C. K. 11	Neustadt/Holst.	567,1	200,20	3×130
DKBZ	C. K. 10	Neustadt/Holst.	567,1	200,20	3×130
DKCA	Carrara	Rendsburg	252,5	89,14	190
DKCD	Werner	Burgstaaken	59,5	21,02	150

* = Bruttoraumgehalt.

DKCE—DKES

Unterscheidungssignale	Namen der Schiffe	Heimathafen der Schiffe	Kubikmeter Nettoraumgehalt	Registertons Nettoraumgehalt	PS
DKCE	Tra 32	Husum	12,3	4,36	50
DKCF	Hoffnung	Neustadt/Holst.	27,5	9,70	120
DKCG	Eduard	Lübeck	215,8*	76,18*	375/450
DKCJ	Sturmvogel	Burgstaaken	23,8	8,39	75
DKCK	Lübeck	Lübeck	282,7*	99,77*	390
DKCL	Clara	Lübeck	119,4*	42,13*	
DKCN	Frida	Heiligenhafen	23,3	8,21	150
DKCO	Baltic	Heiligenhafen	25,7	9,06	115
DKCQ	Margarethe III	Lübeck-Travemünde	23,4	8,25	70
DKCR	Mobil	Lübeck	98,1*	34,63*	160
DKCS	Klaus Oldendorff	Lübeck	6218,2	2195,04	1250
DKCT	Forelle	Burgstaaken	19,8	6,98	120
DKCW	Gertrud-Marta	Kiel	32,4	11,34	90
DKCX	Siegfried	Tönning	6,1	2,14	50
DKDA	Ingeborg	Niendorf	4,4	1,56	10
DKDB	Magdalena Reith	Hamburg	3897,6	1375,85	1200
DKDC	Brüsterort	Lübeck-Travemünde	14,1	4,98	70
DKDG	Gerda	Großenbrode	17,9	6,32	
DKDJ	Unverzagt	Lübeck	23,0	8,05	95
DKDL	Tra 37	Lübeck-Travemünde	12,7	4,48	33
DKDN	Castorp	Lübeck	2119,6	748,22	1200
DKDP	Signal	Lübeck	1568,1	553,55	550
DKDQ	Jonny II	Heiligenhafen	6,0	2,11	25
DKDS	Seemöve	Lübeck-Travemünde	66,7	23,56	125
DKDT	Hugo Oldendorff	Lübeck	2449,6	864,70	900
DKDU	Hasselburg	Hamburg	3899,9	1376,68	1500
DKDV	Breitenburg	Hamburg	4352,5	1536,43	1500
DKDW	Lübeck	Lübeck	1254,4	442,80	900
DKDX	Charlotte	Niendorf	32,6	11,52	
DKDY	Paula Helling	Niendorf	32,6	11,52	190
DKDZ	Anna	Heiligenhafen	21,1	7,43	150
DKEA	Christa	Lübeck-Travemünde	10,1	3,59	100
DKEB	Rüm Hart	Seester	37,7	13,30	150
DKEC	Doris	Lübeck-Travemünde	34,6	12,31	150
DKED	Christa	Lübeck-Travemünde	26,5	9,36	250
DKEE	Emil Berger	Lübeck	3553,8	1254,50	2×650
DKEF	Pamir	Lübeck	7108,4	2502,27	1100
DKEG	Passat	Lübeck	7346,1	2593,16	1100
DKEH	Seeadler	Lübeck-Travemünde	16,2	5,71	
DKEI	Seeadler	Niendorf	19,2	6,77	150
DKEJ	Gerhard	Neustadt/Holst.	26,5	9,36	150
DKEK	Karl-Christian	Lübeck	3931,1	1387,69	1300
DKEL	Nordlicht	Burgstaaken	27,5	9,71	100
DKEN	Luchs	Neustadt/Holst.	17,2	6,06	
DKEO	Europa II	Niendorf	24,0	8,46	120
DKEP	Spika	Lübeck	644,9	227,63	775
DKEQ	Columbus	Burgstaaken	17,7	6,26	120
DKER	Carola	Rendsburg	406,0	143,37	300
DKES	Calla	Rendsburg	414,4	146,27	250

* = Bruttoraumgehalt.

DKET — DKHU

Unter-scheidungs-signale	Namen der Schiffe	Heimathafen der Schiffe	Kubikmeter Nettoraumgehalt	Registertons Nettoraumgehalt	PS
DKET	Cimbria	Rendsburg	406,2	143,37	250
DKEU	Louise Schupp	Hamburg	1909,9	674,21	600
DKEV	Wera Böhrnsen	Rendsburg	411,2	145,16	360
DKEW	Margot Entz	Rendsburg	11915,4	4206,13	3510
DKEX	Pelikan	Rendsburg	1083,9	382,63	520
DKEY	Albert Friesecke	Rendsburg	391,3	138,14	300
DKEZ	Nordwind	Rendsburg	539,0	190,26	300
DKFA	Rantum^{+}	Rendsburg	6829,2	2410,73	3600
DKFC	Bertha Entz	Rendsburg	7161,7	2528,08	8000
DKFG	Marlies	Rendsburg	605,9	213,88	150
DKFH	Anne Catharina	Rendsburg	529,0	186,72	300
DKFI	Frisches Haff	Rendsburg	62,7	22,14	150
DKFJ	Detlef Schmidt	Rendsburg	924,9	326,48	360
DKFK	Wilhelm	Breiholz	749,8	264,59	390
DKGC	Hela	Laboe	61,4	21,68	150
DKGE	Silbermöve	Kiel	40,6	14,33	120
DKGI	Reibel II	Hamburg	1959,7	691,79	600
DKGJ	Hannes	Kiel	24,6	8,67	120
DKGK	Michael	Kiel	6127,8	2163,13	2000
DKGL	Johanna	Heikendorf	30,5	10,76	105
DKGM	Prof. Hensen	Kiel	456,3	161,09	850
DKGN	Prof. Henking	Kiel	474,8	167,61	850
DKGP	Kehrheim	Kiel	26,4	9,32	90
DKGR	Lahn	Duisburg-Ruhrort	431,3	152,26	360/390
DKGS	Zukunft	Heikendorf	44,2	15,60	150
DKGT	Glaube	Kiel	22,6	7,98	
DKGU	Vorwärts	Laboe	22,2	7,82	90
DKGV	Walküre	Kiel	40,4	14,26	160
DKGX	Grüß Gott	Eckernförde	15,8	5,59	140
DKGY	Delphin	Strande	23,1	8,17	100
DKGZ	Blumenau	Kiel	9400,0	3318,18	4000
DKHA	Hannelore	Heikendorf	31,4	11,08	105
DKHB	Waltraut	Heikendorf	34,7	12,24	150
DKHC	Lina	Möltenort	23,2	8,18	90
DKHD	Adler	Heikendorf	34,7	12,26	150
DKHE	Adriana	Kiel	3087,0	1089,70	1000
DKHF	Lucianna	Kiel	3085,2	1089,06	1000
DKHG	Wolf	Kiel	499,5	176,31	
DKHH	St. S. 82	Kiel	966,8	341,27	—
DKHI	St. S. 83	Kiel	966,8	341,27	—
DKHK	Rudi Klaus	Möltenort	16,9	5,95	150
DKHL	Dietmar	Kiel	39,0	13,77	150
DKHM	Schwalbenberg	Heikendorf	63,6	22,46	120
DKHN	Pil 35	Möltenort	15,6	5,51	70
DKHO	Klaus Dieter	Kiel	26,9	9,48	60
DKHQ	Silbermöve	Eckernförde	65,4	23,09	120
DKHR	Labor et Fides	Kiel	390,1	137,69	300
DKHT	Capella	Heikendorf	59,8	21,12	150
DKHU	Ingrid	Laboe	59,1	20,86	150

DKHV — DKJY

Unter-scheidungs-signale	Namen der Schiffe	Heimathafen der Schiffe	Kubikmeter Nettoraumgehalt	Registertons Nettoraumgehalt	PS
DKHV	Hans	Kiel	55,4*	19,57*	130/150
DKHW	Hoffnung	Heikendorf	60,5	21,36	150
DKHX	Belmonte	Kiel	7359,5	2597,89	3000
DKIA	Catherine Sartori +	Kiel	4533,3	1600,25	2400
DKIB	Sigrid	Kiel	60,9	21,51	120
DKIC	Jupiter	Kiel	25,1	8,86	120
DKID	Helga	Kiel	57,3	20,21	120
DKIE	Einigkeit	Kiel	59,6	21,04	120
DKIF	Alexandra Sartori	Kiel	3408,9	1203,34	2400
DKIG	Helmut	Möltenort	35,4	12,50	130
DKIH	Sigrid	Kiel	62,4	22,01	120
DKII	St. S. 48	Kiel	656,6	231,80	—
DKIJ	Störtebecker	Laboe	59,5	20,99	180
DKIK	Kahlberg-Liep	Kiel	59,5	21,02	150
DKIL	Johanna	Kiel	58,2	20,53	135
DKIM	Sperber	Kiel	59,9	21,05	150
DKIN	Delphin	Kiel	59,7	21,09	150
DKIO	Holtenau	Kiel	572,0	201,90	1530
DKIP	Kehrwieder	Kiel	60,0	21,20	150
DKIQ	Laboe	Kiel	587,5	207,38	1530
DKIS	Karin Christa	Kiel	61,7	21,88	180
DKIT	Bleibtreu	Heiligenhafen	59,2	20,90	110
DKIU	Forelle	Heikendorf	60,5	21,36	150
DKIV	Francisca Sartori	Kiel	3410,5	1203,91	2400
DKIW	Theo Grammerstorf	Kiel	1799,5	635,22	530
DKIY	Heimat	Eckernförde	59,1	21,15	150
DKIZ	Werner Martin Krüger	Heikendorf	37,5	13,22	180
DKJA	Helgoland	Hamburg	79,0	27,88	120
DKJB	Navico I	Hamburg	73,0	25,76	70
DKJC	Silbermöve	Hamburg	405,3	143,07	220
DKJD	Johanna Katz	Lübeck	639,0	225,58	520
DKJE	Alte Liebe	Niendorf	28,1	9,91	150
DKJG	Anni	Laboe	15,8	5,56	120
DKJI	Erika	Neustadt/Holst.	41,8	14,75	150
DKJJ	Annemarie	Lübeck-Travemünde	26,9	9,48	150
DKJL	Lotte	Neustadt/Holst.	17,6	6,21	80
DKJM	Twee Breeder	Heiligenhafen	27,2	9,62	120
DKJN	Herrenwyk	Lübeck	713,1	251,71	—
DKJO	Glückauf	Lübeck	713,4	251,82	—
DKJP	Alfred	Neustadt/Holst.	36,4	12,85	120
DKJR	Fredenhagen	Lübeck	1558,3	550,08	100
DKJS	Seemöve	Burgstaaken	21,6	7,63	150
DKJT	Melilla	Hamburg	2441,9	862,0	2400
DKJU	Ludolf Oldendorff	Lübeck	3512,0	1239,74	2700
DKJV	Alfred Porr	Lübeck	1081,7	381,85	520
DKJW	Neptun	Burgstaaken	19,8	6,99	150
DKJX	Dania	Lübeck	1863,4	657,78	1500
DKJY	Hans Lehmann +	Lübeck	864,4	305,14	370

* = Bruttoraumgehalt.

DKJZ — DKLZ

Unterscheidungssignale	Namen der Schiffe	Heimathafen	Kubikmeter (Nettoraumgehalt)	Registertons (Nettoraumgehalt)	PS
DKJZ	Seeadler	Niendorf	23,3	8,21	150
DKKA	Travemünde	Lübeck	3660,4	1292,13	1700
DKKB	Lotte	Niendorf	23,1	8,15	100
DKKD	Imme Oldendorff	Lübeck	2615,2	923,15	1600
DKKE	Gertrud II	Niendorf	23,1	8,15	150
DKKF	Johannes Voss	Lübeck	359,5	126,90	225
DKKG	Fritz	Niendorf	24,7	8,73	150
DKKH	Nettelbeck	Lübeck-Travemünde.	28,0	9,87	120
DKKI	Seelöwe	Timmendorfer Strand	18,6	6,65	80
DKKJ	Seestern	Niendorf	32,1	8,15	120
DKKL	Störtebecker	Niendorf	20,4	7,19	120
DKKM	Sturmvogel	Timmendorfer Strand	18,5	6,53	150
DKKN	Möwe I	Lübeck-Travemünde.	1983,6	700,23	1000
DKKO	Memel	Niendorf	57,9	20,44	120
DKKQ	Helga-Anni	Burgstaaken	36,4	12,85	175
DKKR	Rudolf-Hermann	Heiligenhafen	55,0	19,42	150
DKKS	Godenwind	Heiligenhafen	33,6	11,84	150
DKKT	Neukuhren	Niendorf	32,4	11,44	150
DKKU	Neptun II	Niendorf	63,5	22,40	150
DKKV	Anneliese	Lübeck-Travemünde	28,3	9,97	150
DKKW	Dietrich Oldendorff	Lübeck	5274,6	1861,93	1600
DKKX	Ursula	Lübeck-Travemünde	34,7	12,24	120
DKKY	Dora Oldendorff +	Lübeck	7189,7	2537,96	2700
DKKZ	Alfred	Burgstaaken	30,3	10,71	150
DKLB	Zukunft	Neustadt/Holst.	16,7	5,91	120
DKLC	Thedje	Lübeck-Travemünde	23,2	8,19	150
DKLD	Regina	Lübeck	3195,4	1127,96	1250
DKLE	Seeadler	Heikendorf	58,1	20,51	150
DKLF	Irene	Lübeck-Travemünde	54,9	19,37	120
DKLG	Kehrwieder	Lübeck-Travemünde	60,9	21,51	150
DKLH	Loreley	Heiligenhafen	59,7	21,09	150
DKLI	Lieschen	Haffkrug	60,9	21,49	150
DKLJ	Nordcap	Lübeck-Travemünde	59,7	21,09	125
DKLK	Wiltrud	Lübeck-Travemünde	61,8	21,82	150
DKLL	Finkwarder	Lübeck-Travemünde	59,6	21,05	120
DKLM	Utsire	Niendorf	62,9	22,20	150
DKLN	Renate	Niendorf	60,0	21,20	150
DKLO	Venus	Niendorf	59,5	21,02	150
DKLP	Stolper Bank	Lübeck-Travemünde	45,3	15,98	150
DKLQ	Zufriedenheit	Lübeck-Travemünde	59,7	21,09	150
DKLR	Ostbries	Haffkrug	67,6	23,86	150
DKLS	Oderbank	Burgstaaken	31,4	11,10	150
DKLT	Gerda	Lübeck-Travemünde	62,6	22,11	150
DKLU	Mira +	Lübeck	3421,4	1207,75	1500
DKLV	Christa	Heiligenhafen	61,9	21,85	130
DKLW	Condor	Lübeck	222,7	78,62	300
DKLX	Samland	Niendorf	60,9	21,51	150
DKLY	Elfriede	Heiligenhafen	59,4	20,97	135
DKLZ	Annemarie	Heiligenhafen	66,8	23,59	125

DKMA—DLBM

Unterscheidungs-signale	Namen der Schiffe	Heimathafen	Nettoraumgehalt Kubikmeter	Nettoraumgehalt Registertons	PS
DKMA	Mercator+	Walsum	3543,0	1250,68	1260
DKMB	Imperial	Uerdingen	286,3	94,72	300
DKMC	Glückauf II	Düsseldorf	67,5	23,85	300
DKMD	Niederrhein	Duisburg-Ruhrort	500,5	176,68	300
DKME	Neckar	Duisburg-Ruhrort	656,7	231,81	515
DKMF	Main	Duisburg-Ruhrort	652,7	230,41	500
DKMM	Pirola	Lübeck-Travemünde	63,6	22,44	120
DKQA	Gertrud	Heikendorf	40,5	14,29	150
DKQB	Süderholm+	Kiel	4284,0	1512,27	2430
DKQC	Wangenstein	Strande	56,1	19,81	125
DLAA	Ravenstein	Bremen	12989,4	4585,27	12000
DLAB	Schütting	Bremen	8698,0	3070,39	5400
DLAC	Frauenfels	Bremen	8636,1	3048,55	4650
DLAD	Gertrud+	Bremen	4711,7	1663,22	2500
DLAE	Casablanca+	Bremen	5160,7	1821,73	2520
DLAF	Fink+	Bremen	1225,7	432,66	590
DLAG	Jason	Bremen	1550,9	547,47	1600
DLAH	Renata Schröder	Bremen	5454,6	1925,47	1650
DLAI	Soneck	Bremen	2292,5	809,25	1380
DLAJ	Travestein	Bremen	11260,7	3975,01	9000
DLAK	Rothenstein	Bremen	12628,9	4457,99	12000
DLAL	Clivia+	Bremen	10619,0	3748,51	3920
DLAM	Adolf Vinnen+	Bremen	7448,8	2629,42	3000
DLAN	Klosterfrau	Bremen	950,2	335,42	1250
DLAO	Franz Doerenkamp	Bremen	950,2	335,42	1250
DLAP	Werner Vinnen+	Bremen	8604,7	3037,45	3360
DLAQ	Hessenstein	Bremen	14794,3	5222,38	10560
DLAR	Tannstein	Bremen	9041,4	3191,60	4700
DLAS	Pallas	Bremen	814,7	287,58	1000
DLAT	Ginnheim+	Bremen	19129,9	6752,51	4200
DLAU	Reifenstein	Bremen	12784,3	4512,85	12000
DLAV	Meise+	Bremen-Vegesack	1237,8	436,95	590
DLAW	Liebenfels	Bremen	12907,8	4556,45	5600
DLAX	Torstein	Bremen	9041,4	3191,60	4700
DLAY	Merkurius	Bremen	3860,8	1362,86	1050
DLAZ	Bremerhaven	Bremen	4563,6	1610,95	6800
DLBA	Admiral Bastian+	Bremen	3334,6	1177,13	2000
DLBB	Schwalbe+	Bremen	1220,2	430,73	590
DLBC	Priamus	Bremen	814,7	287,58	1000
DLBD	Lindenfels	Bremen	12822,8	4526,43	5600
DLBE	Kelkheim+	Bremen	6760,4	2386,43	3300
DLBF	Stephanitor	Bremen	19533,4	6895,29	7200
DLBG	Atlas Hugo Stinnes	Bremen	4396,4	1551,93	2300
DLBH	Marienfels	Bremen	12701,4	4483,59	5600
DLBI	Fidentia	Bremen	1707,8	602,86	1050
DLBJ	Adamsturm	Bremen	2578,5	911,14	1380
DLBK	Bischofstor	Bremen	16238,5	5732,18	4200
DLBL	Hundseck+	Bremen	1464,4	516,95	660
DLBM	Roseneck+	Bremen	1464,4	516,95	660

DLBN — DMDT					
Unterscheidungssignale	Namen der Schiffe	Heimathafen der Schiffe	Kubikmeter (Nettoraumgehalt)	Registertons (Nettoraumgehalt)	PS
DLBN	Brunneck	Bremen	1469,4	518,71	660
DLBO	Ceuta+	Bremen	5638,2	1990,29	3500
DLBP	Neidenfels	Bremen	12701,4	4483,59	5600
DLBQ	Birkenstein	Bremen	9488,8	3349,53	9000
DLBR	Hastedt	Bremen	13588,3	4796,68	2540
DLBS	Nordenham	Bremen	4557,3	1608,74	6800
DLBT	Breitenstein	Bremen	9482,4	3347,29	9000
DMBK	Seven Seas	Bremen	23863,8	8423,92	8500
DMBU	Dania	Hamburg	246,2	86,90	250
DMCP	Cornelis	Bensersiel	102,2*	36,08*	100
DMDR	Xarifa	Hamburg	420,5	148,43	
DMDT	Barbara	Hamburg	4867,30	1720,0	1200

* = Bruttoraumgehalt.

b) Die Rettungsboote

der

Deutschen Gesellschaft zur Rettung Schiffbrüchiger

in der Reihenfolge der Unterscheidungssignale

Die Maschinenstärke der Boote bezieht sich auf indizierte Pferdestärken oder Wellenpferde

Die mit einem Telegraphiefunkgerät ausgerüsteten Boote sind hinter dem Namen mit Ƶ, die mit einem Peilfunkgerät mit einem Ⓩ und die mit Sprechfunkgerät ausgerüsteten mit *T* bezeichnet

Unterscheidungssignale	Namen der Boote	Rettungsstation	PS
DBAA	Hans Hartmann *T*	Juist	100
DBAB	Hermann Apelt Ⓩ *T*.......	Helgoland...............	2×300 1×1200
DBAC	Borkum *T*	Borkum	150
DBAD	Bremen Ⓩ *T*	Wesermündung..........	2×123
DBAF	Carl Laeisz *T*	Büsum	150
DBAH	Rickmer Bock *T*	Hörnum	150
DBAK	Hermann Frese *T*	List/Sylt.................	150
DBAL	Hindenburg Ⓩ *T*	Cuxhaven...............	2×150
DBAM	Langeoog *T*	Langeoog	150
DBAN	Lübeck *T*	Wangerooge............	150
DBAO	Norderney *T*............	Norderney	2×150
DBAP	Schlei *T*................	Maasholm...............	150
DBAQ	Spiekeroog *T*	Laboe	150
DBAR	Weser *T*	Burgstaaken	150
DBAS	Juist *T*	Friedrichskoog...........	150

c) Die Boote

des Zollgrenzschutzes

in der Reihenfolge der Unterscheidungssignale

Die mit einem Telegraphiefunkgerät ausgerüsteten Boote sind hinter dem Namen mit 𝔗, die mit einem Peilfunkgerät ausgerüsteten mit (𝔓), die mit Sprechfunkgerät ausgerüsteten mit *T* und die mit Radar ausgerüsteten mit *R* bezeichnet.

Unterscheidungssignale	Name des Schiffes	Heimathafen
DLVC	Helgoland *T R*	Cuxhaven
DLVD	Brunsbüttel *T R*	Glückstadt
DLVE	Priwall *T R*	Lübeck-Travemünde
DLVF	Seeadler *T R*	Bremerhaven
DLVG	Hamburg *T R*	Hamburg
DLVH	Deutschland *T R*	Hamburg
DLVI	Hohwacht *T R*	Kiel
DLVJ	Lützow *T*	Langballigau
DLVK	Jade *T R*	Oldenburg
DLVL	Holnis *T R*	Flensburg
DLVM	Süllberg *T R*	Lübeck
DLVN	Faldern *T R*	Emden
DLVO	Dithmarschen *T R*	Husum
DLVP	Fehmarn *T R*	Heiligenhafen
DLVQ	Kniepsand *T R*	Wittdün/Amrum
DLVR	Angeln *T R*	Eckernförde
DLVT	Blitz *T*	Bremerhaven
DLVU	Falke *T*	Bremerhavon
DLVV	Kondor *T R*	Bremerhaven
DLVX	Schleswig-Holstein *T R*	Kiel

d) Boote des Seegrenzschutzes im Bundesgrenzschutz

in der Reihenfolge der Unterscheidungssignale

Unterscheidungssignale	Name des Schiffes	
DBSA	W 1	Wachboot
DBSB	W 2	Wachboot
DBSC	W 3	Wachboot
DBSN	W 13	Wachboot
DBSO	W 14	Wachboot
DBSP	W 15	Wachboot
DBSQ	W 16	Wachboot
DBSR	W 17	Wachboot
DBSS	W 18	Wachboot
DBSZ	Trave	Begleitschiff
DBTA	P 1	Patrouillenboot
DBTB	P 2	Patrouillenboot
DBTC	P 3	Patrouillenboot
DBTD	P 4	Patrouillenboot
DBTG	S 1	Sicherungsboot
DBTH	S 2	Sicherungsboot
DBTI	S 3	Sicherungsboot
DBTZ	Eider	Begleitschiff
DBUA	W 7	Wachboot
DBUB	W 8	Wachboot
DBUC	W 9	Wachboot
DBUD	W 10	Wachboot
DBUE	W 11	Wachboot
DBUF	W 12	Wachboot
DBVR	Nordwind	Schulboot
DBVS	W 19	Schulboot
DBVT	Falke	Schulboot
DBVU	Eutin	Tanker
DBVV	Plön	Schlepper

e) Bundes- und Länderfahrzeuge

in der Reihenfolge der Unterscheidungssignale

Die Maschinenstärke der Dampf- und Motorfahrzeuge ist in indizierten Pferdestärken oder Wellenpferden angegeben

Die mit Wasserschallempfänger ausgerüsteten Schiffe sind hinter dem Namen mit ☛, die mit Telegraphiefunkgerät ausgerüsteten mit ϟ, die mit einem Peilfunkgerät ausgerüsteten mit ⓩ, die mit Sprechfunkgerät ausgerüsteten mit *T*, die mit Radar ausgerüsteten mit *R* und die mit Decca Navigatorgerät ausgerüsteten mit *D* bezeichnet.

Unterscheidungssignale	Namen der Schiffe	Art der Schiffe	Heimathafen der Schiffe	PS
DBBC	Atair *T D*	Peil- u. Wracksuchboot	Hamburg	120
DBBM	Bussard ϟ ⓩ *T D*	Tonnenleger	Kiel	540
DBBN	Capitain Karpfanger *T*	Lotsendampfer	Cuxhaven	330
DBBP	Delphin ϟ *T*	Tonnenleger	Kiel	300
DBBQ	Eisfuchs *T*	Eisbrecher	Hamburg	600
DBBS	Emden ϟ ⓩ *T R*	Lotsendampfer	Emden	1400
DBBV	Frithjof ϟ ⓩ *T R*	Fischereischutzboot	Cuxhaven	400
DBBW	Greif ⓩ *T R*	Lotsenbeförd.-Schiff	Cuxhaven	820
DBBX	Hooge ⓩ *T D*	Peilboot	Hamburg	2×200
DBBY	Kersten Miles ☛ ϟ ⓩ *TR*	Lotsendampfer	Cuxhaven	1200
DBCA	Langeoog ϟ ⓩ *T R*	Tonnenleger	Bremerhaven	500
DBCB	Lotsenkommandeur Krause ϟ *T R D*	Seezeichendampfer	Brünsbüttelkoog	522
DBCC	Ludwig Plate *T R*	Lotsendampfer	Bremen	700
DBCF	Neuwerk ☛ ϟ ⓩ *T*	Seezeichendampfer	Cuxhaven	920
DBCI	Eisbrecher 2 (Ostpreußen) *T*	Eisbrecher	Hamburg	1200
DBCM	Preußen *T*	Eisbrecher	Kiel	1850
DBCO	Samland *T*	Tonnenleger	Wilhelmshaven	200
DBCQ	Simon v. Utrecht ☛ ϟ ⓩ *T R*	Lotsendampfer	Cuxhaven	2×600
DBCR	Eisbrecher 1 (Stettin) *T*	Eisbrecher	Hamburg	1900
DBCS	Weser *T R*	Lotsendampfer	Bremerhaven	500
DBCT	Wilhelms ϟ ⓩ *T R*	Seezeichen- und Bereisungsdampfer	Kiel	500
DBCU	Friesland ϟ ⓩ *T R*	Tonnenleger	Emden	500
DBCW	Aldessen	Dampfprahm	Bremerhaven	2×70
DBCX	Alte Liebe	Reededampfer	Cuxhaven	260
DBCY	Aurich	Schlepper und Eisbrecher	Emden	400
DBCZ	Balje	Schleppdampfer	Bremerhaven	325
DBDA	Bant	Dampfprahm	Bremen	2×70
DBDC	Burkana	Schleppdampfer	Emden	500
DBDD	Columbus	Transportfahrzeug	Emden	75
DBDE	Columbus	Saugbagger	Cuxhaven	600
DBDH	Donar	Eisbrecher	Bremen	900
DBDI	Drossel	Motorschlepper	Emden	350

DBDM — DBFT

Unter-scheidungs-signale	Namen der Schiffe	Art der Schiffe	Heimathafen der Schiffe	PS
DBDM	Eider	Tonnenleger	Tönning	90
DBDN	Elbe	Seezeichendampfer	Hamburg	2×230
DBDO	Ems *T*	Peil-u. Bereisungsschiff	Emden	375
DBDP	Emshörn	Schleppdampfer	Emden	400
DBDR	Franzius	Saugbagger	Bremerhaven	800
DBDS	Geheimrat Goeker	Saugbagger	Bremerhaven	1170
DBDU	Woltmann	Schlepper	Cuxhaven	268
DBDV	Hydra	Wassertransportschiff	Emden	180
DBDW	Mathilde *T*	Schlepp- u. Bereisungsboot	Norden	65
DBDX	Meyerslegde	Saugbagger	Cuxhaven	700
DBDY	Mittelgrund	Saugbagger	Cuxhaven	2×395
DBDZ	Möwe *T*	Tonnenleger	Bremerhaven	68
DBEA	Neufeld	Peildampfer	Hamburg	220
DBEB	Niederelbe	Bereisungsmotorschiff	Hamburg	250
DBEF	Norderney	Peil- und Bereisungsschiff	Norden	100
DBEH	Randzel *T*	Peildampfer	Emden	160
DBEJ	Ruden ⓩ *T D*	Peilboot	Hamburg	2×200
DBEK	Rungholt *T*	Peilboot	Hamburg	120
DBEL	Scharhörn	Bereisungs- und Peildampfer	Cuxhaven	2×350
DBEM	Scheelenkuhlen	Schleppdampfer	Cuxhaven	220
DBEN	Seehund	Schleppboot	Norden	75/90
DBEO	Seehund	Schleppdampfer	Bremerhaven	140
DBEQ	Simson	Pumpenbagger	Emden	350
DBER	Spring	Bereisungs- u. Schleppboot	Bremerhaven	70
DBEW	Süd	Schleppdampfer	Bremerhaven	120
DBEX	Tender	Kohlentransportdampfer	Emden	250
DBEZ	Till	Schleppdampfer	Bremen	325
DBFA	Torum	Schlepper	Wilhelmshaven	250
DBFB	Gauss z ⓩ *T R D*	Versuchs- und Vermessungsschiff	Hamburg	1000
DBFC	Tümmler	Schleppdampfer	Bremerhaven	200
DBFE	Wangerooge *T*	Schiffsverbindung Harle-Wangerooge	Oldenburg	220
DBFF	Wapel	Schleppdampfer	Bremen	260
DBFG	Wega *T*	Peil- u. Wracksuchboot	Hamburg	120
DBFH	Welle	Schlepp- u. Bereisungsdampfer	Bremerhaven	2×300
DBFK	Wremen	Saugbagger	Bremen	1800
DBFM	Meerkatze z ⓩ *T R.*	Fischereischutzboot	Cuxhaven	1000
DBFN	Uthörn ⓩ *T*	Forschungsboot	List/Sylt	120
DBFO	Anton Dohrn z ⓩ *T R D*	Fischereiforschungsschiff	Bremerhaven	850
DBFT	Münster *T*	Schiffsverbindung Harle-Wangerooge	Oldenburg	168

DBFW — DBJI

Unterscheidungssignale	Namen der Schiffe	Art der Schiffe	Heimathafen der Schiffe	PS
DBFW	Deutschland ʒ ⓩ *T R D*	Eisenbahnfähre	Großenbrode	2×2750
DBFX	Schleswig-Holstein *T*	Eisenbahnfähre	Heiligenhafen	2×200
DBFY	Fehmarn *T R*	Eisenbahnfähre	Heiligenhafen	2×250
DBFZ	Reichsbahn	Seenotboot der Bundesbahn	Fehmarnsund	120
DBGE	Südfall *T*	Forschungsschiff	Kiel	120
DBGF	Odin	Schlepper	Husum	2×75
DBGG	Tertius	Vermessungsschiff	Büsum	105
DBGK	Wasserschutzpolizei 16	Streifenboot	Hannover	80
DBGL	Wasserschutzpolizei 2 *T*	Küstenboot	Norderney	2×65
DBGM	Wasserschutzpolizei 13 *T*	Küstenboot	Wilhelmshaven	80
DBGO	Wasserschutzpolizei 15 *T*	Streifenboot	Nienburg	125
DBGP	Gesine	Frachtschiff	Norderney	20/24
DBGW	Wasserschutzpolizei 19 *T*	Streifenboot	Hamburg	360
DBGX	Wasserschutzpolizei 36 *T*	Streifenboot	Hamburg	300
DBGY	Wasserschutzpolizei 15 *T*	Streifenboot	Hamburg	1000
DBHD	Wasserschutzpolizei Bremen 2 ➾ *T*	Streifenboot	Bremerhaven	2×750
DBHE	Wasserschutzpolizei Bremen 3 ➾ *T*	Streifenboot	Bremerhaven	2×750
DBHF	Niedersachsen *T*	Fischereiaufsichtsboot	Bremerhaven	80
DBHG	Wasserschutzpolizei Bremen 1 ➾ ʒ *T*	Streifenboot	Bremen	2×1350
DBHH	Wasserschutzpolizei Bremen 4 ➾ *T*	Streckenboot	Bremen	250
DBHK	Wal *T*	Eisbrecher	Rendsburg	1200
DBHL	Kapitän Meyer ʒ ⓩ *T D*	Seezeichendampfer	Tönning	2×375
DBHM	Alk	Schlepper und Hilfstonnenleger	Lübeck	350
DBHN	Orion *T*	Bereisungsschiff	Helgoland	175
DBHO	Seeadler *T*	Seezeichen- und Bereisungsboot	Kiel	220
DBHP	Friedrich Voß *T*	Bereisungsfahrzeug	Kiel	500
DBHT	Flemhude	Motorschlepper	Kiel	2×350
DBHU	Uwe Jens Lornsen *T*	Bereisungsboot	Wittdün/Amrum	200
DBHV	Möwe	Schleppdampfer	Tönning	200
DBHW	Wulf Isebrand	Motorschlepper	Kiel	2×350
DBJG	Vogelsand	Schlepp- und Verkehrsboot	Cuxhaven	250
DBJH	Brokdorf	Kranschiff	Hamburg	350/400
DBJI	Baumrönne	Tonnenleger- und Bereisungsschiff	Cuxhaven	150

DBJJ — DBQU

Unter-scheidungs-signale	Namen der Schiffe	Art der Schiffe	Heimathafen der Schiffe	PS
DBJJ	Alte Liebe	Bereisungsschiff	Emden	250
DBJK	v. Jonguieres	Schlepper und Eisbrecher	Cuxhaven	500
DBLF	Heppens	Transportfahrzeug	Bremerhaven	300
DBLG	Körte *T*	Versorgungsschiff	Bremerhaven	300
DBLH	Nickel	Kohlen- und Wasserversorgungsschiff	Bremen	350
DBLI	Nixe	Bereisungsfahrzeug	Bremerhaven	250
DBLJ	Imsum	Versorgungsfahrzeug	Bremerhaven	220
DBLK	Balje	Seeschlepper	Brake	430
DBLL	Nord *T D*	Vermessungsschiff	Bremerhaven	430
DBPA	Borkum ʓ ⓩ *T R*	Lotsendampfer	Emden	1467
DBPC	Oldeoog *T*	Eisbrecher und Vermessungsschiff	Wilhelmshaven	450
DBPD	Norden ⓩ *T R*	Tonnenleger	Norderney	650
DBPE	Knock	Motorschlepper	Emden	250
DBPF	Emshörn	Schlepper und Eisbrecher	Emden	750
DBPG	Schillig *T*	Betonnungs- und Vermessungsfahrzeug	Wilhelmshaven	250
DBPH	Paapsand	Kohle- und Versorgungsschiff	Emden	285
DBPZ	Ostfriesland *T*	Fischereiaufsichtsfahrzeug	Norddeich	120
DBQA	Rüstringen	Peilboot	Wilhelmshaven	150
DBQB	Buise	Peil- und Vermessungsschiff	Norden	100/120
DBQC	Hannover *T*	Fischereiaufsichtsfahrzeug	Bremerhaven	40
DBQD	Wasserschutzpolizei 12 *T*	Streifenboot	Stade	80
DBQE	Oldenburg *T*	Streifenboot	Leer	220
DBQF	Venus *T*	Stre fenboot	Flensburg	50
DBQG	Merkur *T*	Streifenboot	Kappeln/Schlei	2×150
DBQH	Neptun *T*	Streifenboot	Kappeln/Schlei	2×150
DBQI	Jupiter *T*	Streifenboot	Heiligenhafen	2×150
DBQJ	Mars *T*	Streifenboot	Travemünde	250
DBQK	Saturn *T*	Streifenboot	Tönning	250
DBQL	Helgoland *T*	Streifenboot	Büsum	600
DBQM	Castor *T*	Streifenboot	Kiel	150
DBQR	Braunschweig *T*	Streifenboot	Emden	2×150 1×55
DBQS	Hannover *T*	Streifenboot	Wilhelmshaven	2×500 1×75
DBQT	Memmert *T*	Bereisungsschiff	Norddeich	90
DBQU	Eitzenbalje	Transportschute	Cuxhaven	100

f) Die Feuerschiffe

an der

deutschen Ostsee- und Nordseeküste westlich Fehmarn

Die mit Wasserschallsendern ausgerüsteten Feuerschiffe sind hinter dem Namen mit 🔔, die mit Telegraphiefunkgerät ausgerüsteten mit ℨ, die mit einem Peilfunkgerät ausgerüsteten mit Ⓩ, die mit Funkfeuer ausgerüsteten mit Ⓕ und die mit Sprechfunkgerät ausgerüsteten mit *T* bezeichnet

Die geographischen Signale der Feuerschiffe sind der geographischen Liste des Internationalen Signalbuches 1931 entnommen

Geographisches Signal der Feuerschiffsstation	Internationales Unterscheidungssignal beim Verlassen d. Feuerschiffsstation	Namen der Schiffe
		I. Feuerschiffe
		a) Ostsee
AFRU	DBBT	Fehmarnbelt ℨ *T* Ⓕ
AIKR	DBBZ	Kiel ℨ *T* Ⓕ
AFVN	DBBU	Flensburg ℨ *T* Ⓕ
		b) Nordsee
AFHC	DBBJ	Elbe 3 (Bürgermeister Abendroth) *T*
AFHB	DBBK	Elbe 2 (Bürgermeister Bartels) *T*
AFHA	DBBR	Elbe 1 (Bürgermeister O'Swald) 🔔 ℨ Ⓩ *T* Ⓕ
ACCP	DBCG	Norderney I ℨ *T* Ⓕ [1]
ARHW	DBCV	Weser I ℨ *T* Ⓕ
AAMX	DBBB	P 12 (Amrumbank) ℨ Ⓩ *T* Ⓕ
AAZL	DBHI	P 8 (Außenjade) ℨ *T* Ⓕ
ABZN	DBBG	J/E 3 (Borkumriff) ℨ *T* Ⓕ
		II. Reserve-Feuerschiffe
		a) Ostsee
—	DBBD	Außeneider ℨ *T* Ⓕ
		b) Nordsee
—	DBBE	Reserve Außenjade ℨ *T* Ⓕ
—	DBBI	Bremen II *T*
—	DBCP	Senator Brockes ℨ *T*
—	DBPI	J/E 3 Borkumriff ℨ Ⓩ *T D R*

[1]) Liegt z. Z. auf Position Bremen.

TEIL II

Die Kauffahrteischiffe

der

Bundesrepublik Deutschland

in alphabetischer Reihenfolge der Namen

(Das Unterscheidungssignal der mit Funk ausgerüsteten Schiffe ist in Schrägschrift [*Kursiv*] gesetzt)

Unterscheidungssignale	Namen der Schiffe	Heimathafen der Schiffe
DABC	Aachen	Bremerhaven
DDMR	Aade	Bremen
DGAB	Aar	Hamburg
DHNW	Achilles	Hamburg
DGAC	Achim Griese	Kiel
DJDT	Ada	Maasholm
DGAE	Adalbert	Hamburg
DLBJ	Adamsturm	Bremen
DFUH	Adda	Grünendeich
DFZV	Adele	Barnkrug
DDTU	Adele	Bremen
DCBE	Adele	Hamburg
DGAH	Adele	Hamburg
DGLR	Adele	Hamburg
DHGI	Adele	Hamburg
DFUJ	Adele	Wischhafen
DFYJ	Adele	Neuland/Kehdingen
DFUK	Adele	Bützfleth
DIQH	Adele	Dieksanderkoog
DCVX	Adele Ysker	Greetsiel
DCBF	Adelgunde	Haren/Ems
DCBG	Adelheid	Haren/Ems
DCBH	Adelheid	Westrhauderfehn
DGAI	Adelheid	Hamburg
DGAJ	Adelheid	Hamburg
DIQI	Adelheid	Uetersen
DABA	Adeline	Leer
DCAH	Adler	Köln
DCDT	Adler	Leer
DIQJ	Adler	Cuxhaven
DIQK	Adler	Friedrichskoog
DIQL	Adler	Friedrichskoog
DDEZ	Adler	Brake
DJDU	Adler	Büsum
DJDV	Adler	Büsum
DDTK	Adler	Bremen
DJND	Adler	Kappeln/Schlei
DIYT	Adler	Schulau
DJDW	Adler	Tönning
DIZX	Adler	Wyk/Föhr
DKHD	Adler	Heikendorf
DGAL	Adler	Hamburg
DGAN	Adler	Hamburg-Altenwerder
DGJB	Adler	Hamburg
DDMS	Adler	Bremen-Vegesack
DERI	Adler	Bremerhaven
DIUI	Adlergrund	Lübeck-Travemünde
DLBA	Admiral Bastian	Bremen
DJDX	Admiral Scheer	Büsum
DCBJ	Adolf	Haren/Ems
DDMT	Adolf	Bremen-Vegesack
DHPB	Adolf Leonhardt	Hamburg
DLAM	Adolf Vinnen	Bremen
DHFE	Adolph	Hamburg
DFSU	Adolph	Gauensiek
DABB	Adonis	Hamburg-Finkenwerder
DEFI	Adria	Bremen
DGQV	Adrian	Hamburg
DKHE	Adriana	Kiel
DEBX	Ägäis	Bremen
DHKS	Ägäis	Hamburg
DJAD	Ägir	Hamburg
DHNV	Aegir	Hamburg
DHJU	Änne-Ursula	Hamburg
DDFA	Aenne Jacobs	Brake
DGXW	Aenne Tänzler	Hamburg
DGOU	Aeolus	Hamburg
DGAP	Agnes	Hamburg
DFUL	Agnes	Krautsand
DAMA	Agnes Engel	Hamburg-Finkenwerder
DIAV	Agnes Essberger	Hamburg
DGAR	A. H. Both	Hamburg
DAMF	A. Kappelhoff	Emden

Unter-scheidungs-signale	Namen der Schiffe	Heimathafen der Schiffe	Unter-scheidungs-signale	Namen der Schiffe	Heimathafen der Schiffe
DDAE	Akke	Varelerhafen	DFTF	Alma	Dornbusch
DDDW	Akke Meyer ...	Varelerhafen	DIQQ	Alma	Dieksanderkoog
DIYG	Albatros	Beidenfleth	DIYB	Alma	Friedrichskoog
DIZZ	Albatros	Flensburg	DJEB	Alma-Helene ...	Büsum
DJDY	Albatros	Büsum	DCSU	Almina	Grossefehn
DCBL	Albatros	Bensersiel	*DHJA*	Almut	Hamburg
DJMP	Albatros	Tönning	*DIGF*	Alsen...........	Hamburg
DGAS	Albatross	Hamburg-Finkenwerder	DGBG	Alster	Hamburg
			DICP	Alsterdamm ...	Hamburg
DIHE	Albatross	Hamburg	*DIEM*	Alsterpark	Hamburg
DCBK	Albatross	Friedrichs-schleuse	*DICH*	Alstertal	Hamburg
			DIBQ	Alstertor	Hamburg
DEBD	Albert	Bremen	*DIHV*	Alsterufer	Hamburg
DGAT	Albert	Hamburg	DDTY	Altair	Bremen
DHRN	Albert	Hamburg	DCBQ	Altair	Emden
DJDZ	Albert	Cuxhaven	*DHJF*	Alteland	Hamburg
DIQN	Albert	Friedrichskoog	DGBI	Alteland	Hamburg
DKEY	Albert Friesecke	Rendsburg	*DFLG*	Alte Liebe	Heikendorf
DGAW	Albert Gido	Hamburg	*DAMD*	Alte Liebe	Cuxhaven
DAMB	Albert Pust	Bremerhaven	DKJE	Alte Liebe	Niendorf
DGEE	Albertine	Hamburg	*DEBI*	Altenwall	Bremen
DFLM	Albinus	Cuxhaven	DGBJ	Altona	Hamburg
DIFQ	Alca	Hamburg	DJWC	Altstadt	Lübeck
DECG	Aldebaran......	Bremen	DCWM	Alwine	Norderney
DENY	Aldebaran......	Bremerhaven	DFUN	Alwine.........	Assel
DFAW	Alemannia	Bremerhaven	DFSV	Alwine	Barnkrug
DCBM	Alex...........	Haren/Ems	*DCWF*	Alwin Klein	Emden
DKIF	Alexander v. Humboldt .	Bremerhaven	DGBL	A. M. 1	Hamburg
			DGBM	A. M. 2	Hamburg
DJAB	Alexandra......	Flensburg	*DCBR*	Amalie	Leer
DKIF	Alexandra Sartori.......	Kiel	DFUO	Amalie	Wischhafen
			DFUP	Amalie	Abbenfleth
DEFY	Alexis	Bremen	DGBO	Amalie	Laboe
DHHF	Alfred	Hamburg	*DHEI*	Amalie C. Ertel .	Hamburg
DKJP	Alfred	Neustadt/Holst.	*DIEZ*	Amalie Essberger	Hamburg
DKKZ	Alfred	Burgstaaken	DFUQ	Amanda	Ritsch/Kehdingen
DISW	Alfred Hinsch ..	Hamburg			
DKJV	Alfred Porr.....	Lübeck	DFUR	Amanda	Grünendeich
DHIX	Alfred Theodor .	Hamburg	DIXA	Amanda	Friedrichskoog
DEDH	Algenib	Bremen	DGBP	Amandus	Hamburg
DHMJ	Algier	Hamburg	*DIAS*	Amazonas	Hamburg
DEDX	Algol	Bremen	DGBR	Amazone.......	Hamburg
DEBE	Alice	Bremen	*DGMS*	Amazone II	Hamburg
DENP	Alice	Bremerhaven	DJAC	Ambronia	Amrum
DIQP	Alice	Husum	*DIXW*	Amigo	Glückstadt
DABF	Alice Freymann.	Hamburg	*DJDQ*	Amisia	Flensburg
DCBN	Alida	Greetsiel	DGBS	Amor	Hamburg-Finkenwerder
DGAX	Alida	Hamburg			
DCBO	Aline	Dornumersiel	*DHPV*	Amrum	Hamburg
DJWB	Aline	Haffkrug	DJRW	Amrum	Hamburg
DGAZ	Alita III	Hamburg	*DEUW*	Andenes	Bremerhaven
DIFW	Alk	Hamburg	DGBT	Andome	Hamburg
DGBB	Allegro	Hamburg	*DIDM*	Andrea	Hamburg
DGBC	Alma	Hamburg	DENQ	Andreas	Hamburg
DGBD	Alma	Hamburg	*DABV*	Andreas Gayk ..	Bremerhaven
DGBE	Alma	Hamburg	DHDK	Ane Jess	Rendsburg
DGBF	Alma	Hamburg	DCBT	Angela.........	Haren/Ems
DFUM	Alma	Bützfleth	DCBU	Angela.........	Haren/Ems

Unterscheidungssignale	Namen der Schiffe	Heimathafen der Schiffe
DCBV	Angela-Elisa	Haren/Ems
DCWU	Angela Schepers	Haren/Ems
DHPZ	Angelburg	Hamburg
DDMX	Angelika	Wremen
DGMC	Angelika I	Düsseldorf
DCBW	Angelina	Haren/Ems
DABH	Anhalt	Bremen-Vegesack
DENR	Anita	Bremerhaven
DFMF	Anita	Oberndorf
DGBU	Anita	Hamburg
DHQY	Anita	Hamburg
DFLE	Anita	Hamburg-Finkenwerder
DIQS	Anita	Friedrichskoog
DIQT	Anita	Cuxhaven
DIYM	Anita Schütt	Itzehoe
DIYH	Anke	Niendorf
DJZD	Anke II	Glückstadt
DIXT	Anke Christa	Glückstadt
DIHY	Anke Henrici	Hamburg
DDQS	Anke Pahl	Hamburg
DGRP	Anke Tiedemann	Hamburg
DCBX	Anlene	Haren/Ems
DCBY	Anna	Haren/Ems
DCCB	Anna	Haren/Ems
DCBZ	Anna	Westrhauderfehn
DDFD	Anna	Brake
DDFE	Anna	Brake
DDFF	Anna	Brake
DJCL	Anna	Amrum
DGBX	Anna	Hamburg
DGCA	Anna	Hamburg
DGCC	Anna	Hamburg-Finkenwerder
DFUT	Anna	Wischhafen
DFTB	Anna	Gräpel
DFST	Anna	Ostendorf
DJMJ	Anna	Tümlauerkoog
DCCA	Anna	Leer
DCCF	Anna	Leer
DCTV	Anna	Leer
DFUU	Anna	Krautsand
DFUV	Anna	Assel
DFZT	Anna	Assel
DIQU	Anna	Bützfleth
DJED	Anna	Pellworm
DJNM	Anna	Kiel
DKDZ	Anna	Heiligenhafen
DENS	Anna	Wremen
DIQV	Anna	Seester
DIQW	Anna	Schulau
DCCD	Anna	Westeraccumersiel
DCCE	Anna	Neuharlingersiel
DJEE	Anna	Büsum
DIQX	Anna	Friedrichskoog
DIQY	Anna	Meldorf
DGCD	Anna	Dornum-Neufeld

Unterscheidungssignale	Namen der Schiffe	Heimathafen der Schiffe
DJEF	Anna-Auguste	Büsum
DDDN	Anna Bohlen	Varel
DEUT	Anna Busse	Bremerhaven
DFEY	Anna-Catharina	Cuxhaven
DIDL	Anna Catharina	Hamburg
DFUW	Anna Dieckmann	Emden
DJNN	Anna-Elise	Varelerhafen
DGCG	Anna-Frieda	Hamburg
DGCH	Anna-Helene	Hamburg
DIQZ	Anna Helene	Kaiser-Wilhelms-Koog
DCCH	Anna Margareta	Borkum
DCCI	Anna-Maria	Haren/Ems
DGCJ	Anna-Maria	Hamburg
DFUX	Anna-Maria	Dornbusch
DCCJ	Anna-Maria	Ditzum
DGCK	Anna Marie	Hamburg
DGCL	Anna Marta	Hamburg
DGHB	Anna Rehder	Hamburg
DFZF	Anna Sietas	Grünendeich
DDFG	Anna Tekla	Brake
DGCM	Anna Thekla	Hamburg
DCCK	Anna Wilhelmine	Westrhauderfehn
DGCN	Anna Woldmann	Hamburg-Finkenwerder
DHGW	Annaliese Wehlen	Hamburg
DJUF	Annchen Felter	Lübeck
DGCO	Annchen Peters	Hamburg
DEBM	Ann-Christin	Bremen
DFSZ	Anne	Assel
DFUY	Anne	Bützfleth
DGBQ	Anne II	Kiel
DCVH	Anne Albrecht	Carolinensiel
DKFH	Anne Catharina	Rendsburg
DGCP	Anne-Elfriede	Hamburg
DDFH	Anne Friede	Brake
DGCQ	Anne Helene	Hamburg
DJMQ	Anne Ohl	Ulsnis
DDFI	Annegret	Brake
DJWE	Anne Gret	Lübeck-Gothmund
DCCM	Annele	Bensersiel
DABJ	Annelies	Hamburg-Finkenwerder
DETU	Anneliese	Kiel
DJWN	Anneliese	Lübeck-Schlutup
DKKV	Anneliese	Lübeck-Travemünde
DIDN	Anneliese Porr	Hamburg
DJDJ	Annelis Christophersen	Flensburg
DGCS	Annemarie	Hamburg
DJLD	Annemarie	Kappeln
DKLZ	Annemarie	Heiligenhafen
DJTV	Annemarie	Kiel
DJNO	Annemarie	Leer
DKJJ	Annemarie	Lübeck-Travemünde

Unterscheidungssignale	Namen der Schiffe	Heimathafen der Schiffe
DJEH	Annemarie	Friedrichskoog
DJAE	Annemarie	Keitum/Sylt
DHKP	Annemarie Krüger	Hamburg
DHIE	Annemarie Renate	Hamburg
DHQE	Anni	Hamburg
DGCT	Anni	Hamburg
DGCU	Anni	Hamburg
DFYY	Anni	Gräpel
DFUZ	Anni	Wischhafen
DIRB	Anni	Friedrichskoog
DJEI	Anni	Pellworm
DKJG	Anni	Laboe
DIDC	Anni Ahrens	Hamburg
DGCV	Anni Lina	Hamburg
DIHM	Annie Hugo Stinnes	Hamburg
DCVW	Anni Schaa	Leer
DJAW	Annik	Flensburg
DJEC	Annita	Büsum
DDTE	Ansgaritor	Bremen
DDTX	Antares	Bremen
DGCW	Antares	Hamburg
DGMZ	Antares	Hamburg
DABK	Antares	Bremerhaven
DIRC	Antares	Dieksanderkoog
DCAC	Antha	Köln
DHJV	Antilope	Hamburg
DFEZ	Antilope	Otterndorf
DCCN	Antine	Borkum
DJNP	Antje	Kiel
DCCO	Antje	Rorichmoor
DJMM	Antje	Kappeln/Schlei
DJEJ	Antje	Büsum
DJWF	Antje	Niendorf
DABL	Antje	Hamburg-Finkenwerder
DGCX	Antje	Hamburg
DGDN	Antje	Hamburg
DHND	Antje	Heiligenhafen
DGAK	Antje Adelheid	Hamburg
DIXR	Antje Jansen	Uetersen
DGCY	Antje Mahler	Hamburg
DGXU	Antje-Marie	Neufeld
DGCZ	Antje Oltmann	Hamburg
DCCP	Anton	Haren/Ems
DHJK	Anton Castens	Hamburg
DDKP	Anton Wilhelm	Brake
DGMX	Antonia	Hamburg
DECW	Antwerpen	Bremen
DEEZ	Aphaia	Bremen
DGDA	Aquarius	Emden
DEBL	Arcturus	Bremen
DDRC	Argenfels	Bremen
DDTQ	Argo	Bremen
DGDB	Argonaut	Hamburg
DCCQ	Ariadne	Borkum

Unterscheidungssignale	Namen der Schiffe	Heimathafen der Schiffe
DEEK	Aries	Bremen
DDUP	Arion	Bremen
DDRE	Arion	Bremen
DCCR	Arion	Norddeich
DHEE	Arkona	Hamburg
DJCI	Arkona	Hamburg
DHJL	Arktis	Hamburg
DEBT	Arktos	Bremen
DCCS	Arktur	Westrhauderfehn
DCCT	Armin	Haren/Ems
DJEK	Arn VII	Arnis/Schlei
DCCU	Arnold	Haren/Ems
DGDC	Arnolde	Hamburg
DHFZ	Artus	Hamburg
DDFJ	Asathor	Fedderwarder-siel
DHHZ	Asgard	Hamburg
DHEQ	Asgard	Hamburg
DEEU	Aschanti IV	Bremen
DHQV	Assel	Hamburg
DDKW	Assistent I	Lemwerder
DGDD	Astarte	Hamburg
DIRD	Astarte	Wilhelmshaven
DJAF	Astrea	List/Sylt
DGDE	Astrid	Hamburg
DHPX	Athen	Hamburg
DENU	Athlet	Hamburg
DHOK	Atlanta	Hamburg
DHNB	Atlantic	Hamburg
DETM	Atlantic	Lübeck-Travemünde
DJRN	Atlantic	Emden
DGDF	Atlantik	Hamburg
DIAB	Atlantik	Hamburg
DFTQ	Atlantis	Stade
DEAA	Atlas	Bremen
DLBG	Atlas Hugo Stinnes	Bremen
DGDG	Audieck	Hamburg-Finkenwerder
DEDZ	Audentia	Bremen
DDMY	Auerhahn	Bremen-Vegesack
DHEW	Aufbau	Hamburg
DIBW	Augsburg	Hamburg
DJNQ	August	Kiel
DENV	August	Bremerhaven
DEUM	August Bösch	Bremerhaven
DHPL	August Bolten	Hamburg
DGWO	August Peters	Hamburg
DIFF	August Sartori	Hamburg
DDFK	Auguste	Bremen
DGDH	Auguste	Hamburg
DGDI	Auguste	Hamburg
DFFA	Auguste	Cuxhaven
DAMH	Auguste Kämpf	Bremerhaven
DCVV	Auguste Schulte	Hamburg
DDSQ	Aumund	Bremen

Unterscheidungssignale	Namen	Heimathafen
	der Schiffe	
DGDJ	Aurora	Hamburg
DGDK	Ausdauer	Hamburg
DIDG	Ausdauer	Hamburg
DDAH	Auster	Wilhelmshaven
DGDL	Aventura	Hamburg
DDTP	Axenfels	Bremen
DIEN	Babitonga	Hamburg
DEGB	Bär	Bremen
DDUI	Baden	Bremen
DFNC	Baden	Cuxhaven
DENW	Bärbel	Lübeck-Travemünde
DEAS	Bärenfels	Bremen
DECZ	Bärenstein	Bremen
DHJH	Bahrenfeld	Hamburg
DABP	Balder	Glückstadt
DIAN	Baldur	Hamburg
DGDM	Baldur	Hamburg
DCCW	Baldur	Norderney
DGEW	Balkan	Hamburg
DKCO	Baltic	Heiligenhafen
DCSD	Baltic	Haren/Ems
DCCZ	Baltrum	Emden
DCCX	Baltrum I	Baltrum
DCCY	Baltrum II	Baltrum
DIFC	Barbara	Hamburg
DJMB	Barbara	Büsum
DCDA	Barbara	Ditzum
DMDT	Barbara	Hamburg
DEBY	Barbara Meentzen	Bremen
DAOZ	Bardenfleth	Bremen
DHKA	Barmbek	Hamburg
DGDO	Barnkrug	Hamburg
DDFL	Barsch	Brake
DGDQ	Baumwall	Hamburg
DDRN	Bayern	Bremen-Vegesack
DFLF	Bayern	Cuxhaven
DHAV	Bayern	Leer
DEFD	Bayernstein	Bremen
DHDQ	Beate Bolten	Hamburg
DHJI	Bellatrix	Hamburg
DDUC	Bellona	Bremen
DGQN	Belgrano	Hamburg
DKHX	Belmonte	Kiel
DABS	Beluga	Hamburg
DHNF	Benno	Hamburg
DGDT	Berger V	Bremerhaven
DGDU	Berger VII	Hamburg
DHEZ	Bergungsschute 4	Hamburg
DABU	Berlin	Bremerhaven
DEDU	Berlin	Bremen
DHLO	Berlin	Hamburg
DIEJ	Berlin	Hamburg
DGMY	Bernd	Hamburg
DIRE	Bernd	Hamburg
DGFN	Bernd Becker	Hamburg
DGAG	Bernd Leonhardt	Hamburg
DEOL	Bernd-Peter	Bremerhaven
DHOV	Bernd Wesch	Hamburg
DEBK	Bernhard	Bremen
DCDC	Bernhard	Haren/Ems
DCUJ	Bernhard	Haren/Ems
DETQ	Bernhard Grundmann	Bremerhaven
DJDM	Bernhard Howaldt	Flensburg
DCDD	Bernhardus	Haren/Ems
DCWD	Berni Nübel	Emden
DIXM	Berta	Elmshorn
DENZ	Berta	Bremerhaven
DGDY	Berta Hermine	Hamburg-Finkenwerder
DDJS	Berta Jacobs	Brake
DGEA	Berta Köhlmann	Hamburg
DGDV	Berta Louise	Hamburg
DHGK	Berta Marie	Hamburg
DIRF	Bertha	Friedrichskoog
DIRG	Bertha	Friedrichskoog
DFYS	Bertha	Abbenfleth
DEOA	Bertha	Bremerhaven
DGDW	Bertha	Hamburg
DGDX	Bertha	Hamburg
DHJM	Bertha	Hamburg
DJEL	Bertha	Büsum
DJHQ	Bertha	Büsum
DJEM	Bertha	Flensburg
DFVC	Bertha	Grünendeich
DJEN	Bertha-Elisabeth	Büsum
DKFC	Bertha Entz	Rendsburg
DGDZ	Bertha Johanna	Hamburg
DGEB	Bertha Troles	Hamburg
DHLP	Beteigeuze	Hamburg
DGEC	Betty	Hamburg
DFZA	Betty	Gräpel
DFVD	Betty	Krautsand
DFFC	Betty	Cuxhaven
DJCP	Bianka	Heiligenhafen
DECN	Bieberstein	Bremen
DGCE	Bilbao	Hamburg
DIER	Billetal	Hamburg
DGAY	Birgitt	Hamburg
DIKO	Birka	Hamburg
DEOU	Birkenau	Bremerhaven
DEAW	Birkenfels	Bremen
DLBQ	Birkenstein	Bremen
DJDO	Birknack	Flensburg
DGBN	Birte Hugo Stinnes	Kiel
DKBF	Birte Oldendorff	Lübeck
DLBK	Bischofstor	Bremen
DIYE	Bishorst	Haseldorf
DIIL	Bismarckstein	Hamburg
DKIT	Bleibtreu	Heiligenhafen

Unterscheidungssignale	Namen der Schiffe	Heimathafen der Schiffe
DJTK	Blidum	Rendsburg
DDEA	Blinkfüer	Wilhelmshaven
DHLT	Blinkfuer	Hamburg-Finkenwerder
DJEV	Blitz	Büsum
DGIK	Blitz	Hamburg
DECF	Blockland	Bremen
DKGZ	Blumenau	Kiel
DDRB	Blumenthal	Bremen
DABQ	Bockenheim	Bremen
DIRJ	Bodenwinkel	Brunsbüttelkoog
DJSR	Bonanza	Kiel
DEUS	Bonn	Bremerhaven
DIGG	Boreas	Hamburg
DCMF	Borkum	Emden
DHBE	Borkum	Hamburg
DIIA	Borkumriff	Hamburg
DEDN	Bornheim	Bremen
DIRK	Bornhofen	Glückstadt
DIIO	Botilla Russ	Hamburg
DACB	Brahe	Bremerhaven
DEEJ	Brake	Bremen
DCDG	Brandaris	Langeoog
DEFJ	Brandenburg	Bremen-Vegesack
DJWI	Brandenburg	Hamburg
DHMF	Brandenburg	Hamburg
DECC	Brandenstein	Bremen
DEAZ	Braunfels	Bremen
DEON	Braunschweig	Bremerhaven
DIFO	Braunschweig	Hamburg
DIIH	Bravo	Hamburg
DJEO	Bravo	Büsum
DKDV	Breitenburg	Hamburg
DLBT	Breitenstein	Bremen
DEBQ	Bremen	Bremen
DFAN	Bremen	Bremerhaven
DDMZ	Bremen	Bremen-Vegesack
DEGC	Bremer Boerse	Bremen
DEFU	Bremer Flagge	Bremen
DAMI	Bremerhaven	Bremerhaven
DDSN	Bremerhaven	Bremen
DFAV	Bremerhaven	Bremerhaven
DLAZ	Bremerhaven	Bremen
DECE	Bremer Roland	Bremen
DEEP	Bremer Wappen	Bremen
DCTZ	Bremse	Borkum
DGEG	Brigitta	Strande
DDAI	Brigitte	Varelerhafen
DJTG	Brigitte	Eckernförde
DECI	Brillant	Bremen
DGEH	Brix Hansen	Hamburg-Finkenwerder
DHFD	Brook	Hamburg
DKDC	Brüsterort	Lübeck-Travemünde
DDNB	Brunhild	Bremen-Vegesack
DLBN	Brunneck	Bremen
DHPU	Bruno	Hamburg
DJNS	BrunoGrammerstorf	Kiel
DHKQ	Brunsbüttel	Hamburg
DIKF	Brunshausen	Hamburg
DJNT	Bülk	Kiel
DJVW	Büsum	Kiel
DGEN	Bützfleth	Hamburg
DGEJ	Bürgermeister Ross	Hamburg
DACE	Bürgermeister Smidt	Bremerhaven
DICW	Bugsier 1	Hamburg
DIDK	Bugsier 2	Hamburg
DIEI	Bugsier 3	Hamburg
DGEF	Bugsier 4	Hamburg
DGWF	Bugsier 7	Hamburg
DHKN	Bugsier 8	Hamburg
DHFM	Bugsier 9	Hamburg
DHMN	Bugsier 10	Hamburg
DHFA	Bugsier 11	Hamburg
DIHW	Bugsier 12	Hamburg
DIHS	Bugsier 14	Hamburg
DJNU	Bungsberg	Hamburg
DEAN	Buntentor	Bremen
DHQJ	Burg Sparrenberg	Hamburg
DCDH	Burkana	Emden
DHNM	Burkhard Bröhan	Hamburg
DHJT	Burstah	Hamburg
DJEP	Bussard	Husum
DEDB	Bussard	Bremen
DIFT	Bussard	Hamburg-Finkenwerder
DGEM	Bussard	Hamburg
DIYW	Bussard	Schulau
DJVB	Bussard I	Hamburg
DJNE	Bussard II	Büsum
DFLI	Butendiek	Cuxhaven
DIGB	Butt	Hamburg
DGEO	B. & V. Kranich	Hamburg
DFYT	Cäcilie	Freiburg/Elbe
DGRN	Cairo	Hamburg
DJEQ	California	Büsum
DDRJ	California	Bremen
DKES	Calla	Rendsburg
DGEP	Canopus	Hamburg
DGEQ	Capella	Hamburg
DJER	Capella	Büsum
DCDJ	Capella	Westrhauderfehn
DCDK	Capella	Greetsiel
DJLT	Capella	Husum
DKHT	Capella	Heikendorf
DIII	Cap Blanco	Hamburg
DIIU	Cap Frio	Hamburg
DIKE	Cap Norte	Hamburg
DIKV	Cap Vilano	Hamburg
DFAA	Carl	Bremerhaven

Unterscheidungssignale	Namen der Schiffe	Heimathafen der Schiffe
DHKH	Carl	Hamburg
DCSP	Carl Danziger	Emden
DCDL	Carl Fisser	Emden
DCVU	Carl Fisser	Emden
DACH	Carl J. Busch	Cuxhaven
DJES	Carl Jensen	Kappeln/Schlei
DHKJ	Carl Julius	Hamburg
DICQ	Carl Mathies	Hamburg
DGER	Carl Rehder	Hamburg
DJSA	Carl Sifferlien	Eckernförde
DCDM	Carl Thiele	Emden
DAPN	Carl Wilkens	Hamburg
DHGH	Carla	Hamburg
DKER	Carola	Rendsburg
DCEX	Carola Schulte	Emden
DGES	Carlshütte	Hamburg
DHFU	Carlshütte IV	Rendsburg
DGVA	Carlsson II	Hamburg
DJET	Carmen-Silva	Husum
DCLB	Caroline	Langeoog
DIGM	Caroline	Hamburg
DKCA	Carrara	Rendsburg
DAMJ	Carsten Janssen	Bremerhaven
DJAG	Carsten Witt	Bremen
DLAE	Casablanca	Bremen
DEOD	Castor	Lübeck-Travemünde
DJSF	Castor	Kiel
DEBH	Castor	Bremen
DKDN	Castorp	Lübeck
DFVE	Catharina	Abbenfleth
DGET	Catharina	Bremerhaven
DGEU	Catharina	Cuxhaven
DIRM	Catharina	Brunsbüttelkoog
DGEV	Catharina	Hamburg-Altenwerder
DFHR	Catharina Auguste	Cuxhaven
DFMY	Catharina Müller	Cuxhaven
DKIA	Catherine Sartori	Kiel
DJEU	Catrina	Friedrichstadt
DGEX	C. A. Woldmann	Hamburg-Finkenwerder
DEDM	Ceres	Bremen
DLBO	Ceuta	Bremen
DIHJ	Charles Eckelmann	Hamburg
DDKN	Charlotte	Elsfleth
DGEY	Charlotte	Hamburg
DGEZ	Charlotte	Hamburg
DKDX	Charlotte	Niendorf
DJCV	Charlotte Bohl	Flensburg
DHGD	Charlotte Schröder	Hamburg
DGBZ	Cheeta	Hamburg
DGFC	C. H. Kreft	Hamburg-Finkenwerder

Unterscheidungssignale	Namen der Schiffe	Heimathafen der Schiffe
DCDO	C. H. Metger	Emden
DIBY	Christa	Hamburg
DGFD	Christa	Hamburg
DJRQ	Christa	Heikendorf
DKEA	Christa	Lübeck-Travemünde
DKED	Christa	Lübeck-Travemünde
DKLV	Christa	Heiligenhafen
DJQP	Christa Griese	Kiel
DGFE	Christa Juls	Hamburg
DGHR	Christa Thielemann	Brake
DJAI	Christel	Neustadt/Holstein
DETR	Christel	Bremerhaven
DAOI	Christel	Büsum
DCVC	Christel	Haren/Ems
DJVJ	Christian	Kiel
DGZW	Christian Goedeken	Hamburg
DFAX	Christian Homann	Bremerhaven
DCFF	Christian I	Kappeln/Schlei
DACK	Christian Russ	Hamburg
DJPI	Christian Sartori	Kiel
DCDQ	Christina	Haren/Ems
DGJD	Christianna Pikuritz	Hamburg
DAOC	Christiane Schulte	Hamburg
DHRY	Christine	Hamburg
DGFG	Christine	Büsum
DJEW	Christine	Pellworm
DJAJ	Christine	Wyk/Föhr
DIRN	Christine	Friedrichskoog
DIRO	Christine	Friedrichskoog
DJZG	Christine	Großenbrode
DJXD	Christoffer Oldendorff	Lübeck
DDIB	Christoph Kleemeyer	Bremen
DEOE	Chronik	Bremerhaven
DECA	Ciandra	Bremen
DKET	Cimbria	Rendsburg
DAPC	Cimbria	Hamburg
DKBZ	C. K. 10	Neustadt/Holst.
DKBY	C. K. 11	Neustadt/Holst.
DGUQ	Claere Jung	Hamburg
DJVZ	Cläre Grammerstorf	Kiel
DHLV	Cläre Hugo Stinnes	Hamburg
DGFH	Clara	Hamburg
DKCL	Clara	Lübeck
DJEX	Clara	Maasholm
DGYO	Clara Blumenfeld	Hamburg

Unterscheidungs-signale	Namen	Heimathafen	Unterscheidungs-signale	Namen	Heimathafen
	der Schiffe			der Schiffe	
DDRP	Claus	Lübeck	*DACM*	C. P. Andersen	Hamburg
DFZR	Claus	Bützfleth	*DGNH*	Cranz I	Hamburg-
DGFI	Claus	Hamburg			Finkenwerder
DGFJ	Claus	Hamburg	*DHFR*	Cranz	Hamburg
DGFK	Claus	Friedrichskoog	DFVH	Cremon	Dornbusch
DHRO	Claus Bischoff	Hamburg	*DHOM*	Cremon	Hamburg
DHKD	Claus Böge	Hamburg	DFZZ	Cremona 2	Dornbusch
DGFM	Claus Erich	Hamburg	*DIDY*	Cressida	Hamburg
DHIG	Claus Möller	Hamburg	DCDY	Cum Deo	Haren/Ems
DJUL	Claus S	Hamburg	*DDTM*	Crostafels	Bremen
DGPW	Claus Schriewer	Hamburg	*DAMM*	Cuxhaven	Cuxhaven
DIAM	Cleopatra	Hamburg	DFVI	Daheim	Krautsand
DLAL	Clivia	Bremen	*DACP*	Dalälfven	Hamburg
DHLE	Coburg	Hamburg	*DGVV*	Dalbek	Hamburg
DECR	Colonia	Bremen	*DGIG*	Damaskus	Hamburg
DJEY	Columbus	Pellworm	*DGQR*	Dammtor	Hamburg
DIYR	Columbus	Lübeck-	*DKJX*	Dania	Lübeck
		Travemünde	DMBU	Dania	Hamburg
DKEQ	Columbus	Burgstaaken	*DCAE*	Daniel Denker	Köln
DFVF	Comet	Krautsand	*DDNE*	Dankwart	Bremen
DIJM	Commerz	Hamburg	DJFC	Danzig	Büsum
DDFN	Concordia	Barssel	*DACQ*	Danzig	Hamburg
DGVK	Concordia	Hamburg	*DFLW*	Darmstadt	Cuxhaven
DJMF	Concordia	Schleswig	*DGHO*	Darmstadt	Hamburg
DCDS	Concordia	Norddeich	DDAJ	Dauens	Cuxhaven
DJEZ	Concordia	Büsum	DCDZ	Dede	Leer
DGFO	Condor	Hamburg	*DDUK*	Delia	Bremen
DGFP	Condor	Hamburg	*DACU*	D. Dreesmann-	
DGFQ	Condor	Hamburg		Penning	Emden
DGWJ	Condor	Hamburg	DFAL	Delphin	Bremerhaven
DDFO	Condor	Brake	DCEA	Delphin	Greetsiel
DFFE	Condor	Cuxhaven	DCEC	Delphin	Norddeich
DIRP	Condor	Schulau	DDAK	Delphin	Wilhelmshaven
DIRQ	Condor	Friedrichs-	DKIN	Delphin	Kiel
		koog	DKGY	Delphin	Strande
DJFA	Condor	Büsum	DGFW	Delphin III	Hamburg
DJMY	Condor	Kappeln/Schlei	DGFX	Delphin IV	Hamburg
DKLW	Condor	Lübeck	*DGQF*	Deneb	Hamburg
DIIV	Congo	Hamburg	DGFZ	Derfflinger	Hamburg
DJHU	Conrad	Büsum	DIAA	Desdemona	Hamburg
DCWK	Conrad	Haren/Ems	*DKFJ*	Detlef Schmidt	Rendsburg
DDUF	Consul Arlt	Bremen	*DAMN*	Detmold	Cuxhaven
DCEB	Consul Breuer	Emden	*DGGA*	Deutschland	Hamburg
DCSQ	Consul Linde-		DJWR	Deutschland	Haffkrug
	mann	Emden	DCED	Dia Aubel	Emden
DFVG	Contentia	Assel	*DEBR*	Diamant	Bremen
DHPS	Continent	Hamburg	DGGB	Diamant	Hamburg
DHJS	Cordelia	Hamburg	DIRS	Diamant	Friedrichskoog
DGTT	Cord		DHPR	Diana	Hamburg
	Eckelmann	Hamburg	DGGC	Diana	Wyk/Föhr
DJFB	Cormoran	Büsum	DFFF	Diana	Otterndorf
DCDV	Cornelia	Warsingsfehn	DCEE	Diana	Terborg/Ems
DCDW	Cornelia	Leer	DJFD	Diana	Büsum
DFAT	Cornelia		*DJDR*	Diana	Flensburg
	Siegholt	Bremerhaven	DDKD	Diana	Eckwardersiel
DMCP	Cornelis	Bensersiel	DGGD	Dide	Hamburg
DGFT	Courier	Hamburg	DGAM	Dieksand	Hamburg-
DFZN	Courier	Dornbusch			Finkenwerder

Unterscheidungssignale	Namen der Schiffe	Heimathafen der Schiffe
DFIU	Die Liebe	Cuxhaven
DEQK	Dieter	Kiel
DJPO	Dieter Waltraud	Rendsburg
DETI	Dietlinde	Lübeck-Travemünde
DKHL	Dietmar	Kiel
DDFQ	Dietrich Ahrens	Brake
DKKW	Dietrich Oldendorff	Lübeck
DKBR	Dievenow	Lübeck-Travemünde
DDNG	Dirk	Bremen
DFLC	Dithmarschen	Cuxhaven
DJFF	Dithmarschen	Büsum
DIJT	Ditmar Koel	Hamburg
DCUY	Ditzum-Petkum	Ditzum
DGIA	Dixy Porr	Hamburg
DHHL	Dörte II	Hamburg
DHHS	Doggerbank	Burg/Fehmarn
DJFG	Dolly Schlömer	Büsum
DAEF	Donau	Cuxhaven
DERO	Dora	Bremerhaven
DGGF	Dora	Hamburg
DGGG	Dora	Hamburg
DGGH	Dora	Hamburg
DJWT	Dora	Burgstaaken
DDFR	Dora	Fedderwardersiel
DDJU	Dora	Nordenham
DFYP	Dora	Freiburg/Elbe
DIRU	Dora	Friedrichskoog
DFVK	Dora	Dornbusch
DCCC	Dora Fritzen	Emden
DKKY	Dora Oldendorff	Lübeck
DJFH	Dorathea	Büsum
DJNZ	Dorathea	Kiel
DJAK	Doris	Flensburg
DJSI	Doris	Kiel
DKEC	Doris	Lübeck-Travemünde
DGGJ	Dorotea	Hamburg
DIRV	Dorothea	Dieksanderkoog
DCUD	Dorothea	Duisburg-Ruhrort
DGGK	Dorothea	Hamburg
DGGL	Dorothea	Hamburg
DCEK	Dorothea Siemering	Warsingsfehn
DHFF	Dorothea Weber	Hamburg
DKBE	Dorthe Oldendorff	Lübeck
DCEL	Dortmund	Emden
DFAE	Dortmund	Bremerhaven
DHEK	Dortmund	Hamburg
DEFZ	Dorum	Bremen
DECU	Drachenfels	Bremen
DAMP	Dradenau	Hamburg-Finkenwerder
DCEM	Dr. Eichelbaum	Neuharlingersiel
DAOF	Dr. Eichelbaum	Emden
DCEN	Drei Gebrüder	Norddeich
DEBC	Dudizol I	Bremen
DECT	Dudizol III	Bremen
DJSL	Duburg	Kiel
DIRX	Düneck	Uetersen
DFMP	Duisburg	Cuxhaven
DCAW	Duisburg	Duisburg-Ruhrort
DHNY	Duisburg	Hamburg
DACX	Düsseldorf	Hamburg
DGHJ	Düsseldorf	Hamburg
DAMQ	Düsseldorf	Cuxhaven
DHMM	Ebba Blumenfeld	Hamburg
DCEO	Ebenezer	Neuharlingersiel
DDFS	Ebenezer	Brake
DDFT	Ebenezer	Brake
DIRY	Ebenezer	Friedrichskoog
DGGP	Eben Ezer	Hamburg-Finkenwerder
DAPA	Eberhart Essberger	Hamburg
DAMR	Eckernförde	Kiel
DJOC	Eckholt	Eckernförde
DGAO	Eckstein	Leer
DEDF	Edda Cords	Bremen
DHHP	Edelgard	Hamburg
DFVL	Edelweiß	Krautsand
DCTE	Edelweiß	Neuharlingersiel
DCEP	Edelweiß	Greetsiel
DFFI	Edelweiß	Friedrichskoog
DFFJ	Edelweiß	Friedrichskoog
DJFI	Edelweiß	Husum
DJWU	Edelweiß	Neustadt/Holst.
DIXY	Edelweiß	Seester
DJPZ	Editha	Eckernförde
DJQC	Edith	Heikendorf
DGGQ	Edith	Hamburg
DCUA	Edith	Papenburg
DFFK	Edith	Cuxhaven
DFFL	Edith	Cuxhaven
DJOD	Edith Becker	Kiel
DCAF	Edmund Halm	Köln
DDAM	Edo Meyer	Varelerhafen
DICG	Eduard Becker	Hamburg
DICT	Eduard Schupp	Hamburg
DKCG	Eduard	Lübeck
DDNI	Edward	Bremen-Vegesack
DGGR	Egerland	Hamburg
DIXL	Eggert Karstens	Büsum
DIGA	Egon Wesch	Hamburg
DHQI	Ehrenfeld	Hamburg
DECL	Ehrenfels	Bremen

Unterscheidungssignale	Namen der Schiffe	Heimathafen der Schiffe
DDPO	Eichberg	Hamburg
DHON	Eider	Hamburg
DJFJ	Eider	Süderstapel
DJVF	Eider	Kiel
DJJY	Eiderstedt	Tönning
DEBV	Eifel	Bremen
DHQM	Eifeltal	Bremen
DHRH	Eilenau	Hamburg
DCER	Einigkeit	Hamburg
DKIE	Einigkeit	Kiel
DJUP	Einigkeit	Möltenort
DCES	Eintracht	Borkum
DFFO	Elbbutt	Cuxhaven
DIXZ	Elbe	Elmshorn
DGGU	Elbe	Hamburg
DGGV	Elbe	Hamburg
DGGX	Elbe	Hamburg
DGGY	Elbe	Hamburg
DAOG	Elbe	Emden
DJFK	Elbing	Büsum
DJWX	Elbing II	Lübeck
DJXA	Elbing VIII	Lübeck
DJPC	Elch	Hamburg
DGHA	Elenore	Hamburg
DIRL	Eleonore	Uetersen
DDDM	Elfe	Wilhelmshaven
DFZL	Elfriede	Assel
DKLY	Elfriede	Heiligenhafen
DDAN	Elfriede	Wremen
DIRZ	Elfriede	Neufeld
DISA	Elfriede	Friedrichskoog
DCET	Elfriede	Leer
DJTS	Elfriede	Kiel
DJTJ	Elisabeth	Eckernförde
DGHD	Elisabeth	Hamburg
DCTB	Elisabeth	Leer
DEFT	Elisabeth	Bremen
DCEU	Elisabeth	Haren/Ems
DFVM	Elisabeth	Wischhafen
DCEV	Elisabeth	Potshausen
DCEW	Elisabeth	Greetsiel
DFFP	Elisabeth	Dorum
DDKJ	Elisabeth	Brake
DDKK	Elisabeth	Barssel
DJOE	Elisabeth	Tatting
DHHH	Elisabeth Arlt	Bremen
DEFB	Elisabeth Berger	Bremen
DGVM	Elisabeth Boll	Haren/Ems
DHNZ	Elisabeth Bornhofen	Hamburg
DIXJ	Elisabeth Bröker	Schulau
DJOJ	Elisabeth Entz	Rendsburg
DCWO	Elisabeth Hendrik Fisser	Emden
DISB	Elise	Dieksanderkoog

Unterscheidungssignale	Namen der Schiffe	Heimathafen der Schiffe
DCST	Elise	Ditzum
DJFL	Elise	Büsum
DCEY	Elise	Haren/Ems
DFVN	Elise	Abbenfleth
DGHG	Elise	Hamburg
DESA	Elise Oltmann	Hamburg
DCSV	Elise Schulte	Hamburg
DCUN	Eliza Nübel	Emden
DGWC	Elke	Düsseldorf
DJFM	Elke	Husum
DDAO	Elke	Wilhelmshaven
DHDA	Elke Freese	Hamburg
DFWE	Elke-Marie	Krautsand
DFVO	Ella	Bützfleth
DGHH	Ella	Hamburg
DJFN	Ella	Tönning
DHHJ	Ella Feldtmann	Hamburg
DGHI	Ellen	Hamburg
DADD	Ellen	Hamburg-Finkenwerder
DHMC	Ellen Hugo Stinnes	Hamburg
DIIW	Ellen M	Hamburg
DGWL	Ellerbek	Hamburg
DJSJ	Ellerbek	Kiel
DFFR	Elli	Cuxhaven
DGNX	Elli	Hamburg
DDKO	Elli Ahrens	Brake
DGPY	Elli-Margot	Hamburg
DCFB	Elli Schaa	Leer
DJFP	Elly	Büsum
DJZK	Elmshorn	Elmshorn
DJLA	Elsa	Maasholm
DGHK	Elsa	Hamburg
DJFQ	Elsa	Husum
DDAP	Elsa	Wremen
DIDI	Elsa Essberger	Hamburg
DDFU	Elsbeth	Großensiel
DJXX	Elsbeth	Lübeck-Schlutup
DDUY	Elsbeth Wiards	Bremen
DDKV	Else	Brake
DCFC	Else	Haren/Ems
DCFD	Else	Emden
DFFS	Else	Dorum
DIIX	Else	Hamburg
DISC	Else	Neufeld
DJFR	Else	Husum
DJMC	Else	Büsum
DFVP	Else Marie	Heiligenhafen
DHRE	Else Müller	Hamburg
DDNQ	Else Sieg	Flensburg
DDNK	Elsfleth	Bremen
DGHL	Elster	Hamburg
DCFE	Elternsegen	Haren/Ems
DGHM	Emanuel	Hamburg
DGHN	Emanuel	Hamburg
DEFX	Emanuel II	Bremen
DJOF	Emil	Kiel

Unterscheidungssignale	Namen der Schiffe	Heimathafen der Schiffe
DGHP	Emil	Hamburg
DKEE	Emil Berger	Lübeck
DAMT	Emma	Hamburg-Finkenwerder
DGHQ	Emma	Hamburg
DGHS	Emma	Hamburg
DGHT	Emma	Hamburg
DGHU	Emma	Hamburg
DGHV	Emma	Hamburg-Altenwerder
DGHW	Emma	Hamburg-Altenwerder
DGHX	Emma	Hamburg
DISD	Emma	Dieksanderkoog
DFVQ	Emma	Krautsand
DKBQ	Emma	Burgstaaken
DJOG	Emma Dorothea	Schilksee-Strande
DFSR	Emma Fitschen	Assel
DGHZ	Emma Irene	Hamburg
DISE	Emma Johanna	Uetersen
DGIB	Emma Lucie	Hamburg
DGIC	Emma Oltmann	Hamburg
DHEX	Emma Sauber	Hamburg
DGRD	Emma Sell	Kiel
DGWP	Emmalies Funk	Hamburg
DJXF	Emmi	Niendorf
DJSN	Emmi	Laboe
DFFU	Emmi	Cuxhaven
DEOK	Emmy	Bremerhaven
DIXC	Emmy	Dieksanderkoog
DDUH	EmmyFriederich	Bremen
DFMI	Emmy Ottens	Cuxhaven
DCFG	Ems	Haren/Ems
DCFH	Ems	Varelerhafen
DCFJ	Ems	Greetsiel
DCUE	Ems IV	Leer
DADE	Emsgatt	Hamburg
DHEY	Emsriff	Hamburg
DEAG	Emsstein	Bremen
DCFL	Emsstrom	Haren/Ems
DGID	Energie	Hamburg
DCFM	Engelbert	Haren/Ems
DADG	Ente	Hamburg
DDNM	Ente	Bremen-Vegesack
DCFN	Eos	Haren/Ems
DGGW	Eric Reckmann	Hamburg
DGIF	Erich	Hamburg
DJFS	Erich	Tönning
DDKM	Erich	Brake
DGKU	Erich Schröder	Hamburg
DGZG	Erik Seyd	Hamburg
DCFO	Erika	Leer
DGII	Erika	Hamburg
DKJI	Erika	Neustadt/Holst.
DCWL	Erika Fritzen	Emden
DCAG	Erika Hendrik Fisser	Köln

Unterscheidungssignale	Namen der Schiffe	Heimathafen der Schiffe
DGNM	Erika Reinhold	Hamburg
DHEN	Erika Schulte	Hamburg
DCBI	Erin Nübel	Emden
DCVK	Erna	Greetsiel
DCFP	Erna	Warsingsfehn
DGIJ	Erna	Heiligenhafen
DGTR	Erna	Hamburg
DHGN	Erna	Hamburg
DJXH	Erna	Hamburg
DISF	Erna	Dieksanderkoog
DISG	Erna	Emden
DIWW	Erna	Elmshorn
DDFV	Erna	Brake
DEST	Erna	Cuxhaven
DGIL	Erna Elisabeth	Hamburg
DHEO	Erna Liebisch	Hamburg
DGIM	Erna Marie	Hamburg
DGIN	Erna Meyer	Hamburg
DKBB	Erna Oldendorff	Lübeck
DHCM	Erna R.	Hamburg
DGIO	Erni	Rendsburg
DGIP	Ernst	Hamburg
DJFT	Ernst	Büsum
DGIS	Ernst August	Hamburg
DHQH	Ernst Blumenfeld	Hamburg
DJQA	Ernst Friesecke	Kiel
DGWY	Ernst Gaulke	Hamburg
DAMU	Ernst Gröschel	Bremerhaven
DGCF	Ernst G. Russ	Hamburg
DISH	Ernst Heinrich	Moorege
DADM	Ernst Schweckendieck	Emden
DIYL	Ernst Sturm	Glückstadt
DGXJ	Ernst Uwe	Hamburg
DISI	Ernte	Oberndorf
DDUL	Erpel	Bremen
DHFV	E. Russ	Hamburg
DGIT	Erwin	Hamburg
DGIU	Erwin	Hamburg
DJFU	Erwin	Friedrichskoog
DEAF	Eschersheim	Bremen
DCTO	E. S. I. 1	Neuharlingersiel
DCTP	E. S. I. 2	Neuharlingersiel
DCTQ	E. S. I. 3	Neuharlingersiel
DHAE	Esperanza	Hamburg
DGIV	Esriel	Hamburg
DADN	Essen	Emden
DADO	Essen	Bremerhaven
DGNV	Essen	Hamburg
DGIW	Esso 60	Hamburg
DHOY	Esso 61	Hamburg
DIAD	Esso 62	Hamburg
DHPQ	Esso 65	Hamburg
DHJG	Esso Baltic	Hamburg
DIBI	Esso Bolivar	Hamburg
DIHU	Esso Düsseldorf	Hamburg

Unterscheidungssignale	Namen der Schiffe	Heimathafen der Schiffe	Unterscheidungssignale	Namen der Schiffe	Heimathafen der Schiffe
DIKL	Esso Frankfurt	Hamburg	DEEE	Farge	Bremen
DIKA	Esso Hamburg	Hamburg	DDNN	Fasan	Bremen-Vegesack
DHGX	Esso München	Hamburg	*DDRA*	Fasan	Bremen
DJPS	Esso Nordenham	Hamburg	DDNO	Fasolt	Bremen-Vegesack
DHGM	Este	Hamburg	*DEQN*	Fatima	Bremen
DADP	Este	Hamburg	*DDRD*	Fauna	Bremen
DGZQ	Esteburg	Hamburg	*DIKG*	Faust	Hamburg
DGIX	Estetal	Hamburg	*DJOI*	Fehmarn	Hamburg
DIAG	Estetal	Hamburg	DGBA	Fehmarn III	Hamburg
DHNK	Esther Schulte	Hamburg	DJSO	Felsen	Eckernförde
DGDR	E.u.M.Schwimmkran III	Hamburg	*DIFN*	Ferdia	Hamburg
DHEJ	E.u.M.Schwimmkran IV	Hamburg	*DGIH*	Ferdinandstor	Hamburg
DKEO	Europa II	Niendorf	*DAFY*	Ferdinand Vieth	Hamburg
DGPN	Euros	Hamburg	*DDNP*	Feronia	Bremen
DJQQ	Eva	Heikendorf	DJFW	Feuerland	Büsum
DFFX	Eva	Cuxhaven	*DADR*	Feuerland	Büsum
DIBG	Evelyn	Hamburg	*DLBI*	Fidentia	Bremen
DGAV	Eversand	Bremen	DGJS	Fiducia	Hamburg
DKBA	Eversen	Niendorf	*DIDE*	Fina	Hamburg
DGJA	Ewald Ehlert	Rendsburg	*DLAF*	Fink	Bremen
DCFR	Exelsior	Holte	*DFMH*	Finkenwärder	Cuxhaven
DHPA	Fairplay I	Hamburg	DKLL	Finkwarder	Lübeck-Travemünde
DGJC	Fairplay II	Hamburg	*DGJT*	Finkwarder	Hamburg
DJIU	Fairplay III	Hamburg	*DFLR*	Fischereidirektor Meinken	Cuxhaven
DIHP	Fairplay IV	Hamburg	DGJU	Fischland	Hamburg
DHEM	Fairplay V	Hamburg	*DEOB*	Flachsee	Bremerhaven
DGJF	Fairplay VI	Hamburg	DFLQ	Fladengrund	Neustadt/Holst.
DADQ	Fairplay VII	Hamburg	*DESR*	Fladengrund	Bremerhaven
DGJG	Fairplay VIII	Hamburg	DJWL	Flamingo	Flensburg
DGJH	Fairplay IX	Hamburg	DGJV	Fleiss	Hamburg
DGJI	Fairplay X	Hamburg	DJCT	Flensau	Flensburg
DGJJ	Fairplay XI	Hamburg	*DGCR*	Flensburg	Hamburg
DGJK	Fairplay XII	Hamburg	DHPW	Flensburg	Flensburg
DIKW	Fairplay XIV	Hamburg	*DJQU*	Flensburg	Kiel
DGJM	Fairplay XVI	Hamburg	*DEBG*	Flora	Bremen
DISJ	Fahrewohl	Friedrichskoog	DCFV	Flott	Greetsiel
DISK	Fahrewohl	Neufeld	*DHQC*	Flottbek	Hamburg
DGJO	Falke	Hamburg	DICA	Flottbek	Hamburg
DGJP	Falke	Hamburg	*DDUA*	Flut	Bremen
DIJD	Falke	Hamburg	DGJX	F. M. Harmstorf	Hamburg
DKBS	Falke	Kiel	DJAR	Föhr-Amrum	Wyk/Föhr
DDTR	Falke	Bremen	DCFW	Foline	Warsingsfehn
DJFV	Falke	Büsum	DCFX	Folt Wilhelm	Borkum
DISL	Falke	Schulau	*DJYL*	Fona	Lübeck
DFFY	Falke	Cuxhaven	DJAT	Forelle	Flensburg
DDFW	Falke	Burhaversiel	*DKCT*	Forelle	Burgstaaken
DCFS	Falke	Neuharlingersiel	DKIU	Forelle	Heikendorf
DGRV	Falke	Lübeck	DJFX	Forelle	Büsum
DHJJ	Falkenberg	Hamburg	DJLQ	Forelle	Pellworm
DECX	Falkenfels	Bremen	DFFZ	Forelle	Cuxhaven
DGJQ	Falkenstein	Hamburg	DEOO	Forelle	Hamburg-Altenwerder
DIFB	Falkenstein	Hamburg	DDJY	Fortschritt	Nordenham
DJOT	Falkenstein	Kiel			
DEOX	Falkland	Bremerhaven			
DAIE	Fanal	Kiel			
DGJR	Fanto XVIII	Hamburg			

Unterscheidungssignale	Namen der Schiffe	Heimathafen der Schiffe
DFZH	Fortuna	Wischhafen
DISM	Fortuna	Glückstadt
DDAQ	Fortuna	Rüstersiel
DDDB	Fortuna	Wilhelmshaven
DDDD	Fortuna	Varelerhafen
DETN	Fortuna	Hamburg-Finkenwerder
DGJY	Fortuna	Hamburg
DGJZ	Fortuna	Hamburg
DGKA	Fortuna	Hamburg
DGKB	Fortuna	Hamburg
DGKC	Fortuna	Hamburg
DGKD	Fortuna	Hamburg
DCFY	Fortuna	Warsingsfehn
DCFZ	Fortuna	Rhaudermoor
DCGA	Fortuna	Bremen
DJFY	Fortuna	Büsum
DISN	Fortuna	Friedrichskoog
DFGB	Fortuna	Cuxhaven
DFGC	Fortuna	Dorum
DCGC	Fortuna I	Spiekeroog
DDBB	Fortuna II	Neuharlingersiel
DKIV	Francisca Sartori	Kiel
DFLA	Franken	Cuxhaven
DFYM	Frankfurt	Bremen
DICR	Frankfurt	Hamburg
DEOZ	Frankfurt a. M.	Bremerhaven
DERR	Frankfurt/Main	Bremerhaven
DIIF	Frank Leonhardt	Hamburg
DCBB	Franz	Duisburg
DCUU	Franz	Haren/Ems
DCWC	Franz	Emden
DFGE	Franz	Cuxhaven
DLAO	Franz Doerenkamp	Bremen
DGKE	Franz Holm	Hamburg
DHKY	Franz Mathies	Hamburg
DADU	Franz Schau	Bremerhaven
DAOU	Franz Thiele	Emden
DCGD	Franziska	Haren/Ems
DGKF	Franziska	Hamburg
DADW	Franziska	Schulau
DCWI	Franziska Hendrik Fisser	Emden
DLAC	Frauenfels	Bremen
DCGE	Frauke	Greetsiel
DADY	Frauke	Leer
DDAR	Frauke	Hooksiel
DCGF	Frauke	Warsingsfehn
DCWZ	Frauke Hermanna	Greetsiel
DEQI	Freddy	Hamburg
DKJR	Fredenhagen	Lübeck
DISO	Freia	Friedrichskoog
DGKH	Freia	Burgstaaken
DGKI	Freia	Hamburg-Finkenwerder

Unterscheidungssignale	Namen der Schiffe	Heimathafen der Schiffe
DGKJ	Freia	Hamburg-Finkenwerder
DFLO	Freiburg i. Br.	Cuxhaven
DEDP	Freienfels	Bremen
DDTZ	Freiheit	Bremen
DGKK	Freiherr vom Stein	Hamburg
DIFJ	Freundschaft	Hamburg
DDKU	Freya	Brake
DIFM	Freya	Hamburg
DJUT	Freya	Kiel
DCGG	Freya	Dornumersiel
DCGH	Freya	Oldersum
DEOQ	Freya	Husum
DGKL	Frida	Hamburg
DJGB	Frida	Büsum
DKCN	Frida	Heiligenhafen
DGKM	Fridmariwalt	Hamburg
DJTE	Frie 2	Friedrichsort
DJSH	Frie 4	Friedrichsort
DCGI	Frieda	Greetsiel
DDFZ	Frieda	Brake
DFGF	Frieda	Cuxhaven
DFSL	Frieda	Assel
DFVS	Frieda	Dornbusch
DFYQ	Frieda	Bützfleth
DFYX	Frieda	Gräpel
DFZB	Frieda	Barnkrug
DGKN	Frieda	Hamburg
DGKO	Frieda	Hamburg
DGKP	Frieda	Hamburg
DGKQ	Frieda	Hamburg
DGKR	Frieda	Hamburg
DGKS	Frieda	Hamburg
DISP	Frieda	Dieksanderkoog
DISQ	Frieda	Schulau
DISS	Frieda	Neufeld
DIWX	Frieda	Elmshorn
DJFZ	Frieda	Büsum
DJGA	Frieda	Büsum
DJIW	Frieda	Pellworm
DFVT	Frieda Elisabeth	Wischhafen
DGFU	Frieda Jonas	Hamburg
DDGA	Frieda Luise	Dedesdorf
DCUB	Frieda-Luise	Greetsiel
DGKV	Frieda Mariechen	Hamburg
DDSV	Frieda Morgenroth	Bremen
DHPF	Frieda Peters	Hamburg
DGTB	Frieda Wilckens	Hamburg
DISR	Friede	Dieksanderkoog
DEOR	Friedel	Bremerhaven
DHGL	Friedel	Hamburg
DHJQ	Frieden	Hamburg
DDGB	Frieden	Hamburg
DFAY	Friedenau	Bremerhaven
DIST	Friedo	Friedrichskoog

Unterscheidungssignale	Namen der Schiffe	Heimathafen der Schiffe
DFYZ	Friedrich	Bremervörde
DCWG	Friedrich	Rhaudermoor
DDGC	Friedrich-August	Oldenburg
DCGJ	Friedrich Brons	Emden
DEUB	Friedrich Busse	Bremerhaven
DGKW	Friedrich Campsen	Hamburg
DJWK	Friedrich Pahlke	Burg/Fehmarn
DIEX	Friedrich S. Müller	Hamburg
DGKY	Friedr. Wilhelm	Hamburg
DJOK	Friedrichsort	Kiel
DDGD	Friesenland	Brake
DDAD	Friesland	Leer
DDAS	Friesland	Wilhelmshaven
DDAT	Friesland	Wilhelmshaven
DJGC	Friesland	Ording
DAPI	Frigga	Hamburg
DISU	Frija	Glückstadt
DJSQ	Frisch Auf	Eckernförde
DJGD	Frischauf	Büsum
DKFI	Frisches Haff	Rendsburg
DDAU	Frisia	Hooksiel
DFAO	Frisia	Bremerhaven
DJAU	Frisia	Wyk/Föhr
DCGK	Frisia I	Norderney
DCGL	Frisia II	Norderney
DCGM	Frisia III	Norderney
DCWQ	Frisia IV	Norderney
DCGN	Frisia V	Norderney
DCGO	Frisia VI	Norderney
DCGP	Frisia VII	Norderney
DCGQ	Frisia IX	Norderney
DCGR	Frisia X	Norderney
DCGT	Frisia XIV	Norderney
DCGU	Frisia XV	Norderney
DGJN	Fritz	Hamburg
DKKG	Fritz	Niendorf
DFVU	Fritz-Alfred II	Krautsand
DFGG	Fritz Hermann	Dorum
DHIP	Fritz Hugo Stinnes	Hamburg
DJAQ	Fritz Jürgen	Kiel
DGKZ	Fritz Reuter	Hamburg
DGLA	Fritz Schindler	Hamburg
DGLB	Fritz Vollmers	Hamburg
DFGH	Fritz Walter	Cuxhaven
DCEG	Fritzen I	Emden
DIRI	F. Werner	Uetersen
DCGV	Fünf Gebrüder	Ditzum
DJGE	Fürchtenicht	Büsum
DJGF	Fürchtenicht	Tönning
DIGZ	Furka	Hamburg
DJQR	Gaarden	Kiel
DIAI	Galata	Hamburg
DEBJ	Galtgarben	Bremen
DHNX	Ganges	Hamburg
DDGE	Garneele	Bensersiel

Unterscheidungssignale	Namen der Schiffe	Heimathafen der Schiffe
DHGF	Garlstorf	Hamburg
DEAO	Gazelle	Bremen
DHIS	Gebina	Haren/Ems
DDKH	Gebrüder	Nordenham
DGLC	Gebrüder	Hamburg
DGLD	Gebrüder	Büsum
DJLK	Gebrüder	Büsum
DFGI	Gebrüder	Otterndorf
DDGF	Gebrüder	Nordenham
DCGW	Gebrüder	Neuharlingersiel
DCGX	Gebrüder	Carolinensiel
DJGR	Gebrüder II	Büsum
DAEB	Gebrüder Kähler	Bremerhaven
DECA	Gedania	Hamburg
DCGY	Geen Tied	Greetsiel
DCGZ	Geeske	Bensersiel
DDAV	Geeske	Varelerhafen
DADZ	Geeste	Bremerhaven
DIJH	Geert Howaldt	Hamburg
DJOB	Geheimrat Sartori	Kiel
DHDB	Geier	Hamburg
DDNW	Geier	Bremen-Vegesack
DEFG	Geier	Bremen
DIGT	Gelsenkirchen	Hamburg
DGLF	Gemeinschaft	Bremerhaven
DJXO	Gemma	Lübeck
DHGA	Genius	Hamburg
DCVF	Gent Visser	Norderney
DCHA	Georg	Meppen
DDGG	Georg	Brake
DJOL	Georg	Kiel
DJGG	Georg-Hinrich	Büsum
DICM	Georg Russ	Hamburg
DGIE	Gerd	Hamburg
DKDG	Gerda	Großenbrode
DKLT	Gerda	Lübeck-Travemünde
DJNA	Gerda	Ording
DCHB	Gerda	Westrhauderfehn
DGLG	Gerda	Hamburg
DDNX	Gerda	Bremen-Vegesack
DEOV	Gerda	Bremerhaven
DFGJ	Gerda	Cuxhaven
DJXP	Gerda	Büsum
DGLH	Gerda II	Hamburg
DFZM	Gerda Adele	Elm/Stade
DGLJ	Gerda Waller	Hamburg
DGLK	Gerfried	Hamburg
DCHC	Gerhard	Haren/Ems
DFGK	Gerhard	Geversdorf
DKEJ	Gerhard	Neustadt/Holst.
DEUI	Gerhard van Heukelum	Bremerhaven
DCHD	Gerhardine	Borkum

Unterscheidungssignale	Namen der Schiffe	Heimathafen	Unterscheidungssignale	Namen der Schiffe	Heimathafen
DFTI	Germane	Stade	*DAEE*	Glückauf	Bremen
DCHE	Germania	Warsingsfehn	DCHO	Glückauf	Haren/Ems
DCSE	Germania	Neuharlingersiel	DGLY	Glückauf	Hamburg
DETC	Germania	Heiligenhafen	*DHKG*	Glückauf	Hamburg
DJGH	Germania	Büsum	*DHLI*	Glückauf	Hamburg
DFGL	Germania	Dorum	*DJYM*	Glückauf	Hamburg
DCSO	Gerrit Wessels	Emden	DKJO	Glückauf	Lübeck
DGLM	Gertha	Hamburg	DDNZ	Glück-Auf	Bremen
DGLN	Gertrud	Hamburg	DKMC	Glückauf II	Düsseldorf
DGLO	Gertrud	Hamburg	*DJSX*	Glücksburg	Kiel
DGLP	Gertrud	Hamburg	*DJOH*	Glücksburg	Kiel
DGLR	Gertrud	Hamburg	DCDI	G. M. Daneker	Emden
DHFT	Gertrud	Hamburg	DESK	Gneisenau	Lübeck-Travemünde
DCHF	Gertrud	Haren/Ems			
DGLQ	Gertrud	Cranz/Elbe	*DGMA*	Goden Wind	Hamburg-Finkenwerder
DJXQ	Gertrud	Kiel			
DFGM	Gertrud	Cuxhaven	DJJO	Godenwind	Büsum
DFGO	Gertrud	Cuxhaven	DKKS	Godenwind	Heiligenhafen
DFGN	Gertrud	Gräpel	DCHQ	Goode Wind	Nesmersiel
DAMX	Gertrud	Leer	*DGMB*	Götaälv	Hamburg
DCWR	Gertrud	Leer	*DHCW*	Göttingen	Hamburg
DKQA	Gertrud	Heikendorf	*DAEG*	Goliath	Hamburg
DLAD	Gertrud	Bremen	*DEEL*	Goldenfels	Bremen
DGLS	Gertrud II	Hamburg	DCHP	Gondel	Westeraccumersiel
DKKE	Gertrud II	Niendorf			
DCFA	Gertrud Fritzen	Emden	*DAMY*	Gonzenheim	Bremen
DJGI	Gertrud Helene	Husum	DDDX	Gorch Fock	Varelerhafen
DKCW	Gertrud-Marta	Kiel	DDGI	Gorch Fock	Burhaversiel
DGUO	Gesa	Hamburg	DJXS	Gorch Fock	Niendorf
DGLU	Gesche	Hamburg	*DGMD*	Gorch Fock	Hamburg
DCFI	Gesche Rohden	Emden	*DGME*	Gorch Fock	Hamburg-Finkenwerder
DCHG	Geschwisterliebe	Haren/Ems			
DEAM	Geschwister Raabe	Bremen	DJGK	Gorch Fock	Büsum
			DCHR	Gorch Fock	Neuharlingersiel
DCHH	Gesina	Haren/Ems	DGMF	Gossi	Hamburg
DCHI	Gesine	Ostgroßefehn	*DAEH*	Gotland	Cuxhaven
DCHL	Gesine	Leer	*DEUA*	Gotland	Kiel
DGLV	Gesine	Hamburg	DCHS	Gott mit uns	Haren/Ems
DHET	Gesine	Cuxhaven	DGMG	Grauerort	Hamburg
DADI	Gesine Müller	Cuxhaven	*DAEI*	Greif	Lübeck
DDTN	Geversdorf	Bremen	DGMH	Greif	Hamburg
DCHN	G. F. Zimmermann	Emden	DJNG	Greif	Kappeln/Schlei
			DECH	Greif	Bremen
DEOW	Gier	Bremerhaven	*DDTF*	Greiffenfels	Bremen
DIJX	Gilda	Hamburg	DGMJ	Greta	Hamburg
DLAT	Ginnheim	Bremen	*DGMK*	Greta	Hamburg
DIJZ	Gisela Essberger	Hamburg	*DDOA*	Gretchen	Bremen
DEBO	Gisela Meyer-Gerhards	Bremen	DFLH	Gretchen	Otterndorf
			DGML	Gretchen	Hamburg
DAED	Gisela Oldendorff	Lübeck	DGMM	Gretchen	Hamburg
			DFZU	Gretchen	Ritsch/Kehd.
DGQM	Gisela Russ	Hamburg	DJYC	Gretchen I	Lübeck-Travemünde
DJGJ	Giserda	Tönning			
DEOY	Gladiator	Bremerhaven	*DHPN*	Gretchen Müller	Hamburg
DKGT	Glaube	Kiel	*DIWZ*	Gretchen Vollmers	Uetersen
DCTN	Glaube	Neuharlingersiel			
DEBB	Gloria	Bremen	DHHO	Gretchen von Allwörden	Osten
DGLX	Gloria	Hamburg			

Unterscheidungssignale	Namen der Schiffe	Heimathafen der Schiffe
DIXU	Grete	Itzehoe
DCTY	Grete	Emden
DIWQ	Grete	Friedrichskoog
DGMP	Grete	Hamburg
DGMQ	Grete	Hamburg
DJAX	Grete	Flensburg
DDGJ	Grete	Brake
DFVW	Grete	Krautsand
DJGL	Grete	Tönning
DISX	Grete	Neufeld
DFGR	Grete	Cuxhaven
DFGS	Grete	Dorum
DFGT	Grete	Dorum
DDTH	Grete Büscher	Bremen
DGGE	Grete Hagenah	Hamburg
DGYN	Grete Hauschildt	Hamburg
DJST	Grete-Herta	Möltenort
DJXV	Gretel	Lübeck-Gothmund
DKAG	Gretke Oldendorff	Lübeck
DGMT	Griep	Hamburg
DJXW	Griep to	Lübeck-Travemünde
DDSI	Griesheim	Bremen
DICC	Grimm	Hamburg
DESM	Grönland	Bremerhaven
DAEK	Grönorth	Strande
DIHG	Grönnebek	Hamburg
DDOB	Grohn	Bremen
DCEH	Großer Bär	Emden
DAEJ	Großer Kurfürst	Emden
DDGL	Grüß Gott	Fedderwardersiel
DKGX	Grüß Gott	Eckernförde
DEUE	Gudrun	Laboe
DGMV	Gudrun	Hamburg
DFVX	Günter	Wischhafen
DJVT	Günter	Büsum
DJGM	Günther	Lübeck-Travemünde
DFLV	Günther	Cuxhaven
DIBT	Günther	Hamburg
DIIJ	Günther	Hamburg
DHLH	Günther Russ	Hamburg
DEFL	Gulosenfjord	Bremen
DFTL	Gunda	Stade
DFVY	Gunda von Stade	Stade
DGMI	Gundula	Hamburg
DFGV	Guschi	Cuxhaven
DGJE	Gustav	Hamburg
DJGN	Gustav	Pellworm
DGNA	Gustav Adolf	Hamburg
DAEL	Gustav Borgner	Bremerhaven
DFBA	Gustav Dahrendorf	Bremerhaven
DGNP	Gustav Heinrich Weitert	Hamburg
DGNT	Gustav Pistor	Hamburg

Unterscheidungssignale	Namen der Schiffe	Heimathafen der Schiffe
DEEV	Gutenfels	Bremen
DDOD	Habicht	Bremen-Vegesack
DDSC	Habicht	Bremen
DEEB	Habicht	Bremen
DHRV	Habicht	Lübeck
DJAZ	Habicht	Flensburg
DJXY	Habicht	Lübeck-Travemünde
DGUL	Hadersleben	Hamburg
DEDL	Hafentor	Hamburg
DANA	Haga	Hamburg
DJYB	Hai	Timmendorferstrand
DCSI	Hai	Emden
DHMS	Hai	Hamburg
DAEM	Halberstadt	Cuxhaven
DIDZ	Halleberg	Hamburg
DGNB	Halmstad	Hamburg
DEUJ	Haltenbank	Bremerhaven
DGNC	Hamburg	Hamburg
DGND	Hamburg	Hamburg
DHGZ	Hamburg	Hamburg
DHHT	Hamburg	Hamburg
DIIM	Hamburg	Hamburg
DDDY	Hanna	Varelerhafen
DGNF	Hanna	Hamburg
DAEO	Hanna	Leer
DIXB	Hanna	Friedrichskoog
DJGP	Hanna	Husum
DJXZ	Hanna Frida	Kiel
DGLW	Hannchen	Lübeck-Schlutup
DGNG	Hannchen Allers	Hamburg
DIUN	Hannchen Staeglich	Schulau
DCHV	Hanne	Spetzerfehn
DDDG	Hanne	Wilhelmshaven
DETK	Hanne	Lübeck-Travemünde
DJSC	Hanne Scarlett	Kiel
DDGM	Hannelore	Leer
DEUC	Hannelore	Lübeck-Travemünde
DKHA	Hannelore	Heikendorf
DKGJ	Hannes	Kiel
DDGN	Hanni	Burhaversiel
DFZS	Hanni-Lene	Krautsand
DAEQ	Hannover	Bremen-Vegesack
DFMQ	Hannover	Cuxhaven
DGNI	Hannover	Hamburg
DHNC	Hannover	Leer
DIIT	Hannover	Hamburg
DDKT	Hans	Brake
DDGO	Hans	Brake
DKHV	Hans	Lübeck
DGNJ	Hans	Ritsch
DGNK	Hans	Hamburg

Unterscheidungssignale	Namen der Schiffe	Heimathafen
DGNL	Hans	Hamburg
DGNN	Hans	Hamburg
DHFL	Hans	Hamburg
DIAX	Hans	Hamburg
DCHX	Hans	Haren/Ems
DFVZ	Hans	Krautsand
DISZ	Hans	Neufeld
DFGW	Hans	Cuxhaven
DDTG	Hans	Bremen
DIHB	Hans August	Hamburg
DGNO	Hans Albert	Hamburg
DAMW	Hans Bernstein	Hamburg
DAES	Hans Böckler	Bremerhaven
DIAK	Hans Bröhan	Hamburg
DIYD	Hans Bülow	Kollmar
DFGX	Hans Friedrich	Oberndorf
DDGP	Hans-Georg	Elsfleth
DJEG	Hans-Gerhard	Husum
DIEB	Hans Gosch	Hamburg
DCHY	Hansgrete	Hamburg
DGNQ	Hans Günther	Hamburg
DEPI	Hans Heinz	Heikendorf
DJOM	Hans-Helmut	Schilksee-Strande
DHGQ	Hans Hermann	Hamburg
DHOD	Hans Hinnick	Hamburg
DGNS	Hans Hinrich	Hamburg
DFAR	Hans Homann	Bremerhaven
DEEA	Hans Honold	Bremen
DJON	Hans Johann	Rendsburg
DESY	Hans Kunkel	Bremerhaven
DJWJ	Hans Matthias	Burgstaaken
DKJY	Hans Lehmann	Lübeck
DGTJ	Hans Oltmann	Hamburg
DDDE	Hans Otto	Wilhelmshaven
DJXH	Hans Peter	Lübeck-Travemünde
DGNW	Hans und Grete	Hamburg
DESX	Hans vom Hoff	Bremerhaven
DGNY	Hans Werner	Hamburg
DJYU	Hans Werner	Lübeck-Travemünde
DIHR	Hansa	Hamburg
DAFJ	Hanseat	Bremerhaven
DHIH	Hanseat	Hamburg
DGNZ	Hanseat	Hamburg
DICX	Hansestadt Hamburg	Hamburg
DAEU	Haparanda	Hamburg
DEPA	Harald	Wremen
DIFE	Harald Becker	Hamburg
DFMS	Harald Ottens	Cuxhaven
DHHY	Harald Schröder	Hamburg
DJAA	Harnis	Flensburg
DCIA	Harold	Varelerhafen
DHJW	Harriet Siedler	Hamburg
DGOC	Hartwig	Hamburg
DGGS	Haru	Hamburg

Unterscheidungssignale	Namen der Schiffe	Heimathafen
DAFP	Harvestehude	Hamburg
DKDU	Hasselburg	Hamburg
DIJB	Hasselwerder	Hamburg
DLBR	Hastedt	Bremen
DEEM	Havelstein	Bremen
DCIB	Hayo	Leer
DAEV	H. C. Nibbe	Hamburg-Finkenwerder
DGOE	Hebe	Hamburg
DDAX	Hebelina	Leer
DHMT	Hecht	Hamburg
DDUD	Hector	Bremen
DDRH	Heddernheim	Bremen
DJGS	Hedi Engels	Büsum
DJXE	Hedwig	Lübeck-Travemünde
DJRX	Hedwig-Elisabeth	Heikendorf
DIJV	Hedwig Henning	Hamburg
DIIB	Hedwig Lünstedt	Hamburg
DJBB	Hedwig Pannbacker	Flensburg
DJUO	Hei 24	Heikendorf
DJTH	Hei 28	Heikendorf
DJPV	Hei 31	Heikendorf
DJVU	Hei 47	Heikendorf
DGOH	Heidberg	Hamburg
DAEW	Heidelberg	Lübeck
DFMJ	Heidelberg	Cuxhaven
DIEL	Heidelberg	Hamburg
DIJY	Heidenau	Hamburg
DEOI	Heidi	Lübeck-Travemünde
DJXR	Heidi	Friedrichskoog
DDGS	Heidina	Barsselermoor
DGLE	Heijo	Haren/Ems
DFGY	Heike	Altenbruch
DEPB	Heike	Bremerhaven
DDPK	Heike Möller	Glückstadt
DGKT	Heike Schlüter	Rendsburg
DJNW	Heikendorf	Kiel
DJSY	Heikendorf	Kiel
DDAY	Heiko	Varelerhafen
DIBB	Heilbronn	Hamburg
DCDE	Heimat	Neuharlingersiel
DCIC	Heimat	Haren/Ems
DCTL	Heimat	Norderney
DGOI	Heimat	Hamburg
DGOJ	Heimat	Hamburg
DITA	Heimat	Glückstadt
DIFR	Heimat	Hamburg-Finkenwerder
DJJR	Heimat	Kappeln
DJUK	Heimat	Laboe
DJVC	Heimat	Rendsburg
DJYD	Heimat	Lübeck-Schlutup
DJYE	Heimat	Niendorf
DJYF	Heimat	Neustadt/Holst.

Unterscheidungssignale	Namen der Schiffe	Heimathafen der Schiffe
DKIY	Heimat	Eckernförde
DJUM	Heimatland	Möltenort
DJRZ	Heimatland	Eckernförde
DJGT	Heimatland	Husum
DGOK	Heimatland	Hamburg
DFMU	Heimatland	Cuxhaven
DJGU	Heimbringer	Pellworm
DIHK	Heimdal	Hamburg
DCAS	Heimkehr	Duisburg
DCID	Heimkehr	Emden
DCTI	Heimkehr	Cuxhaven
DGOL	Heimkehr	Hamburg
DGOM	Heimkehr	Hamburg
DIXI	Heimkehr	Friedrichskoog
DJML	Heimkehr	Husum
DJOV	Heimkehr	Eckernförde
DHPM	HeimoReckmann	Hamburg
DKBW	Heimwärts	Neustadt/Holst.
DGON	Heimwärts	Hamburg
DEUQ	Hein Davidsen	Bremerhaven
DGOP	Hein Godenwind	Hamburg
DDAZ	Hein Godenwind	Rüstersiel
DIBX	Hein Hoyer	Hamburg
DFWB	Heini	Hamburg-Neuenfelde
DGMU	Heino	Hamburg
DDGT	Heinrich	Barssel
DGOR	Heinrich	Cranz
DJOR	Heinrich	Kiel
DFWC	Heinrich	Dornbusch
DEBF	Heinrich	Bremen
DGAA	Heinrich	Stade
DAFA	Heinrich Baumgarten	Bremerhaven
DGOS	Heinrich Block	Hamburg
DCIE	Heinrich Brons	Emden
DESZ	Heinrich Bueren	Bremerhaven
DJGV	Heinrich Christian	Husum
DHJR	Heinr. Colsmann	Hamburg
DCIF	Heinrich Elfring	Haren/Ems
DICD	Heinrich Erich	Hamburg
DHQT	Heinrich Grammerstorf	Kiel
DEEF	Heinrich Honold	Bremen
DIIN	Heinrich Hugo Stinnes	Bremen
DHMK	Heinrich Ihde	Hamburg
DCIG	Heinrich Kappelhoff	Emden
DAFK	Heinrich Kaufmann	Bremerhaven
DIBS	Heinrich Lorenz	Hamburg
DAFE	Heinrich Schulte	Emden
DCUW	Heinrich Schulte	Emden
DCIH	Heinz	Haren/Ems
DGOT	Heinz	Hamburg
DITB	Heinz	Brunsbüttelkoog
DFZK	Heinz	Lühe
DFTG	Heinz Bernhard	Stade
DFXX	Heinz-Georg	Barssel
DGOV	Heinz-Helmut	Hamburg
DGOW	Heinz Schriewer	Hamburg
DDKF	Heinz-Werner	Absersiel
DJYA	Heita	Lübeck-Travemünde
DKGC	Hela	Laboe
DCBP	Helena Schepers	Haren/Ems
DGOX	Helene	Hamburg
DGOY	Helene	Hamburg
DGOZ	Helene	Hamburg-Altenwerder
DIAZ	Helene	Hamburg
DDGU	Helene	Brake
DDGW	Helene	Nordenham
DJGQ	Helene	Pellworm
DDSJ	Helene	Bremen
DITC	Helene	Seester
DJGW	Helene	Pellworm
DJGX	Helene	Husum
DJYJ	Helene	Lübeck-Travemünde
DHNP	Helene	Kiel
DFMD	Helene	Otterndorf
DCIJ	Helene II	Haren/Ems
DDBA	Helene-Auguste	Kiel
DGPB	Helene B. Schupp	Hamburg
DFHA	Helene Caecilia	Spicker-Neufeld
DIDS	Helene Matthies	Hamburg
DAFF	Helene Russ	Hamburg
DFXW	Helene Stoffers	Bremerhaven
DGPC	Helga	Hamburg
DGPD	Helga	Hamburg-Finkenwerder
DGPE	Helga	Hamburg
DIAC	Helga	Hamburg
DIGL	Helga	Hamburg
DERZ	Helga	Bremerhaven
DCAY	Helga	Düsseldorf
DIWV	Helga	Meldorf
DKID	Helga	Kiel
DHNI	Helga I	Hamburg
DKKQ	Helga-Anni	Burgstaaken
DHQZ	Helga Böge	Hamburg
DAGZ	Helga Wehr	Hamburg
DITE	Helgo	Friedrichskoog
DCTC	Helgoland	Düsseldorf
DCIL	Helgoland	Emden
DJYK	Helgoland	Lübeck
DHFK	Helgoland	Husum
DKJA	Helgoland	Hamburg
DFAQ	Helgoland	Bremerhaven
DFLT	Helgoland	Lübeck-Travemünde

Unterscheidungssignale	Namen der Schiffe	Heimathafen
DDUJ	Helios	Bremen
DFWD	Helios	Stade
DJXB	Hella	Haffkrug
DGPJ	Helmut	Büsum
DJGY	Helmut	Friedrichskoog
DKIG	Helmut	Möltenort
DHEV	Helmut	Hamburg
DGPK	Helmut	Hamburg
DGPI	Helmuth	Hamburg
DICF	Helmuth	Hamburg
DHOI	Heluan	Hamburg
DGPL	Hendricka	Neufeld
DCTU	Hendrik Fisser	Emden
DDAB	Hendrik Okko Fisser	Emden
DDSB	Hengst	Bremen
DJOS	Henni	Rendsburg
DKBM	Henning Oldendorff	Lübeck
DERA	Henny	Cuxhaven
DFSK	Henny	Assel
DFTD	Henny	Gauensiek
DDGX	Henny	Großensiel
DCIM	Henny	Warsingsfehn
DJGZ	Henny	Büsum
DJAL	Henriette	Munkmarsch
DDSS	Henriette Charlotte	Bremen
DCVO	Henriette Schulte	Hamburg
DIXD	Henry	Friedrichskoog
DIKH	Henry Böge	Hamburg
DEPL	Henry Everling	Bremerhaven
DGPM	Henry Six	Hamburg-Altenwerder
DJDP	Hera	Hamburg
DJVV	Herbert	Rendsburg
DJHA	Herbert	Büsum
DDUM	Hercules	Bremen
DDUQ	Herkules	Bremen
DKBP	Herkules	Heiligenhafen
DCIO	Herm	Haren/Ems
DGPQ	Herma	Hamburg
DJKR	Herma Ohle	Hamburg
DCIP	Hermangela	Haren/Ems
DFME	Hermann	Oberndorf
DCTR	Hermann	Emden
DGPR	Hermann	Rendsburg
DGPS	Hermann	Hamburg
DGPT	Hermann	Lübeck-Travemünde
DCUO	Hermann	Haren/Ems
DDGY	Hermann	Barssel
DKBJ	Hermann	Neustadt/Holst.
DEOG	Hermann Ahlers	Bremerhaven
DJDN	Hermann Althoff	Flensburg
DGIY	Hermann Blume	Hamburg
DAFL	Hermann Bösch	Bremerhaven
DFTM	Hermann Elsen	Stade
DCAQ	Hermann Gunther	Duisburg
DHGB	Hermann-Hans	Hamburg
DEOF	Hermann Krause	Bremerhaven
DIFX	Hermann Krone	Hamburg
DCVP	Hermann Litmeyer	Haren/Ems
DFLZ	Hermann Fischer	Cuxhaven
DAPK	Hermann Fritzen	Emden
DIEV	Hermann Schulte	Hamburg
DHPY	Herman Sauber	Hamburg
DIBE	Hermann Tiedemann	Hamburg-Finkenwerder
DHOO	Hermes	Hamburg
DGPU	Hermine	Hamburg
DCIQ	Hermine	Haren/Ems
DCIR	Hermine	Leer
DJBC	Hermine	Wyk/Föhr
DAPJ	Hermod	Hamburg
DGLI	Heros	Hamburg
DKJN	Herrenwyk	Lübeck
DGPX	Herta	Neuenfelde
DJHB	Herta	Arnis/Schlei
DCWE	Herta Engeline Fritzen	Emden
DHOP	Herta Johanne III	Hamburg
DCIS	Herta Schaa	Ostrhauderfehn
DJMI	Hertha	Büsum
DGPZ	Hertha	Hamburg
DGQA	Hertha	Hamburg
DJOU	Hertha	Kiel
DFHC	Hertha	Cuxhaven
DEPD	Hertha	Bremerhaven
DCDF	Hertha I	Norderney
DEPC	Hertha II	Bremerhaven
DHBF	Hertha Gerdau	Hamburg
DGPH	Hertha Henning	Hamburg
DCIT	Hertha Johanne	Rhaudermoor
DAJA	Hessen	Emden
DDSK	Hessen	Bremen-Vegesack
DLAQ	Hessenstein	Bremen
DDUT	Hestia	Bremen
DEPF	Hever	Hamburg
DGQB	Hiev	Hamburg
DJOW	Hilda	Kiel
DGQC	Hilda	Hamburg-Finkenwerder
DGQD	Hilda	Hamburg-Harburg
DEEW	Hilda Ahrens	Bremen
DHKE	Hilda-Rebecka	Hamburg
DCIU	Hildburg	Leer
DDGZ	Hilde	Großensiel

Unterscheidungssignale	Namen der Schiffe	Heimathafen der Schiffe
DCIV	Hilde	Leer
DCIY	Hilde-Gertrud	Borkum
DGQE	Hilde Loop	Hamburg-Finkenwerder
DCIX	Hildegard	Westeraccumersiel
DGJW	Hildegard	Hamburg
DDHA	Hildegard	Brake
DIXF	Hildegard Bülow	Kollmar/Holstein
DIHO	Hildegard Doerenkamp	Hamburg
DJHD	Hildegard-Marie	Husum
DHQF	Hildegard Peters	Hamburg
DHQO	Hildegard Z. Nimtz	Hamburg
DFMA	Hildesheim	Cuxhaven
DJAS	Hilligenlei	Wyk/Föhr
DJDG	Hilligenlei	Langeness
DDDS	Hinderk Bültjer	Varelerhafen
DCIZ	Hinderk Looden	Greetsiel
DIET	Hinrich	Hamburg
DDOF	Hinrich Ahrens	Bremen
DIBL	Hinrich Hey	Hamburg
DIYR	Hinrich Koppelmann	Schulau
DGQH	Hinrich Peters	Hamburg
DAFQ	Hinrich Wesselhöft	Bremerhaven
DGQI	Hinrich Wilhelm	Hamburg
DCWY	Hinricus	Norddeich
DEPG	H. Klopp	Bremerhaven
DAFR	H. M. Behrens	Hamburg
DDBC	H. Meyer	Varelerhafen
DJDC	Hochmeister	Flensburg
DFKX	Hochsee I	Cuxhaven
DCCG	Hödur	Emden
DAFU	Hörnum	Rendsburg
DHME	Hoechst	Hamburg
DFNB	Hof	Cuxhaven
DCJB	Hoffnung	Rhaudermoor
DCJE	Hoffnung	Carolinensiel
DFWF	Hoffnung	Krautsand
DDHB	Hoffnung	Haren/Ems
DDHC	Hoffnung	Fedderwardersiel
DFHE	Hoffnung	Dorum
DEPH	Hoffnung	Neustadt/Holst.
DJHE	Hoffnung	Tönning
DJHF	Hoffnung	Büsum
DANC	Hoffnung	Hamburg-Finkenwerder
DGQK	Hoffnung	Hamburg
DKCF	Hoffnung	Neustadt/Holst.
DJYS	Hoffnung	Lübeck-Travemünde
DKHW	Hoffnung	Heikendorf
DCQU	Hoffnung E	Warsingsfehn
DJOZ	Hoh 11	Hohwacht

Unterscheidungssignale	Namen der Schiffe	Heimathafen der Schiffe
DEDW	Hohenfels	Bremen
DCJF	Hohenzollern	Emden
DJPA	Hohwacht	Kiel
DHIU	Holger	Hamburg
DJYN	Holl fast	Brake
DHRL	Holnis	Hamburg
DJPB	Holsatia	Kiel
DDSX	Holstein	Bremen-Vegesack
DHLN	Holstein	Hamburg
DDCI	Holstein	Lübeck-Travemünde
DDCZ	Holstein	Schulau
DITG	Holstein	Uetersen
DJDS	Holstein	Glücksburg
DJHG	Holstein	Büsum
DJPD	Holtenau	Kiel
DKIO	Holtenau	Kiel
DCBA	Homberg	Duisburg-Ruhrort
DITH	Hooge	Dieksanderkoog
DGEL	Hornbay	Hamburg
DGKX	Hornberg	Hamburg
DIJU	Horncap	Hamburg
DHPG	Hornfels	Hamburg
DIHD	Hornkliff	Hamburg
DFLB	Hornsriff	Hamburg-Finkenwerder
DHPT	Hornsund	Hamburg
DJRM	Horst	Büsum
DEAV	Horst Arlt	Bremen
DJCE	Hubert	Langballigholz
DJLN	Hubertus	Büsum
DFHG	Hüxter	Cuxhaven
DIGI	Hüxter	Hamburg
DHHW	Hugo	Hamburg
DDQX	Hugo Arlt	Bremen
DEPV	Hugo Homann	Bremerhaven
DKDT	Hugo Oldendorff	Lübeck
DGQO	Hummel	Hamburg
DIGX	Humor	Hamburg
DLBL	Hundseck	Bremen
DIKC	Hunneberg	Hamburg
DDHD	Hunte	Oldenburg
DJVE	Husum	Kiel
DGQQ	Ida	Hamburg
DFWH	Ida	Krautsand
DDHE	Ida	Barssel
DITI	Ida Joerk	Hamburg
DGFV	Ida Kuhlencort	Hamburg
DIBN	Idol	Hamburg
DCJG	Iduna	Haren/Ems
DDBD	Iduna	Varelerhafen
DDHG	Iduna	Fedderwardersiel
DJHH	Iduna	Büsum
DITJ	Iduna	Kaiser-Wilhelm-Koog
DEPJ	Iduna	Bremerhaven

Unterscheidungssignale	Namen der Schiffe	Heimathafen der Schiffe
DGHV	Ilmenau	Lübeck
DDTT	Ilse	Hamburg
DJPF	Ilse	Kiel
DFHH	Ilse	Cuxhaven
DITK	Ilse-Elfriede	Friedrichskoog
DEQQ	Ilse-Marlen	Hamburg-Finkenwerder
DJWQ	Ilse Feldmann	Heiligenhafen
DGYR	Ilse Russ	Hamburg
DHDF	Ilse Schulte	Hamburg
DJQB	Iltis	Kiel
DGQS	Immanuel	Hamburg
DCJJ	Immanuel	Holterfehn
DKKD	Imme Oldendorff	Lübeck
DJHI	Imperator	Büsum
DKMB	Imperial	Uerdingen
DAFW	Imsum	Bremen
DEFW	Imsum	Bremen
DITL	Ina	Friedrichskoog
DDDR	Ina	Rüstersiel
DETF	Inge	Heiligenhafen
DGQT	Inge	Rendsburg
DFHI	Inge	Otterndorf
DITM	Inge	Neufeld
DJHJ	Inge	Büsum
DJVY	Inge	Laboe
DKDA	Ingeborg	Niendorf
DDHH	Ingeborg	Oldenburg
DERP	Ingeborg	Bremerhaven
DGQU	Ingeborg	Hamburg
DGQW	Ingeborg	Hamburg
DHBZ	Ingeborg	Hamburg
DHES	Ingeborg	Hamburg
DGVB	Ingeborg II	Hamburg
DGQX	Ingeborg III	Hamburg
DHKL	Ingeborg Ahrens	Hamburg
DJAP	Inge R.-Christophersen	Flensburg
DIGU	Inge-Ursula	Hamburg
DITN	Ingerta	Hamburg
DDRK	Ingorata	Bremen
DIKQ	Ingrid	Hamburg
DIYA	Ingrid	Uetersen
DJPG	Ingrid	Kiel
DFHJ	Ingrid	Otterndorf
DJHK	Ingrid	Büsum
DJYO	Ingrid	Lübeck-Travemünde
DKHU	Ingrid	Laboe
DGYW	Ingrid Becker	Rendsburg
DESF	Ingrid Breuers	Bremerhaven
DIFV	Ingrid Leonhardt	Hamburg
DIZY	Ingrid Weide	Flensburg
DGRA	Ingrid Metzendorff	Hamburg
DGBK	Inka Ritscher	Hamburg
DEAE	Innstein	Bremen
DFHK	Insulaner	Helgoland

Unterscheidungssignale	Namen der Schiffe	Heimathafen der Schiffe
DCJK	Insulaner	Norderney
DDOG	Irak	Bremen
DDSF	Iran	Bremen
DGQY	Irene	Hamburg
DGQZ	Irene	Kiel
DDBE	Irene	Varelerhafen
DKLF	Irene	Lübeck-Travemünde
DDHJ	Irjo	Brake
DEDD	Iris	Bremen
DEPK	Iris	Bremerhaven
DJYP	Irjo	Niendorf
DFWI	Irma	Gauensiek
DHMB	Irma-Renate	Kiel-Friedrichsort
DGRE	Irmgard	Hamburg
DGRF	Irmgard	Hamburg
DFHL	Irmgard	Cuxhaven
DJBE	Irmgard	Amrum
DITO	Irmgard	Wischhafen
DIAR	Irmgard Pleuger	Hamburg
DDKQ	Irmingard	Hamburg
DGRG	Isar	Hamburg
DEEX	Isarstein	Bremen
DIBK	Isartal	Hamburg
DHRX	Isebek	Hamburg
DESN	Island	Bremerhaven
DHMD	Jacob Becker	Hamburg
DHRM	Jacob Rüsch	Hamburg
DGRH	Jacobus	Hamburg
DCUP	Jacobus Fritzen	Emden
DCVL	Jakob Ekkenga	Emden
DAID	Jakob Müller	Cuxhaven
DDBG	Jade	Wilhelmshaven
DCWT	Jan	Haren/Ems
DHQN	Jan	Hamburg
DDBH	Jan	Varelerhafen
DCEQ	Jan Gerdes	Haren/Ems
DGVU	Jan Hamm	Hamburg
DIHN	Jan Jonas	Hamburg
DIEE	Jan Keiken	Hamburg
DJCY	Jan Meeder	Flensburg
DHIM	Jan Peter	Hamburg
DFVR	Jan Reinhold	Nordstrand
DFTN	Jan Suhr	Stade
DEPO	Jan van Gent	Hamburg-Finkenwerder
DDBI	Jan Waalke	Varelerhafen
DCEI	Jann Looden	Greetsiel
DIYJ	Jann Mees	Schulau
DCDR	Jann Saathoff	Emden
DFHM	Jans	Cuxhaven
DCJN	Jantje	Borkum
DLAG	Jason	Bremen
DGRJ	Jason	Cuxhaven
DGPV	J. C. Ertel	Hamburg
DGRK	J. C. Wriede	Hamburg-Finkenwerder

Unter-scheidungs-signale	Namen der Schiffe	Heimathafen	Unter-scheidungs-signale	Namen der Schiffe	Heimathafen
DEOM	J. Hinr		DFYV	Johanne	Grünendeich
	Wilhelms	Bremerhaven	DGRT	Johanne	Hamburg
DDDP	J. Kengelbach ..	Varel	DGRU	Johanne	Hamburg
DDDV	Jeanlyma	Wilhelmshaven	DDBJ	Johanne	Varelerhafen
DGFL	Jenny Porr.....	Hamburg	DGRW	Johanne	
DFHN	Jens...........	Cuxhaven		Becker	Hamburg
DHNE	Jersbek	Hamburg	DFZQ	Johanne-Marie..	Bützfleth
DHBT	Joachim	Lübeck	DFYW	Johannes	Estebrügge
DEBP	Joachim Hendrik		DCJZ	Johannes	Haren/Ems
	Fisser	Bremen	DCKA	Johannes	Norddeich
DDLA	Joan	Brake	DDHN	Johannes	Nordenham
DEPP	Jochen	Hamburg	DGRX	Johannes	Hamburg
DAGB	Jochen Homann	Bremerhaven	DGRZ	Johannes	Hamburg
DIJL	Joern Witt	Hamburg	*DJYT*	Johannes	Lübeck
DESA	Jörg-Peter	Hamburg	DFWN	Johannes Emil..	Krautsand
DCKW	Jogela	Haren/Ems	DHFS	Johannes	
DDJZ	Johann	Nordenham		Friedrich.....	Hamburg
DDHK	Johann	Oldenburg	DFZP	Johannes	
DDHL	Johann	Barssel		Leopold......	Itzehoe
DFHO	Johann	Oberndorf	DGSA	Johannes	
DJRS	Johann Böhnke	Strande		Matthies	Hamburg
DHRG	Johann		*DIDJ*	Johannes Schupp	Hamburg
	Haltermann ..	Hamburg	*DKKF*	Johannes Voss .	Lübeck
DCJP	Johann		*DHLL*	John Augustus	
	Hermann	Haren/Ems		Eßberger.....	Hamburg
DJHM	Johann-Hinrich	Büsum	DFWO	John Friedrich..	Krautsand
DIJA	Johann Petersen	Hamburg	DFMB	John Olbers I ..	Cuxhaven
DCDP	Johann Schulte .	Emden	*DIJS*	John Schröder ..	Hamburg
DCUG	Johann Schulte.	Emden	*DAGC*	Johs. Klatte....	Bremerhaven
DCJQ	Johann Wessels.	Emden	DKDQ	Jonny II	Heiligenhafen
DCJR	Johann Wessels .	Emden	DGSF	Jonni Wilhelmine	Hamburg
DDHM	Johanna	Brake	DCKB	Jop	Haren/Ems
DGRQ	Johanna	Hamburg	*DANF*	Josef Bodden...	Kiel
DGRR	Johanna	Hamburg-	*DGWA*	Josef Joham ...	Hamburg
		Finkenwerder	*DFZD*	Jürgen	Stade
DCJS	Johanna	Warsingsfehn	DFLD	Jürgen Dieter ..	Cuxhaven
DCJT	Johanna	Warsingsfehn	DGTW	Juist	Hamburg
DCJU	Johanna	Greetsiel	DJBR	Jul............	Wyk/Föhr
DFTE	Johanna	Krautsand	DCKE	Juliane	Greetsiel
DFWJ	Johanna	Gauensiek	*DHFG*	Juliane Schröder	Hamburg
DFYL	Johanna	Wischhafen	*DIXX*	Julianka	Itzehoe
DFYO	Johanna	Freiburg/Elbe	DJHN	Julie	Pellworm
DIDQ	Johanna	Hamburg	*DICN*	Julin	Hamburg
DITP	Johanna	Seesteraudeich	DCWN	Julius	Norden
DITQ	Johanna	Friedrichskoog	*DAGF*	Julius Fock	Hamburg
DKGL	Johanna	Heikendorf	*DIGD*	Julius Hugo	
DKIL	Johanna	Kiel		Stinnes	Hamburg
DGRS	Johanna Höge..	Hamburg	*DAGG*	Julius Rütgers..	Hamburg
DKJD	Johanna Katz ..	Lübeck	*DIKT*	Julius Schindler	Hamburg
DCJV	Johanne	Haren/Ems	*DHHP*	Jul. Pickenpack	Hamburg
DCJW	Johanne	Carolinensiel	DIIP	Juno	Hamburg
DCJX	Johanne	Friedrichs-	DCKF	Jupiter	Warsingsfehn
		schleuse	DCKG	Jupiter	Petkum
DFSP	Johanne	Drochtersen	*DJCW*	Jupiter	Flensburg
DFSY	Johanne	Assel	DDHO	Jupiter	Fedderwarder-
DFWK	Johanne	Neuland/Kehd.			siel
DFWL	Johanne	Bützfleth	DFWP	Jupiter	Büsum
DFWM	Johanne	Mühlenhafen	*DGDP*	Jupiter	Hamburg

Unterscheidungssignale	Namen der Schiffe	Heimathafen der Schiffe
DIIS	Jupiter	Hamburg
DKIC	Jupiter	Kiel
DCSM	Justine Wessels	Emden
DGSK	Justizia	Hamburg
DCVJ	Jusitzrat Clasen.	Leer
DEBW	Justus Haslinger	Bremen
DGSL	Jutta	Hamburg
DGSM	Jutta	Hamburg
DJXG	Jutta	Lübeck-Travemünde
DIEH	Jutta Schröder	Hamburg
DFWQ	Käte	Hamburg
DGSN	Käte	Hamburg
DGSO	Käte	Hamburg
DIFU	Käte	Hamburg-Finkenwerder
DITS	Käte	Seesteraudeich
DIYV	Käte	Schulau
DGQG	Käte Boll	Haren/Ems
DJNR	Käte Grammerstorf	Kiel
DGSP	Käte Hamm	Hamburg
DJQZ	Käte Oltmann	Hamburg
DGSS	Käthe	Hamburg
DCTH	Käthe	Haren/Ems
DFWR	Käthe	Bremervörde
DITR	Käthe	Friedrichskoog
DGSV	Käthe Block	Hamburg
DHBW	Käthe Brunckhorst	Hamburg
DHNO	Käthe Jonas	Hamburg
DJBF	Käthe Marie	Amrum
DIBA	Käthe-Marie	Hamburg
DGSX	Käthe Ritscher	Hamburg
DKIK	Kahlberg-Liep	Kiel
DEEN	Kahlenberg	Bremen
DHPO	Kaltehofe	Hamburg
DGSY	Kamerad	Hamburg
DHQD	Kamerun	Hamburg
DEER	Kandelfels	Bremen
DHQK	Kapitän Schröder	Hamburg
DJBW	Kapitäne Christiansen	Wyk/Föhr
DHKF	Kapmöwe	Lübeck
DGSZ	Kaptaube	Hamburg
DHLS	Kapt. Jan Reinicke	Hamburg
DIGR	Karen Bolten	Hamburg
DIIC	Karin	Hamburg-Finkenwerder
DJVQ	Karin	Heikendorf
DJPJ	Karin	Kiel
DCTT	Karin	Greetsiel
DITU	Karin	Neufeld
DFWS	Karin	Wischhafen
DEPR	Karin I	Friedrichskoog
DITV	Karin II	Friedrichskoog

Unterscheidungssignale	Namen der Schiffe	Heimathafen der Schiffe
DKIS	Karin-Christa	Kiel
DEDY	Karin Cords	Bremen
DGSG	Karin W	Hamburg
DGTA	Karl	Hamburg
DIGY	Karl	Hamburg
DDHP	Karl	Oldenburg
DCUR	Karl	Haren/Ems
DCKJ	Karl	Neuharlingersiel
DKEK	Karl-Christian	Lübeck
DANG	Karl Fock	Hamburg-Finkenwerder
DJBH	Karl Friedrich	Dagebüll
DDHQ	Karl Georg	Brake
DJVR	Karl Grammerstorf	Kiel
DIWR	Karl-Heinz	Friedrichskoog
DDBM	Karl Heinz	Wremen
DJHO	Karl-Heinz	Kappeln/Schlei
DJRL	Karl-Heinz	Heiligenhafen
DGTD	Karla	Burgstaaken
DDHR	Karla Baake	Brake
DEOJ	Karlsburg	Bremerhaven
DFLN	Karlsruhe	Cuxhaven
DEPS	Karoline	Heikendorf
DIBM	Kaspir Robert Müller	Hamburg
DAGK	Kassel	Cuxhaven
DIDP	Kassel	Hamburg
DGTF	Katerine	Hamburg-Finkenwerder
DGTG	Katharina	Hamburg
DIGQ	Katharina	Hamburg
DDFM	Katharina	Strohausen
DCKK	Katharina	Haren/Ems
DFWT	Katharina	Mühlenhafen
DFSX	Katharina Becker	Westmoorende
DCUX	Katharina Dorothea Fritzen	Emden
DCKL	Katharina Elisabeth	Juist
DGLT	Katharina Kolkmann	Hamburg
DGTH	Kattegat	Hamburg-Finkenwerder
DITW	Keen Tied	Dieksanderkoog
DFHT	Keen Tied	Dorum
DFYH	Keen Tied	Itzehoe
DGTI	Kehdingen	Hamburg
DCKP	Kehrewieder	Greetsiel
DCKN	Kehrewieder	Ihlowerfehn
DCKQ	Kehrewieder I	Norden
DCKR	Kehrewieder II	Westeraccumersiel
DCKM	Kehrheim	Greetsiel
DKGP	Kehrheim	Kiel
DAGL	Kehrwieder	Büsum
DJHP	Kehrwieder	Büsum

Unterscheidungssignale	Namen der Schiffe	Heimathafen der Schiffe
DJMZ	Kehrwieder	Büsum
DJTL	Kehrwieder	Kiel
DKIP	Kehrwieder	Kiel
DJXN	Kehrwieder	Burgstaaken
DITX	Kehrwieder	Burg/Dithm.
DFWU	Kehrwieder	Wischhafen
DCKO	Kehrwieder	Oldenburg
DDBN	Kehrwieder	Hooksiel
DDBO	Kehrwieder	Wilhelmshaven
DITY	Kehrwieder	Seester
DFHU	Kehrwieder	Otterndorf
DFHV	Kehrwieder	Dorum
DJNF	Kehrwieder	Tönning
DKLG	Kehrwieder	Lübeck-Travemünde
DGTK	Kehrwieder II	Hamburg
DHJN	Keitum	Rendsburg
DLBE	Kelkheim	Bremen
DGNR	Kettwig	Hamburg
DJVS	Kiel 30	Kiel
DANI	Kiel	Kiel
DIXO	Kiel	Kiel
DCKS	Kiel	Westeraccumersiel
DECB	Kitty Porr	Hamburg
DJTM	Kitzeberg	Kiel
DFHX	Klara	Cuxhaven
DCKT	Klara Katharina	Greetsiel
DHRP	Klara Köpke	Hamburg
DJMT	Klara-Luise	Büsum
DHID	Klaus	Hamburg
DIJF	Klaus	Hamburg
DIKJ	Klaus Block	Hamburg
DKHO	Klaus Dieter	Kiel
DDBP	Klaus Günter	Wilhelmshaven
DJHR	Klaus Groth	Büsum
DIJC	Klaus Leonhardt	Hamburg
DIYI	Klaus Mewes	Friedrichskoog
DKCS	Klaus Oldendorff	Lübeck
DHNS	Klaus Schoke	Hamburg
DGXT	Klaus Turowsky	Hamburg
DLAN	Klosterfrau	Bremen
DHFH	Klaus Wilhelm	Hamburg
DFKV	Koblenz	Cuxhaven
DIAL	Koblenz	Hamburg
DHLW	Köhlfleet	Hamburg
DICO	Köln	Hamburg
DIEW	Köln	Hamburg
DGTM	Königsberg	Hamburg
DJHS	Königsberg	Büsum
DEGD	Körnerwall	Bremen
DAGM	Kolberg	Lübeck
DDOL	Kolibri	Bremen-Vegesack
DDSA	Kolibri	Bremen
DHLY	Kolonius	Hamburg
DIAP	Komet	Hamburg
DJHT	Komet	Büsum
DECD	Kondor	Bremen
DCWJ	Kondor	Haren/Ems
DDOM	Kondor	Bremen-Vegesack
DCDU	Kondor	Norddeich
DGTN	Kondor	Hamburg
DIJR	Kondor	Hamburg
DCKV	Konkordia	Haren/Ems
DGLL	Konrad	Hamburg
DHQP	Konsul Nimtz	Hamburg
DJVG	Konsul Sartori	Kiel
DCSH	Konsul Schulte	Emden
DIGO	Konstanz	Hamburg
DESE	Koopmann Bohn	Bremerhaven
DHKB	Korbach	Hamburg
DCDX	Kormoran	Hamburg
DFHZ	Krabbe	Cuxhaven
DHLK	Krautsand	Hamburg
DHOZ	Krautsand	Hamburg
DHQB	Kreuzberg	Hamburg
DJRB	Kronsberg	Hamburg
DJMW	Kro 8	Maasholm
DJRP	Kronsort	Eckernförde
DJDE	Krusau	Flensburg
DAOT	Kurefjord	Bremen
DFMN	Kurmark	Cuxhaven
DJHW	Kurt	Büsum
DEDV	Kurt Arlt	Bremen
DGTP	Kurt Both	Hamburg
DEFA	Kybfels	Bremen
DJTU	Lab 111	Cuxhaven
DJPM	Laboe	Kiel
DKIQ	Laboe	Kiel
DHKR	Labor et Fides	Kiel
DAPH	Lacklan	Hamburg
DKGR	Lahn	Duisburg-Ruhrort
DDUW	Lahneck	Bremen
DDUU	Lahnstein	Bremen
DGTQ	Landkirchen	Hamburg
DGTS	Landrath Küster	Hamburg-Finkenwerder
DCKX	Langeoog	Emden
DCKZ	Langeoog II	Langeoog
DGED	Langeoog III	Langeoog
DCLA	Langeoog IV	Langeoog
DCSL	Langeoog VI	Langeoog
DCVD	La Paloma	Brake
DHLM	Las Palmas	Hamburg
DAGR	Latona	Bremen
DICY	Lautertal	Hamburg
DDAC	Lauting	Emden
DCLC	Laurenz	Haren/Ems
DCLD	Lauria	Haren/Ems
DIBC	Leada	Hamburg
DGZO	Leanna	Hamburg
DGTU	Leda	Hamburg

Unterscheidungssignale	Namen der Schiffe	Heimathafen der Schiffe
DCLF	Leda	Borkum
DCEZ	Ledingerland	Leer
DHOA	L. F. Mathies	Hamburg
DHNR	Leichter 1	Hamburg
DIHI	Leichter III	Hamburg
DGYU	Leipzig	Hamburg
DITZ	Lena	Cuxhaven
DCLH	Lena	Haren/Ems
DCLI	Lena	Haren/Ems
DCLJ	Lena Katharina	Haren/Ems
DCLK	Lene	Leer
DIUA	Lene	Friedrichskoog
DDHS	Lene	Brake
DGTV	Lene Reinhold	Hamburg
DAGQ	Leo Fürbringer	Emden
DCWP	Leonore	Leer
DJHY	Leonore	Pellworm
DJHZ	Leonore-Johanna	Büsum
DDBQ	Leonore-Johanne	Norddeich
DHGT	Leopard	Hamburg
DDOO	Lerche	Bremen-Vegesack
DEAH	Levante	Bremen
DHII	Levensau	Hamburg
DGMN	Leverkusen	Hamburg
DIBV	Libanon	Hamburg
DJBI	Libelle	Flensburg
DJMD	Libelle	Büsum
DCLL	Liberté	Greetsiel
DEET	Lichtenfels	Bremen
DEAT	Lichtenstein	Bremen
DKAF	Liebe	Heiligenhafen
DDBR	Liebe	Rüstersiel
DLAW	Liebenfels	Bremen
DEAX	Liebenstein	Bremen
DAKJ	Liesbeth	Burgstaaken
DGTY	Liesbeth	Hamburg
DCLM	Liesbeth	Haren/Ems
DCLN	Liesbeth-Grete	Haren/Ems
DKLI	Lieschen	Haffkrug
DFIB	Liesel	Cuxhaven
DCRQ	Liese-Lore	Haren/Ems
DCLO	Lilie	Norden
DIUB	Lilli	Friedrichskoog
DJIA	Lilli	Büsum
DJSD	Lilli Scarlett	Kiel
DDHT	Lilly	Brake
DGTZ	Lilly	Hamburg
DCUF	Lilo	Leer
DDNA	Lilo Friederich	Bremen
DCLP	Lina	Ostrhauderfehn
DHDY	Lina	Hamburg-Altenwerder
DJBJ	Lina	Amrum
DKHC	Lina	Möltenort
DHNT	Lina Robert Müller	Hamburg
DLBD	Lindenfels	Bremen
DGUB	Line Hinsch	Hamburg
DCLQ	Liny	Greetsiel
DCVG	Lippe	Emden
DGUC	Lisa	Hamburg
DGUD	Lisa	Hamburg
DGUF	Lisa	Hamburg-Finkenwerder
DGUE	Lisa	Wischhafen
DFWV	Lisa	Oberndorf
DFYI	Lisa	Krautsand
DAGV	Lisa Essberger	Hamburg
DGUG	Lisa Oltmann	Hamburg
DHML	Lisboa	Hamburg
DGUH	Liselotte	Hamburg
DHOB	Liselotte Essberger	Hamburg
DJYW	Lissy	Emden
DIEG	Lissy Schulte	Hamburg
DDRR	Löwe	Bremen
DAGW	Lofoten	Bremerhaven
DJYX	Lore	Lübeck-Travemünde
DFML	Lore Ottens	Cuxhaven
DJIB	Loreley	Büsum
DKLH	Loreley	Heiligenhafen
DGTO	Lori Dreyer	Hamburg
DGUI	Lothar	Hamburg
DGYY	Lothareins	Hamburg
DKJL	Lotte	Neustadt/Holst.
DKKB	Lotte	Niendorf
DKEU	Louise Schupp	Hamburg
DCLT	L. Ruyl	Emden
DDRZ	Lucas Pieper	Hamburg
DKEN	Luchs	Neustadt/Holst.
DFSJ	Luci	Barnkrug
DJIC	Lucia	Kiel
DIUE	Lucia	Friedrichskoog
DKHF	Lucianna	Kiel
DFIC	Lucie	Cuxhaven
DHBR	Lucie Schulte	Hamburg
DHGJ	Lucy Essberger	Hamburg
DKJU	Ludolf Oldendorff	Lübeck
DJID	Ludwig	Büsum
DDOP	Ludwig Friederich	Bremen
DERS	Ludwig Janssen	Bremerhaven
DHFX	Ludwigshafen	Hamburg
DAGX	Lübbe Hartmann	Leer
DKDW	Lübeck	Lübeck
DKCK	Lübeck	Lübeck
DCLR	Lübbert	Haren/Ems
DHJO	Lühesand	Hamburg
DAHB	Lützow	Bremerhaven
DGOQ	Lugano	Hamburg
DGUM	Luise	Hamburg
DGUN	Luise	Hamburg
DHMH	Luise	Hamburg

Unter-scheidungs-signale	Namen der Schiffe	Heimathafen	Unter-scheidungs-signale	Namen der Schiffe	Heimathafen
DIUD	Luise	Neufeld	DDHW	Margaretha	Fedderwardersiel
DIYK	Luise	Friedrichskoog	DDHX	Margaretha	Brake
DDHU	Luise Bergmann	Brake	*DFMT*	Margaretha	
DGNU	Luise Leonhardt	Hamburg		Müller	Cuxhaven
DGZI	Luise Weitert	Hamburg	*DGUY*	Margaretha	
DDHV	Luki	Nordenham		Nibbe	Cranz/Elbe
DDUG	Lumme	Bremen	DDHZ	Margarethe	Brake
DCVI	Lydia	Carolinensiel	*DEQH*	Margarethe	Bremerhaven
DHKV	Lystum	Rendsburg	DJXL	Margarethe	Lübeck-Schlutup
DJLS	Maa 5	Maasholm	DIUF	Margarethe	Cuxhaven
DJMV	Maa 10	Maasholm	*DKCQ*	Margarethe III	Lübeck-
DJKT	Maa 23	Maasholm			Travemünde
DGUV	Magaretha	Hamburg	DIDF	Margarethe IV	Hamburg
DFWW	Magda	Krautsand	*DECV*	Margarethe	
DFZJ	Magda Elfers	Assel		Honold	Bremen
DGUP	Magdalena	Hamburg	*DHKK*	Margarethe	
DKDB	Magdalena Reith	Hamburg		Reckmann	Hamburg
DJAV	Magdalene	Flensburg	*DGVE*	Margit	Hamburg-
DEPY	Magda-Lene	Neustadt/Holst.			Finkenwerder
DHRC	Magdeburg	Hamburg	*DKEW*	Margot Entz	Rendsburg
DEPW	Magnet	Bremerhaven	DCLV	Margreth	Haren/Ems
DGDS	Magnet II	Hamburg	DFID	Margretha	Ostrhauderfehn
DENX	Magnet III	Hamburg	DFXA	Margrid	Krautsand
DGUR	Magret-Inge	Hamburg	DFMV	Margrit	Cuxhaven
DCCV	Maike Meyer-		DCLW	Maria	Haren/Ems
	Gerhards	Borkum	DCLX	Maria	Haren/Ems
DHMA	Mai Rickmers	Hamburg	DFXB	Maria	Abbenfleth
DAHC	Main	Bremerhaven	DDIA	Maria	Barssel
DKMF	Main	Duisburg-	DGVF	Maria	Hamburg
		Ruhrort	DGVG	Maria	Hamburg
DIGS	Mainz	Hamburg	DGVH	Maria	Hamburg
DGUS	Maja	Hamburg	DGVJ	Maria	Hamburg-
DEAI	Maja	Bremen			Finkenwerder
DJSM	M. Joerk	Kiel	DIUG	Maria	Brunsbüttelkoog
DDDL	Makrele	Wilhelmshaven	DJQD	Maria	Heikendorf
DEOC	Malangen	Bremerhaven	*DJDL*	Maria Althoff	Flensburg
DJRH	Mamsell	Kiel	DCLY	Maria Christina	Haren/Ems
DHEH	Mangan	Hamburg	DFXC	Maria Dorothea	Assel
DANK	Mannheim	Bremerhaven	DCLZ	Maria Elfring	Haren/Ems
DHMR	Marabu	Hamburg	DCMA	Maria Elise	Haren/Ems
DGUT	Marga	Hamburg	DJBA	Maria Elise	Flensburg
DHRF	Marga	Hamburg	DJQO	Maria Fr. Joerk	Kiel
DJMR	Marga	Maasholm	DCMB	Maria Gebina	Haren/Ems
DEAJ	Marga Kiepe	Bremen	DCMC	Maria Helena	Haren/Ems
DIEA	Margaret		DCDB	Maria Lena	Haren/Ems
	C. Ertel	Hamburg	*DHIR*	Maria Numssen	Hamburg
DFSW	Margareta	Assel	*DHJY*	Maria Schröder	Hamburg
DDBS	Margarete	Wremen	*DCWA*	Maria Schulte	Hamburg
DETE	Margarete		*DENT*	Maria von Jever	Bremerhaven
	Elisabeth	Kiel	*DHLX*	Maria Weitert	Hamburg
DGZF	Margarete Peters	Hamburg	*DECP*	Mariaeck	Bremen
DCLU	Margaretha	Haren/Ems	*DJLO*	Mariana	Büsum
DFSS	Margaretha	Barnkrug	DGVO	Marianne	Hamburg
DFWX	Margaretha	Stade	DGVP	Marianne	Hamburg
DFWY	Margaretha	Gauensiek	DHWZ	Marianne	Hamburg
DFWZ	Margaretha	Krautsand	DGVN	Marianne	Brake
DGUU	Margaretha	Hamburg	*DJRU*	Marianne	
DGUW	Margaretha	Hamburg		J. Nimtz	Hamburg

Unterscheidungssignale	Namen der Schiffe	Heimathafen der Schiffe
DFVB	Marianne Söhl	Ritsch/Kehdingen
DGVR	Marido	Hamburg
DAHF	Marie	Cuxhaven
DCME	Marie	Leer
DFXD	Marie	Bützfleth
DFXE	Marie	Ritsch/Kehd.
DFYU	Marie	Gauensiek
DGVS	Marie	Hamburg
DGVT	Marie	Hamburg
DGVY	Marie	Hamburg-Altenwerder
DICE	Marie	Hamburg
DJIG	Marie	Husum
DJZA	Marie	Lübeck
DDBT	Marie	Wremen
DGVQ	Marieanne	Hamburg
DIUJ	Marie-Eleonore	Helgoland
DIGP	Marie Boettger	Hamburg
DGRB	Marie-Elise	Flensburg
DIUK	Marie Falk	Möltenort
DDPP	Marie Fisser	Emden
DCMG	Marie-Hermine-Elise	Ditzum
DJTZ	Marie-Luise	Strande
DJIL	Marie-Luise	Büsum
DJIM	Marie-Luise	Husum
DJIN	Marie-Luise	Pellworm
DICI	Marie Rüsch	Hamburg
DDOS	Marie Schwinge	Bremen
DGWE	Marie Steffens	Hamburg
DJBL	Marie Ursula	Flensburg
DGVZ	Mariechen	Hamburg
DJZB	Mariechen	Heiligenhafen
DJIJ	Mariechen	Kappeln/Schlei
DJIK	Mariechen	Maasholm
DGRC	Mariechen II	Hamburg
DCMH	Mar. B. R. Schlichting	Norddeich
DLBH	Marienfels	Bremen
DFIG	Marion	Cuxhaven
DFMO	Mark Brandenburg	Cuxhaven
DGHY	Marina	Hamburg
DESP	Marlies	Bremerhaven
DKFG	Marlies	Rendsburg
DHDJ	Marita	Haren/Ems
DECS	Marmara	Bremen
DIJW	Marschenland	Hamburg
DIXP	Marta	Elmshorn
DIUL	Martha	Friedrichskoog
DGWG	Martha	Hamburg
DGWH	Martha	Hamburg
DGWI	Martha	Hamburg
DIBD	Martha	Hamburg-Finkenwerder
DJIO	Martha	Munkmarsch
DCMI	Martha	Bensersiel

Unterscheidungssignale	Namen der Schiffe	Heimathafen der Schiffe
DDBU	Martha	Hooksiel
DJIQ	Martha	Büsum
DCUZ	Martha	Emden
DDBW	Martha VII	Wilhelmshaven
DGWM	Martha Ahrens	Hamburg
DGWN	Martha Christine	Hamburg
DCTS	Martha Hendrik Fisser	Emden
DHIF	Martha Peters	Hamburg
DHFC	Martha Russ	Hamburg
DIBR	Mathilde	Hamburg
DJUA	Martin	Heikendorf
DGFF	Martin Friedrichs	Hamburg
DHLG	Martin Lütje	Hamburg
DAOY	Martin Mewes	Hamburg
DIHF	Marwa	Hamburg
DIDR	Marxburg	Hamburg
DFSQ	Mary	Barnkrug
DFXG	Mary	Königreich
DGWQ	Mary	Hamburg
DJIR	Mary	Tönning
DJIS	Mary	Husum
DIUM	Mary	Neufeld
DGFB	Mary Robert Müller	Hamburg
DGWR	Matador	Hamburg
DGWS	Matador	Hamburg
DHIN	Matador	Hamburg
DGWT	Matador II	Hamburg
DDIC	Mathilde	Brake
DGWU	Mathilde	Hamburg
DIBR	Mathilde	Hamburg
DFXH	Mathilde	Wischhafen
DJIT	Mathilde	Tönning
DHJE	Matthias Föcher	Hamburg
DGWX	Max	Hamburg
DEFV	Max Alt	Bremen
DHPJ	Max Bornhofen	Hamburg
DAHL	Max Brauer	Hamburg
DFAG	Max Gundelach	Bremerhaven
DFAK	Max Pust	Bremerhaven
DIHQ	Max S	Hamburg
DCMK	Mecheline	Ditzum
DEQA	Mechthild	Bremerhaven
DEFP	Mecklenburg	Bremen-Vegesack
DHNQ	Medemsand	Hamburg
DDBX	Meike	Möltenort
DCML	Mein Glück	Greetsiel
DDOT	Meise	Bremen-Vegesack
DLAV	Meise	Bremen-Vegesack
DKJT	Melilla	Hamburg
DCSS	Mellum	Emden
DDBY	Mellum	Wilhelmshaven
DGWZ	Melpomene	Hamburg

Unterscheidungssignale	Namen der Schiffe	Heimathafen der Schiffe
DDSW	Memel	Bremen
DKKO	Memel	Niendorf
DGXA	Memelland	Hamburg
DKMA	Mercator	Walsum
DGXB	Meridian	Brake
DJDD	Merkur	Flensburg
DGXC	Merkur	Hamburg
DFXI	Merkur	Freiburg/Elbe
DJIV	Merkur	Husum
DLAY	Merkurius	Bremen
DHMG	Messina	Hamburg
DGXD	Meta	Hamburg
DGXE	Meta	Hamburg
DHFN	Meta	Hamburg
DFII	Meta	Cuxhaven
DCMN	Meta	Greetsiel
DIUO	Meta	Dieksanderkoog
DFXJ	Meta Adele	Gauensiek
DGXH	Meta-Grete	Hamburg
DGXI	Meta Holst	Hamburg-Finkenwerder
DGXK	Meta Schröder	Hamburg-Finkenwerder
DCMQ	Meteor	Aurich
DEQM	Meteor	Schulau
DGXL	Meteor	Hamburg
DGXM	Meteor	Husum
DJLG	Meteor	Pellworn
DJIX	Meteor	Büsum
DJDH	Meteor II	Schulau
DGXN	Methan	Hamburg
DEQB	Mia	Bremerhaven
DJLL	Mica	Büsum
DIJI	Mica Sauber	Hamburg
DKGK	Michael	Kiel
DIFY	Michael M.	Hamburg
DIIZ	Michel	Hamburg
DHIA	Midgard	Hamburg
DAHN	Midlum	Bremen
DGQL	Mignon	Hamburg
DIKK	Millerntor	Hamburg
DDUV	Milos	Bremen
DDOV	Mime	Bremen-Vegesack
DGXO	Mimi	Hamburg
DCMS	Minchen	Haren/Ems
DCMT	MinDir. Streil	Emden
DAHO	Minerva	Bremen
DFIJ	Minna	Cuxhaven
DGXP	Minna	Hamburg
DGXQ	Minna	Hamburg
DIUQ	Minna	Dieksanderskoog
DIXV	Minna	Friedrichskoog
DJMU	Minna	Maasholm
DGXR	Minna Catharina	Hamburg
DGXS	Minna Marie	Hamburg
DKLU	Mira	Lübeck
DGCB	Mittelrhein	Emden
DIYU	Mittelriff	Schulau
DKCR	Mobil	Lübeck
DDOH	Modag	Lübeck-Travemünde
DJUC	Möltenort	Kiel
DJPK	Mönkeberg	Kiel
DIFZ	Mönkedamm	Hamburg
DJJA	Möve	Tönning
DJIY	Möve	Büsum
DIUR	Möve	Neufeld
DIUS	Möve	Neufeld
DDUB	Möwe	Bremen
DJKI	Möwe	Büsum
DJZE	Möwe	Lübeck-Schlutup
DDBZ	Möwe	Wremen
DDIH	Möwe	Brake
DDII	Möwe	Duisburg
DDIK	Möwe	Burhaversiel
DAHQ	Möwe	Hamburg
DGXV	Möwe	Hamburg
DJZF	Möwe	Hamburg
DCMX	Möwe	Bensersiel
DCMY	Möwe	Haren/Ems
DCMZ	Möwe	Ostrhauderfehn
DJIZ	Möwe	Wöhrden
DDCA	Möwe	Varelerhafen
DJRG	Möwe	Neustadt/Holst.
DKKN	Möwe I	Lübeck-Travemünde
DJWP	Möwe II	Lübeck-Travemünd
DGWB	Mojenhörn	Hamburg
DIAT	Mok Wi	Hamburg
DANL	Mollex IV	Hamburg
DJLJ	Momme Friedrich	Büsum
DEUN	Mond	Bremerhaven
DGXX	Monica	Warsingsfehn
DDTA	Monika Wiards	Bremen
DHQA	Monika	Hamburg
DCNA	Morgenstern	Neuharlingersiel
DGPO	Morian	Uetersen
DHJZ	Morsum	Rendsburg
DCBD	Mosel	Duisburg-Ruhrort
DFAZ	Mosel	Bremerhaven
DEDR	Moselstein	Bremen
DHQX	Moseltal	Hamburg
DJWY	Motorfisch	Hamburg
DHHV	Mülheim-Ruhr	Hamburg
DANN	München	Bremerhaven
DCNB	Münster	Emden
DFLK	Münster	Cuxhaven
DJDK	Münster	Flensburg
DDKR	Münsterland	Barssel
DGXZ	Mulli	Hamburg
DIHA	Muansa	Hamburg
DIUU	Muschel	Brunsbüttelkoog

Unterscheidungssignale	Namen der Schiffe	Heimathafen der Schiffe
DGOG	Muschelgrund	Hamburg-Finkenwerder
DGYA	Muschi	Hamburg-Finkenwerder
DCNC	Mutterliebe	Haren/Ems
DCND	Muttersegen	Haren/Ems
DEBN	Nabob	Bremen
DHQU	Nady	Hamburg
DGYB	Najade	Lübeck
DHKM	Najade	Hamburg
DGPF	Nanna	Hamburg
DDKS	Narwal	Oldenburg
DGOO	Natal	Hamburg
DEQD	Nation	Bremerhaven
DIUV	Nathurn	Glückstadt
DDCB	Nattnäs	Borkum
DJNI	Nauke	Tönning
DGEK	Naumburg	Hamburg
DDTS	Nautilus	Bremen
DFIN	Nautilus	Dorum
DKJB	Navico I	Hamburg
DIHH	Navico III	Hamburg
DIHT	Navico IV	Hamburg
DGYC	Neckar	Hamburg
DKME	Neckar	Duisburg-Ruhrort
DEDG	Neckarstein	Bremen
DFGU	Nei Ut	Wremen
DLBP	Neidenfels	Bremen
DIUW	Nelson	Friedrichskoog
DCNE	Nelson	Westeraccumersiel
DAHS	Neptun	Bremerhaven
DETA	Neptun	Bremerhaven
DEBS	Neptun	Bremen
DKJW	Neptun	Burgstaaken
DJZH	Neptun	Niendorf
DJJB	Neptun	Büsum
DAHT	Neptun	Hamburg
DKKU	Neptun II	Niendorf
DCUV	Neptun	Borkum
DGYD	Neptunes	Hamburg
DGTX	Nerissa	Hamburg
DGBV	Ness	Hamburg
DGYE	Nessdiek	Hamburg-Finkenwerder
DANO	Nesshuk	Hamburg-Finkenwerder
DEDQ	Nestor	Bremen
DKKH	Nettelbeck	Lübeck-Travemünde
DJPU	Neuende	Hamburg
DGYF	Neuenfelde	Hamburg
DKKT	Neukuhren	Niendorf
DJTN	Neumünster	Kiel
DJZJ	Neustadt	Neustadt/Holst.
DEUF	Neuwerk	Niendorf
DGAQ	Neuwied	Hamburg
DIFS	Nicola	Hamburg
DKBX	Nie 25	Niendorf
DGYG	Niederelbe	Hamburg
DEPQ	Niederelbe	Hamburg-Finkenwerder
DHRR	Niedermehnen	Hamburg
DKMD	Niederrhein	Duisburg-Ruhrort
DAHW	Niedersachsen	Bremerhaven
DEAB	Niedersachsen	Bremen
DGYH	Niedersachsen	Hamburg
DHMQ	Niedersachsen	Hamburg
DANP	Niedersachsen	Cuxhaven
DFIO	Nige Oge	Cuxhaven
DHRD	Nigeria	Hamburg
DGYI	Niobe	Hamburg
DGYJ	Niobe	Hamburg
DAHZ	Nixe	Bremen
DEQU	Nixe	Hamburg-Finkenwerder
DGYK	Nixe	Hamburg
DDCC	Nixe	Wremen
DJJC	Nixe	Büsum
DGYL	Nobiskrug	Hamburg
DHKW	Nobistor	Hamburg
DJMH	Nöck	Kappeln/Schlei
DGFR	Nora	Hamburg
DIJO	Nord	Hamburg
DFIP	Nordcap	Otterndorf
DKLJ	Nordcap	Lübeck-Travemünde
DCNG	Norden	Varelerhafen
DGYM	Norden	Hamburg
DAIG	Nordenham	Cuxhaven
DLBS	Nordenham	Bremen
DEUV	Norderau	Bremerhaven
DFXK	Norderelbe	Hamburg
DGGO	Norderelbe II	Hamburg
DJNL	Norderholm	Kiel
DAIC	Norderney	Hamburg
DCFK	Norderney	Emden
DCNI	Norderney	Emden
DJJD	Norderoog	Pellworm
DDOY	Norder Till	Bremen
DEQE	Nordfjord	Bremerhaven
DJBM	Nordfriesland	Wyk/Föhr
DJJF	Nordfriesland	Husum
DIJK	Nordkap	Hamburg
DDUZ	Nordland	Bremen
DHAJ	Nordland	Hamburg
DEQG	Nordland	Hamburg
DKBU	Nordland	Niendorf
DGCI	Nordland I	Wyk/Föhr
DDCE	Nordlicht	Varel
DFIQ	Nordlicht	Cuxhaven
DGZZ	Nordlicht	Hamburg
DJLB	Nordlicht	Büsum
DKEL	Nordlicht	Burgstaaken

Unter-scheidungs-signale	Namen der Schiffe	Heimathafen der Schiffe
DJPX	Nordmark	Eckernförde
DGYP	Nordmark	Hamburg
DAIF	Nordmeer	Hamburg
DIGH	Nordmeer	Hamburg
DJSE	Nordmeer	Eckernförde
DJHX	Nordmeer	Büsum
DJNB	Nordmeer	Burgstaaken
DFIR	Nordriff	Cuxhaven
DEAU	Nordsee	Bremerhaven
DFAB	Nordsee	Bremerhaven
DIXH	Nordsee	Schulau
DCNK	Nordsee	Carolinensiel
DCNL	Nordsee	Greetsiel
DJJG	Nordseeluft	Büsum
DAIH	Nordstern	Bremerhaven
DCNN	Nordstern	Warsingsfehn
DCNO	Nordstern	Greetsiel
DCNQ	Nordstern	Greetsiel
DCTK	Nordstern	Jemgum
DFIS	Nordstern	Otterndorf
DDCF	Nordstern	Dangast
DDDZ	Nordstern	Hooksiel
DGFA	Nordstern	Hamburg
DGYQ	Nordstern	Hamburg-Finkenwerder
DGZL	Nordstern	Hamburg
DJPY	Nordstern	Eckernförde
DJZL	Nordstern	Lübeck-Travemünde
DJJH	Nordstern	Büsum
DIVA	Nordstern	Friedrichskoog
DGYT	Nordwind	Hamburg
DKEZ	Nordwind	Rendsburg
DJKV	Nordwest	Maasholm
DCAZ	Norfa	Düsseldorf
DIID	Normann	Hamburg-Finkenwerder
DHMX	Norrland	Hamburg
DITT	Nova	Stade
DFAM	Nürnberg	Bremerhaven
DDRT	Nr. 1	Hamburg
DDRS	Nr. 2	Hamburg
DDRV	Nr. 11	Hamburg
DDRX	Nr. 12	Bremen
DDRW	Nr. 13	Bremen
DDPE	Nr. 129	Bremen
DDRM	Nr. 134	Bremen
DDPI	Nr. 144	Hamburg
DDPL	Nr. 153	Bremen
DDPM	Nr. 156	Bremen
DDPN	Nr. 157	Bremen
DDPQ	Nr. 162	Bremen
DDPR	Nr. 163	Bremen
DDPU	Nr. 168	Bremen
DDPV	Nr. 169	Bremen
DDPW	Nr. 170	Bremen
DDPX	Nr. 171	Bremen

Unter-scheidungs-signale	Namen der Schiffe	Heimathafen der Schiffe
DETW	Nymphe	Hamburg-Finkenwerder
DGYS	Nymphe	Wilhelmshaven
DGSC	Obereider	Rendsburg
DCAT	Oberhausen	Duisburg-Ruhrort
DAIJ	Oberpräsident Delbrück	Hamburg
DHOW	Ocean	Hamburg
DHFB	Oda	Hamburg
DHOE	Odenwald	Hamburg
DKLS	Oderbank	Burgstaaken
DERV	Odin	Bremerhaven
DJJI	Odin	Büsum
DGGT	Odin	Kiel
DCNT	Odin	Haren/Ems
DCVZ	Odin	Emden
DIVB	Odin	Glückstadt
DDTO	Oktant	Bremen
DALL	Olbers	Bremen
DAIK	Oldenburg	Bremerhaven
DDPY	Oldenburg	Bremen-Vegesack
DGIZ	Oldenburg	Hamburg
DHLA	Oldenburg	Hamburg
DFIV	Olendik	Dorum
DGYV	Olga	Hamburg
DHRW	Olga	Hamburg
DHQS	Onabe	Hamburg
DDTL	Onkel Fidi	Bremen-Vegesack
DIFP	Ophelia	Hamburg
DETB	Orion	Lübeck-Travemünde
DGYX	Orion	Hamburg
DJZN	Orion	Hamburg
DCNU	Orion	Westrhauderfehn
DIVC	Orion	Burg/Dithm.
DAIL	Orion	Emden
DJJJ	Orion	Büsum
DHAM	Orion II	Hamburg
DAIN	Oskar Schulze	Bremerhaven
DESQ	Osnabrück	Bremerhaven
DJZO	Ost	Hamburg
DKLR	Ostbries	Haffkrug
DFTA	Oste	Stade
DJBN	Oste	Wyk/Föhr
DGYZ	Oste	Hamburg
DIAH	Osterbek	Hamburg
DCNV	Osterems	Borkum
DGZA	Ostetal	Hamburg
DCSY	Ostfriesland	Greetsiel
DCNW	Ostfriesland	Juist
DCNX	Ostfriesland	Oldersum
DCVQ	Ostfriesland	Leer
DDCG	Ostfriesland	Varelerhafen
DGZB	Ostmark	Hamburg
DAIO	Ostmark	Bremerhaven

Unterscheidungssignale	Namen der Schiffe	Heimathafen der Schiffe
DAIP	Ostpreußen	Emden
DHOJ	Ostpreußen	Hamburg
DJWZ	Ostpreußen	Heiligenhafen
DGZC	Ostsee	Hamburg
DJZP	Ostwacht	Burg/Fehmarn
DHQQ	Otterberg	Cuxhaven
DCNZ	Ottina	Haren/Ems
DCUS	Otto	Haren/Ems
DGXY	Otto	Hamburg
DHRA	Otto Blumenfeld	Hamburg
DANR	Otto Bröhan	Hamburg
DFMG	OttoF.C.Bertram	Cuxhaven
DIBP	Otto Kamm II	Hamburg
DCWS	Otto Nübel	Emden
DHKT	Otto Porr	Hamburg
DCUC	Otto Schepers	Haren/Ems
DHIO	Otto Schubert	Hamburg
DCAK	Overstolz vom Rhein	Köln
DGWW	Ozean	Hamburg
DIJG	Pagensand	Hamburg
DDUO	Pakistan	Bremen
DHMV	Palermo	Hamburg
DJCZ	Pallas	Flensburg
DLAS	Pallas	Bremen
DGZD	Pallos	Hamburg
DIES	Palma	Hamburg
DGZE	Palme	Hamburg
DGKG	Palmyra	Hamburg
DJKH	Paloma	Büsum
DIVD	Paloma	Friedrichskoog
DIVE	Paloma	Hallig Hooge
DJIF	Paluca	Büsum
DICU	Pamela	Hamburg
DKEF	Pamir	Lübeck
DECK	Pan	Bremen
DIFK	Parnoss	Hamburg
DJJK	Passarge	Büsum
DKEG	Passat	Lübeck
DIDU	Passau	Bremerhaven
DFIX	Paul	Cuxhaven
DHER	Paul	Hamburg
DEQR	Paul	Bremerhaven
DFXL	Paul Gährs	Estebrügge
DECM	Paul Honold	Bremen
DIAQ	Paul Hoop	Hamburg
DHFY	Paul J. Müller	Hamburg
DHHR	Paul Lübcke	Hamburg
DESJ	Paul Meentzen	Bremerhaven
DIIQ	Paul Rickmers	Hamburg
DHOT	Paula	Hamburg
DCOA	Paula	Haren/Ems
DETS	Paula	Bremerhaven
DKDY	Paula Helling	Niendorf
DIFA	Paula Rahmann	Hamburg
DJKG	Paulina	Büsum
DIVF	Pauline	Neufeld
DCOB	Pauline	Norderney
DIBH	Pazifik	Hamburg
DHQL	Pegasus	Hamburg
DICK	Peka	Hamburg
DKEX	Pelikan	Rendsburg
DIDO	Pelion	Hamburg
DJJL	Pellworm	Pellworm
DJJM	Pellworm	Pellworm
DHGP	Pergamon	Hamburg
DIGN	Perikles	Hamburg
DCOC	Perle	Carolinensiel
DESC	Perseus	Bremerhaven
DHOU	Perseus	Hamburg
DJZQ	Perseus	Burgstaaken
DFXM	Persia	Dornbusch
DFXN	Peter	Krautsand
DFXO	Peter	Ritsch/Kehd.
DGZH	Peter	Cranz/Elbe
DHIQ	Peter	Hamburg
DIXG	Peter	Glückstadt
DJJN	Peter	Husum
DJTF	Peter	Heikendorf
DAKM	Peter Bornhofen	Hamburg
DIAE	Peter Frese	Hamburg
DIYQ	Peter Meyer	Uetersen
DHAC	Peter S	Hamburg
DAIT	Peter Schlack	Hamburg
DEUD	Peter von Danzig	Lübeck-Travemünde
DCWB	Peterzwei	Papenburg
DHNU	Petra	Hamburg
DGZJ	Petrolina	Hamburg
DCSJ	Petschili	Emden
DKBK	Pfadfinder	Niendorf
DJPH	Phönix	Heikendorf
DGBH	Pickhuben	Hamburg
DIVG	Pidder Lüng	Friedrichskoog
DJMO	Pidder Lüng	Hallig Hooge
DCOD	Pieter	Carolinensiel
DIXK	Pik As	Glückstadt
DKHN	Pil 35	Möltenort
DHPI	Pinguin	Hamburg
DGZK	Pinnau	Hamburg
DHCQ	Pionier	Bensersiel
DJLC	Pionier	Hallig-Hooge
DCTW	Pionier II	Emden
DAIV	Pitea	Hamburg
DGZN	Pirat	Hamburg
DIIR	Piräus	Hamburg
DEFS	Pirol	Bremen
DCEJ	Pirola	Warsingsfehn
DCOE	Pirola	Neuharlingersiel
DKMM	Pirola	Lübeck-Travemünde
DHNG	Planet	Hamburg
DIKB	Plato	Hamburg
DDRG	Poel	Hamburg
DFTH	Pohlmann II	Assel

Unterscheidungssignale	Namen der Schiffe	Heimathafen der Schiffe
DGZR	Polaris	Hamburg
DGZS	Polarstern	Hamburg
DJJP	Polarstern	Büsum
DIVH	Polarstern	Friedrichskoog
DEDO	Pollux	Bremen
DHEL	Pollux	Oldersum
DJUJ	Pollux	Kiel
DETL	Pollux	Lübeck-Travemünde
DHLJ	Pollux	Hamburg
DHOS	Pollux	Hamburg
DJZS	Polyp	Lübeck
DADX	Pommern	Bremerhaven
DDCJ	Pommern	Hooksiel
DEFR	Pommern	Bremen-Vegesack
DJZT	Pommern	Großenbrode
DFZO	Ponape	Grünendeich
DDSH	Porebunder	Bremen
DGZT	Portia	Hamburg
DIJJ	Portunus	Hamburg
DHRI	Poseidon	Hamburg
DFIZ	Präsident Freiherr von Maltzahn	Cuxhaven
DGZU	Preciosa	Hamburg
DCOF	Preciosa	Westeraccumersiel
DEQV	Preciosa	Wremen
DJZU	Pregel	Hamburg
DKGN	Prof. Henking	Kiel
DKGM	Prof. Hensen	Kiel
DGZV	Presto	Hamburg
DHOC	Proteus	Hamburg
DCOG	Preußen	Oldenburg
DEUP	Preußen	Bremerhaven
DJZV	Preußen	Lübeck-Travemünde
DLBC	Priamus	Bremen
DCOH	Prinz Homburg	Emden
DIFH	Puck	Hamburg
DJMG	Puck	Kappeln/Schlei
DCOI	Pusch	Bensersiel
DDTC	Pylades	Bremen
DHJC	Quadriga	Hamburg
DICV	Quadrivium	Hamburg
DIIY	Quartett	Hamburg
DIBZ	Quartole	Hamburg
DCOJ	Quo Vadis	Haren/Ems
DIKI	Quo vadis	Hamburg
DHLQ	Rabat	Hamburg
DIFK	Radbod	Hamburg
DEEO	Raffelberg	Bremen
DETP	Rainer Falko	Lübeck
DKFA	Rantum	Rendsburg
DIKN	Ravensberg	Hamburg
DLAA	Ravenstein	Bremen
DFXQ	Rebecka	Barnkrug
DAHK	Rebecka Müller	Cuxhaven
DAJB	Reemt	Hamburg
DANS	Rechtenfleth	Bremen
DIVI	Regenpfeifer	Friedrichskoog
DCOK	Regina	Emden
DCOL	Regina	Haren/Ems
DDIP	Regina	Brake
DGZX	Regina	Hamburg
DIVJ	Regina	Friedrichskoog
DKLD	Regina	Lübeck
DCON	Regine	Greetsiel
DDLC	Regine	Brake
DAPM	Regulus	Bremerhaven
DFAF	Regulus	Bremerhaven
DHOG	Rehhorst	Hamburg
DGSW	Reibel I	Hamburg
DKGI	Reibel II	Hamburg
DLAU	Reifenstein	Bremen
DDIQ	Reiher	Hamburg
DCOO	Reimar	Haren/Ems
DCVS	Reimer Edzard Fritzen	Emden
DGZY	Reina	Hamburg
DHHI	Reinbek	Hamburg
DCOP	Reinhard	Haren/Ems
DEPN	Reinhard	Laboe
DGMO	Reinhard I	Hamburg
DHPK	Reinhart Lorenz Russ	Hamburg
DCOQ	Reinhold	Haren/Ems
DDCK	Reinhold	Wilhelmshaven
DJMN	Reini	Kappeln/Schlei
DDSP	Rekum	Bremen
DAJE	Remscheid	Cuxhaven
DGRY	Remscheid	Hamburg
DLAH	Renata Schröder	Bremen
DFJA	Renate	Cuxhaven
DFZY	Renate	Stade
DKLN	Renate	Niendorf
DFTP	Renate Becker	Stade
DJUH	Rendsburg	Kiel
DJZW	Reni	Lübeck-Travemünde
DCOR	Resi	Norderney
DCOS	Res Nova	Haren/Ems
DADJ	Rhein	Hamburg
DCAR	Rhein	Duisburg-Ruhrort
DIVK	Rheingold	Hamburg
DCOT	Rheinland	Emden
DAJG	Rheinland	Bremen-Vegesack
DHHM	Rheinland	Hamburg
DDUN	Rheinstein	Bremen
DCOU	Ria	Haren/Ems
DDCL	Ria	Wremen
DJZY	Richard	Kiel

Unterscheidungssignale	Namen der Schiffe	Heimathafen	Unterscheidungssignale	Namen der Schiffe	Heimathafen
DETV	Richard Kaselowsky	Bremerhaven	*DHFQ*	Rudolf Oetker	Hamburg
DHBO	Richard Kaselowsky	Hamburg	*DCUM*	Rudolf Schepers	Haren/Ems
DCOV	Rina	Carolinensiel	DCDN	Rudolph Wendt.	Leer
DCCL	Rita	Haren/Ems	DHAF	Rügen	Flensburg
DDDJ	Rita	Kiel	*DHIB*	Rügen	Hamburg
DHJB	Rita	Hamburg	*DHRU*	Rügen	Hamburg
DIKY	Rita Bartels	Hamburg	*DFJC*	Rügen	Cuxhaven
DFTO	Rita Holst	Stade	*DKEB*	Rüm Hart	Seester
DFWG	Ro. 14	Hamburg	*DDDF*	Rüstringen	Wilhelmshaven
DCTJ	Robbe	Norden	DFXR	Ruhr	Bützfleth
DHLD	Robert Eckelmann	Hamburg	DCAU	Ruhr	Duisburg-Ruhrort
DEES	Robert Meyhoefer	Bremen	*DADB*	Ruhr	Hamburg
DIAW	Robert Weitert	Hamburg	*DHNH*	Ruhrland	Hamburg
DIFD	Rodenbek	Hamburg	*DCAV*	Ruhrort	Duisburg-Ruhrort
DDKY	Rodenkirchen	Strohausen	*DEAL*	Ruhrstein	Bremen
DHOF	Röpkesien	Hamburg	DHAG	Rungholt	Hamburg
DEUX	Rogge I	Bremerhaven	DHAH	Rungholt	Hamburg
DEUY	Rogge XVII	Bremerhaven	DJBP	Rungholt	Wyk/Föhr
DEUZ	Rogge XVIII	Bremerhaven	DJII	Rungholt	Husum
DFAS	Rogge 9	Bremerhaven	*DFZE*	Ruth-Dieter	Stade
DFAC	Rogge 25	Bremerhaven	*DAJL*	Saarland	Bremen-Vegesack
DEFH	Roland	Bremen	*DDUX*	Saarstein	Bremen
DEUH	Roland	Bremerhaven	*DFRP*	Sabine	Uetersen
DHAB	Roland	Hamburg	*DEFK*	Sachsen	Bremen-Vegesack
DJUE	Roland	Kiel	*DFKU*	Sachsen	Cuxhaven
DIEQ	Roland II	Hamburg	*DGHF*	Safi	Hamburg
DIAU	Roland Russ	Hamburg	DGUZ	Salmo	Hamburg
DFHS	Roland von Wedel	Cuxhaven	DHOQ	Salty	Hamburg
DECO	Rolandseck	Bremen	DCOY	Salva Nos	Haren/Ems
DETH	Rolano	Schulau	DKLX	Samland	Niendorf
DHRT	Rolf	Hamburg	DHAK	Samoa	Hamburg
DCVA	Rolf	Haren/Ems	*DEQJ*	Sancta Maria	Bremerhaven
DFZW	Rolf Behrmann	Krautsand	DJLY	Sandshörn	Husum
DIVL	Rolf Detlef	Wedel	*DCUL*	St. Antonius	Haren/Ems
DHAD	Rolf-Hubert	Hamburg	DJXK	St. Georg	Hamburg
DJBO	Rolf Verhey	Dagebüll	*DHNA*	Sankt Johann	Hamburg
DFLS	Ronald	Osten	DCPX	St. Joseph	Haren/Ems
DLBM	Roseneck	Bremen	*DIAY*	St. Katharina	Hamburg
DANT	Rosengarten	Hamburg-Finkenwerder	*DGAU*	Sankt Marien	Hamburg
DDIR	Rosette	Strohausen	*DIAJ*	St. Michael	Hamburg
DIYP	Rosita Maria	Uetersen	DESB	St. Monika	Emden
DKAA	Roswitha	Neustadt/Holst.	DCPY	St. Nikolaus	Haren/Ems
DAJK	Rotersand	Bremerhaven	*DIDD*	St. Patrick	Hamburg
DHFJ	Rothebude	Hamburg	*DHPC*	Santa Catarina	Hamburg
DHDT	Rothenburg	Hamburg	*DHNL*	Santa Elena	Hamburg
DLAK	Rothenstein	Bremen	*DIEP*	Santa Inés	Hamburg
DKHK	Rudi Klaus	Möltenort	*DHQR*	Santa Isabel	Hamburg
DCOW	Rudolf	Haren/Ems	*DIGE*	Santa Rita	Hamburg
DJRA	Rudolf	Norderney	*DIGW*	Santa Rosa	Hamburg
DJKS	Rudolf Engels	Büsum	*DIDV*	Santa Teresa	Hamburg
DKKR	Rudolf-Hermann	Heiligenhafen	*DHMP*	Santa Ursula	Hamburg
			DGRI	Sapele Palm	Hamburg
			DHRK	Sarrius	Hamburg

Unterscheidungssignale	Namen der Schiffe	Heimathafen der Schiffe
DFJD	Sathurn	Hamburg
DDCM	Saturn	Kiel
DDCN	Saturn	Wilhelmshaven
DIKM	Saturn	Hamburg
DIWU	Saxnot	Glückstadt
DESV	Sch 11	Bremerhaven
DCAP	Scharhörn	Düsseldorf
DHOL	Scharhörn	Hamburg
DGFY	Schauenburg	Hamburg
DGAD	Scheersberg	Hamburg
DHAN	Schlei	Hamburg
DEFM	Schlesien	Bremen-Vegesack
DFKS	Schlesien	Cuxhaven
DDST	Schleswig	Bremen-Vegesack
DJAM	Schleswig	Flensburg
DJNV	Schleswig	Kiel
DESO	Schleswig-Holstein	Bremerhaven
DJDF	Schleswig-Holstein	Flensburg
DJOA	Schleswig-Holstein	Kiel
DANW	Schlutup	Kiel
DGOA	Schürbek	Hamburg
DESW	Schütting	Bremerhaven
DLAB	Schütting	Bremen
DGQJ	Schulau	Hamburg
DDJT	Schulschiff Deutschland	Oldenburg
DFLL	Schwaben	Cuxhaven
DEDS	Schwabenstein	Bremen
DHAO	Schwalbe	Hamburg
DHAP	Schwalbe	Hamburg
DHAR	Schwalbe	Hamburg-Finkenwerder
DHAQ	Schwalbe	Lübeck
DJTB	Schwalbe	Eckernförde
DCOZ	Schwalbe	Wyk/Föhr
DJJQ	Schwalbe	Maasholm
DJLP	Schwalbe	Pellworm
DJUV	Schwalbe	Kiel
DIVN	Schwalbe	Friedrichskoog
DIYF	Schwalbe	Beidenfleth
DFJF	Schwalbe	Cuxhaven
DEQX	Schwalbe	Bremerhaven
DDIS	Schwalbe	Brake
DDIT	Schwalbe	Fedderwardersiel
DCPD	Schwalbe	Neuharlingersiel
DDCO	Schwalbe	Hocksiel
DDCP	Schwalbe	Varel
DLBB	Schwalbe	Bremen
DHAS	Schwalbe II	Hamburg
DKHM	Schwalbenberg	Heikendorf
DHAT	Schwan	Rendsburg
DJQI	Schwan	Möltenort
DJUW	Schwan	Neumühlen/Kiel
DIVO	Schwan	Friedrichskoog
DDMU	Schwaneck	Bremen
DEDK	Schwanheim	Bremen
DJQJ	Schwansen	Kiel
DJCX	Schwennau	Flensburg
DJUX	Schwentine	Neumühlen/Kiel
DJVN	Schwentine	Kiel
DANX	Schwertfisch	Bremerhaven
DFZX	Schwinge	Stade
DANY	Seeadler	Hamburg-Finkenwerder
DCPF	Seeadler	Emden
DCPJ	Seeadler	Norderney
DDIU	Seeadler	Brake
DDIW	Seeadler	Eckwardersiel
DFXS	Seeadler	Wischhafen
DHAU	Seeadler	Hamburg
DHKC	Seeadler	Hamburg
DIVP	Seeadler	Friedrichskoog
DJJS	Seeadler	Büsum
DJOO	Seeadler	Kiel
DJQK	Seeadler	Rendsburg
DKAH	Seeadler	Maasholm
DKEH	Seeadler	Lübeck-Travemünde
DKEI	Seeadler	Niendorf
DKJZ	Seeadler	Niendorf
DKLE	Seeadler	Heikendorf
DEEY	Seeclipper	Bremen
DEBA	Seefahrer	Bremen
DDSR	Seefalke	Bremerhaven
DGST	Seefalke	Hamburg
DHAW	Seefalke	Hamburg
DHPD	Seefalke	Hamburg
DIVQ	Seefalke	Friedrichskoog
DGBW	Seefalke III	Hamburg
DCPK	Seehund	Norden
DDCR	Seehund	Wilhelmshaven
DFJI	Seehund	Spieka
DFJJ	Seehund	Dorum
DJMK	Seehund	Maasholm
DDIY	Seelöwe	Brake
DKKI	Seelöwe	Timmendorfer Strand
DETJ	Seelust	Heikendorf
DCPL	Seelust	Westeraccumersiel
DCPM	Seelust	Spiekeroog
DDJX	Seemöve	Brake
DKJS	Seemöve	Burgstaaken
DHAY	Seemöve	Hamburg
DHAZ	Seemöve	Hamburg
DJJT	Seemöve	Büsum
DKDS	Seemöve	Lübeck-Travemünde
DIVR	Seemöve	Friedrichskoog
DCPN	Seemöve	Norddeich
DFJK	Seemöwe	Cuxhaven

Unterscheidungssignale	Namen der Schiffe	Heimathafen der Schiffe
DFJL	Seemöwe	Cuxhaven
DJZZ	Seemöwe	Lübeck-Travemünde
DEQY	Seenixe	Bremerhaven
DFJM	Seerose	Dorum
DIYS	Seerose	Schulau
DIVS	Seerose II	Neufeld
DJJU	Seeschwalbe	Büsum
DKAK	Seeschwalbe	Lübeck
DFJN	Seeschwalbe	Friedrichskoog
DDIZ	Seeschwalbe	Eckwardersiel
DIVT	Seestern	Neufeld
DJJV	Seestern	Fedderwardersiel
DFJO	Seestern	Cuxhaven
DCPO	Seestern	Neuharlingersiel
DHBA	Seestern	Hamburg
DIVU	Seestern	Burg/Dithm.
DJRI	Seestern	Heikendorf
DKKJ	Seestern	Niendorf
DHBB	Seeteufel	Hamburg
DFKZ	Seeteufel	Bremen
DDLB	Seetramper	Brake
DECJ	Seewanderer	Bremen
DHBC	Sellin	Hamburg
DHBD	Selma	Hamburg
DDHF	Selma Borries	Brake
DAJW	Senator	Hamburg
DAJY	Senator Sachse	Cuxhaven
DANZ	Senior vom Sonnenkamp	Bremen
DIDX	Serena	Hamburg
DMBK	Seven Seas	Bremen
DGSR	Sibylle	Flensburg
DJBT	Siegfried	Neustadt/Holst.
DKCX	Siegfried	Tönning
DHBG	Siegfried Brey	Hamburg
DFJU	Siegrid	Neuhaus/Oste
DFJV	Siegrid	Cuxhaven
DEGA	Sielwall	Bremen
DKDP	Signal	Lübeck
DCAB	Sigrid	Köln
DKIB	Sigrid	Kiel
DKIH	Sigrid	Kiel
DKGE	Silbermöve	Kiel
DKJC	Silbermöve	Hamburg
DKHQ	Silbermöve	Eckernförde
DGNN	Silesia	Hamburg
DHBH	Silvana	Hamburg
DEDT	Silvia	Bremen
DIGJ	Simon von Utrecht	Hamburg
DIDB	Simplon	Hamburg
DHIC	Simson	Hamburg
DCPQ	Sina	Haren/Ems
DHBI	Sirene	Brake
DFYR	Sirene	Freiburg/Elbe
DEAC	Sirius	Bremen

Unterscheidungssignale	Namen der Schiffe	Heimathafen der Schiffe
DCPR	Sirius	Westrhauderfehn
DIVV	Sirius	Seester
DESG	Sirius	Arnis/Schlei
DFXT	Sirius	Wischhafen
DDCS	Sirius	Duisburg
DJYV	Sirius II	Neustadt/Holst.
DAKA	Skagerrak	Hamburg-Finkenwerder
DKAO	Skandia	Flensburg
DAKB	Skolpenbank	Bremerhaven
DHBJ	Sleipner	Hamburg
DHBK	Sleipner	Hamburg
DDOX	Sleipner II	Hamburg
DJFO	Sliesand	Maasholm
DIVW	Sneppfalk	Brunsbüttelkoog
DAKC	Söderhamm	Hamburg
DJSU	Söte Deern	Eckernförde
DIKX	Solingen	Hamburg
DIKP	Solveig Rickertsen	Hamburg
DHGY	Sonderburg	Hamburg
DLAI	Soneck	Bremen
DESU	Sonne	Bremerhaven
DFJW	Sonny Boy	Cuxhaven
DJQL	Sonja	Kiel
DJJW	Sonja-Charlotte	Büsum
DFJX	Sophia	Cuxhaven
DAOA	Sophie	Leer
DFJY	Sophie	Otterndorf
DFXU	Sophie	Laboe
DFZC	Sophie	Wischhafen
DACW	Sottorf	Hamburg
DAOH	Sparenburg	Emden
DCPT	Spekulant	Ditzum
DAPD	Sperber	Bremen
DDQH	Sperber	Bremen-Vegesack
DHBM	Sperber	Hamburg
DKIM	Sperber	Kiel
DCPU	Spes Mea	Haren/Ems
DFAJ	Speyer	Bremerhaven
DCPW	Spiekeroog	Spiekeroog
DHBN	Spika	Hamburg
DKEP	Spika	Lübeck
DICB	Spitzerdorf	Hamburg
DHBP	Spongia	Hamburg
DHOX	Spreewald	Hamburg
DJUS	Spüler III	Rendsburg
DAOB	Stade	Cuxhaven
DHBQ	Stade	Hamburg
DIHX	Stade	Hamburg
DHPH	Stadeland	Hamburg
DFSM	Stadersand	Stade
DDKZ	Stadland	Brake
DFAU	Stadt Herten	Bremerhaven
DJLM	Stadt Husum	Husum
DJUY	Stadt Kiel	Kiel
DCVR	Stadt Leer	Leer

Unterscheidungssignale	Namen der Schiffe	Heimathafen der Schiffe
DJRC	Stadtrat Suhr	Eckernförde
DEBU	Stahleck	Bremen
DIDT	Steckelhörn	Hamburg
DIIK	Steendiek	Hamburg-Finkenwerder
DJUZ	Steffen	Kiel
DCPZ	Steffi	Haren/Ems
DJVA	Stein	Kiel
DDUR	Steinbock	Bremen
DCWW	Steinbock	Rhaudermoor
DHBS	Steinburg	Hamburg
DHRS	Steinburg	Hamburg
DKAP	Steinbutt	Heiligenhafen
DJLW	Steingrund	Büsum
DHNJ	Steinhöft	Hamburg
DAPF	Stella	Emden
DKAZ	Stella	Lübeck
DCQA	Stephan	Haren/Ems
DLBF	Stephanitor	Bremen
DJBV	Stern vom Osten	Neustadt/Holst.
DAKK	Stettin	Emden
DEEC	Stier	Bremen
DAKL	Stillesee	Hamburg
DDNY	Stina B	Bremen
DHEU	Stintfang	Hamburg
DCQH	Stölkenhörn	Hamburg
DHBU	Stör	Hamburg
DHBV	Stör	Hamburg-Altenwerder
DJJX	Störtebecker	Friedrichskoog
DCQB	Störtebecker	Borkum
DKIJ	Störtebecker	Laboe
DDCT	Störtebecker	Varelerhafen
DKKL	Störtebecker	Niendorf
DKLP	Stolper Bank	Lübeck-Travemünde
DJJZ	Stralsund	Büsum
DHIZ	Stralsund	Hamburg
DERX	Straßburg	Bremerhaven
DDQL	Strauss	Bremen-Vegesack
DJKA	Stropp	Büsum
DKII	St. S. 48	Kiel
DJVH	St. S. 80	Kiel
DJVI	St. S. 81	Kiel
DKHH	St. S. 82	Kiel
DKHI	St. S. 83	Kiel
DGQP	Stubbenhuk	Hamburg
DDQY	Stur	Bremen
DKCJ	Sturmvogel	Burgstaaken
DIBO	Sturmvogel	Hamburg
DJNC	Sturmvogel	Kappeln/Schlei
DDJE	Sturmvogel	Großensiel
DCQC	Sturmvogel	Greetsiel
DIVZ	Sturmvogel	Friedrichskoog
DIWB	Sturmvogel	Friedrichskoog
DIWC	Sturmvogel	Kasenort
DJKB	Sturmvogel	Büsum
DJLE	Sturmvogel	St. Peter
DKAR	Sturmvogel	Heiligenhafen
DJXM	Sturmvogel	Heiligenhafen
DKKM	Sturmvogel	Timmendorfer Strand
DGFS	Stuttgart	Hamburg
DGGM	Stuttgart	Hamburg
DJQS	Sucher	Rendsburg
DEUU	Süderau	Bremerhaven
DIWD	Süderau	Hallig Langeness
DFXV	Süderelbe	Dornbusch
DKQB	Süderholm	Kiel
DHBX	Süderilw	Hamburg-Finkenwerder
DJKC	Süderoog	Pellworm
DJKD	Südfall	Büsum
DJKE	Südwest	Maasholm
DHEP	Süd-West	Hamburg
DHBY	Sülfmeister	Hamburg
DCQD	Susanna-Maria	Haren/Ems
DJKF	Svea	Tönning
DHMI	Svealand	Hamburg
DKAS	Swea	Lübeck-Travemünde
DGHE	Sylvia	Hamburg
DHLF	Sylvia	Hamburg
DAPB	Sylt	Hamburg
DJLZ	Tamora	Büsum
DHIV	Tanga	Hamburg
DHFP	Tanganjika	Hamburg
DHLZ	Tanger	Hamburg
DGGZ	Tankleichter Elbe	Hamburg
DAKR	Tannenberg	Emden
DLAR	Tannstein	Bremen
DIEK	Tarbek	Hamburg
DHQG	Tarpenbek	Hamburg
DHCA	Taube	Hamburg
DDQM	Taube	Bremen-Vegesack
DFKC	Taube	Cuxhaven
DHCF	Taucherfahrzeug III	Hamburg
DHCC	Taucher Flint I	Hamburg
DHCD	Taucher Flint II	Hamburg
DHCE	Taucher Flint III	Hamburg
DAIQ	Taucher Ottar Harmstorf I	Hamburg
DHRZ	Taucher Ottar Harmstorf IV	Hamburg
DHCG	Taucher Harmstorf 5	Hamburg
DHCH	Taucher Harmstorf 6	Hamburg
DHCI	Taucher Ottar Harmstorf IX	Hamburg
DFKD	Taucher O. Wulf	Cuxhaven

Unter-scheidungs-signale	Namen der Schiffe	Heimathafen
DFMK	Taucher O. Wulf II	Cuxhaven
DAIS	Taucher O. Wulf III	Cuxhaven
DFMX	Taucher O. Wulf IV	Cuxhaven
DCQE	Taucher Picksack	Oldersum
DFKE	Taucher Sievers	Cuxhaven
DCAX	Tazacorte	Duisburg-Ruhrort
DGIQ	Tema Palm	Hamburg
DCQF	Tempo	Haren/Ems
DHLU	Tenerife	Hamburg
DFAI	Teutonia	Bremerhaven
DHRB	Teutonia	Hamburg
DANM	Thalia	Hamburg
DEFE	Thalia	Bremen
DHCJ	Thea	Hamburg
DHCK	Thea	Hamburg
DIWE	Thea	Kollmar/Holst.
DCQI	Theda	Oldersum
DKLC	Thedje	Lübeck-Travemünde
DAKV	Thees Bott	Hamburg-Finkenwerder
DDJF	Thekla	Barssel
DCQJ	Thekla Helene	Haren/Ems
DEFF	Themis	Bremen
DJAM	Theoja I	Cuxhaven
DFHQ	Theoja II	Cuxhaven
DKIW	Theo Grammerstorf	Kiel
DCQK	Theo-Grete	Haren/Ems
DIJE	Theresia Russ	Hamburg
DCEF	Th. Klingenberg	Emden
DEFO	Theseus	Bremen
DEFN	Thetis	Bremen
DHGR	Thetis	Hamburg
DHCL	Thomas	Hamburg
DAKW	Thor	Hamburg
DDAA	Thor	Norddeich
DHHN	Thor	Hamburg
DIWF	Thor	Büsum
DGGN	Thorwald	Hamburg
DHHX	Thüringen	Hamburg
DAKX	Thüringen	Leer
DAKY	Thüringen	Bremen-Vegesack
DEAY	Thule	Bremen
DIXN	Thyra	Elmshorn
DDCU	Tide	Varelerhafen
DDJR	Tiefbau	Blexen
DDQN	Tilly	Bremen
DHGC	Tilly Russ	Hamburg
DCQL	Tim	Haren/Ems
DHMU	Timandra	Hamburg
DHCN	Tina Meta	Hamburg
DIWY	Tine	Friedrichskoog

Unter-scheidungs-signale	Namen der Schiffe	Heimathafen
DHCO	Tine Schröder	Hamburg
DCQM	Tini	Emden
DHCP	Tinka	Hamburg
DHNN	Titania	Hamburg
DIWG	Tiu	Glückstadt
DCQN	Tjeda	Emden
DJMA	Tön 9	Tönning
DJHV	Tön 20	Tönning
DJMX	Tön 24	Tönning
DLAX	Torstein	Bremen
DKCE	Tra 32	Husum
DKDL	Tra 37	Lübeck-Travemünde
DKBD	Tra 49	Lübeck-Travemünde
DGIR	Transatlanta	Hamburg
DIEY	Transatlantic	Hamburg
DIGV	Transozean Hugo Stinnes	Hamburg
DIGC	Transpacific	Hamburg
DHAI	Transpazifik Hugo Stinnes	Hamburg
DIAO	Transportör II	Hamburg
DHPP	Transvaal	Hamburg
DEAR	Traunstein	Bremen
DFKG	Traute	Neuhaus/Oste
DIWH	Traute	Glückstadt
DEQT	Traute	Lübeck-Travemünde
DGEI	Traute	Hamburg
DERC	Traute Schumacher	Bremerhaven
DIFI	Trave	Hamburg
DJUR	Trave	Kiel
DKKA	Travemünde	Lübeck
DKAX	Travemünde	Lübeck
DLAJ	Travestein	Bremen
DHCR	Treue	Hamburg
DCQP	Trientje	Iheringsfehn
DDUE	Trierstein	Bremen
DGPG	Triglav	Hamburg
DHCS	Triton	Hamburg
DHHK	Triton	Hamburg
DFYK	Trinchen	Barnkrug
DKAB	Trotz	Büsum
DHAL	Troyburg	Hamburg
DHHG	Tross	Hamburg
DIDH	Trostbrücke	Hamburg
DDCV	Trotz	Varelerhafen
DETO	Tübingen	Bremerhaven
DHAX	Tübingen	Hamburg
DKJM	Twee Breeder	Heiligenhafen
DGTL	Uhlenhorst	Hamburg
DIKD	Ulanga	Hamburg
DGAF	Ulla	Hamburg
DHGG	Ulmbrüder 3	Hamburg
DHGS	Ulmbrüder 4	Hamburg
DHHE	Ulmbrüder 5	Hamburg

Unterscheidungssignale	Namen der Schiffe	Heimathafen der Schiffe
DHOR	Ulmbrüder 6	Hamburg
DHQW	Ulmbrüder 7	Hamburg
DIAF	Ulmbrüder 8	Hamburg
DHCT	Undine	Hamburg
DFTC	Undine	Ritsch/Kehd.
DHCU	Undine	Hamburg
DKDJ	Unverzagt	Lübeck
DERN	Unverzagt	Bremerhaven
DHDM	Urania	Hamburg
DIWI	Urania	Friedrichskoog
DJXJ	Urania	Heiligenhafen
DERD	Uranus	Lübeck-Travemünde
DHCV	Uranus	Hamburg
DFYN	Uranus	Abbenfleth
DEPM	Ursel	Bremerhaven
DGUK	Ursel	Hamburg
DALA	Ursula	Hamburg
DCQS	Ursula	Emden
DKAY	Ursula	Lübeck-Travemünde
DKKX	Ursula	Lübeck-Travemünde
DFKH	Ursula	Cuxhaven
DFKI	Ursula	Friedrichskoog
DDJH	Ursula	Brake
DJZR	Ursula Heinemeier	Lübeck
DESI	Ursula Marie	Bremerhaven
DEPT	Ursula Rickmers	Bremerhaven
DHJX	Ursula Schulte	Hamburg
DIIE	Urundi	Hamburg
DIBU	Usedom	Hamburg
DFMW	Uta	Cuxhaven
DFXY	Uta	Stade
DCBC	Ute	Düsseldorf
DJQV	Ute	Kiel
DABG	Utgard	Hamburg
DJAY	Uthlande	Wyk/Föhr
DKLM	Utsire	Niendorf
DEUO	Uwe	Hamburg
DGOD	Uwe	Hamburg
DIHZ	Uwe	Hamburg
DJWD	Uwe	Lübeck-Travemünde
DHCX	Uwe-Ursula	Hamburg
DIDA	Värmland	Hamburg
DGVL	Vagabund	Hamburg
DHCY	Valborg	Hamburg
DIHL	Valda Ahrenkiel	Hamburg
DHMO	Valencia	Hamburg
DHPE	Vangard	Hamburg
DFAH	van Ronzelen	Bremerhaven
DFAP	Varuna	Bremerhaven
DFKJ	Vaterland	Cuxhaven
DFTK	Vaterland	Stade
DEFC	Vegesack	Bremen
DGWK	Vegesack	Bremen

Unterscheidungssignale	Namen der Schiffe	Heimathafen der Schiffe
DEDJ	Veleda	Bremen
DALG	Venus	Bremerhaven
DDCW	Venus	Wilhelmshaven
DFXZ	Venus	Oberndorf
DFYA	Venus	Gauensiek
DJBD	Venus	Flensburg
DJCS	Venus	Flensburg
DJKK	Venus	Büsum
DJYG	Venus	Lübeck-Travemünde
DKBG	Venus	Burgstaaken
DKLO	Venus	Niendorf
DJKL	Vera	Büsum
DFIE	Verena	Friedrichskoog
DJQW	Veritas	Kiel
DHCZ	Vertrauen	Hamburg
DCQY	Vertrauen	Warsingsfehn
DCWX	Vertrauen	Haren/Ems
DDTD	Vesta	Bremen
DGHC	Victor	Hamburg
DCRC	Victoria	Emden
DALC	Victoria	Lübeck
DFKK	Victoria	Dorum
DCRA	Vier Gebrüder	Warsingsfehn
DCRB	Vier Gebrüder	Carolinensiel
DALE	Vierlande	Hamburg
DJQX	Viktoria	Kiel
DFYB	Vineta	Barnkrug
DCTX	Vineta	Norderney
DJZM	Vineta	Lübeck-Travemünde
DCWV	Vieneta II	Norderney
DECY	Vinum	Bremen
DHHC	Virgilia	Hamburg
DIIG	Vogesen	Hamburg
DHKU	Vogtland	Hamburg
DIJQ	Voline	Hamburg
DAEU	Volksdorf	Hamburg
DIED	von Beckerath	Hamburg
DDDT	Vörut	Varelerhafen
DHDC	Vorsetzen	Hamburg
DJNH	Vorwärts	Arnis/Schlei
DKGU	Vorwärts	Laboe
DJKM	Vorwärts	Büsum
DIWJ	Vorwärts	Brunsbüttelkoog
DJVL	Vorwärts	Brunsbüttelkoog
DERE	Vorwärts	Bremen
DCRE	Vorwärts	Westeraccumersiel
DCRF	Vorwärts	Langeoog
DCRG	Vorwärts	Neuharlingersiel
DCRH	Vorwärts	Greetsiel
DALF	Vorwärts	Hamburg
DHDD	Vorwärts	Hamburg
DHDE	Vorwärts	Hamburg
DDJI	Vorwärts	Brake
DCRI	Vorwärts	Rhaudermoor
DGSI	Vriendschap	Hamburg

Unterscheidungssignale	Namen der Schiffe	Heimathafen
DDUS	Vulcan	Bremen
DIBF	Vulkan	Hamburg
DALH	Wachtel	Bremen-Vegesack
DDCX	Wal	Varelerhafen
DIEO	Waldeck	Hamburg
DCAI	Waldemar Peter	Köln
DHDG	Walküre	Hamburg
DJBY	Walküre	Flensburg
DKGV	Walküre	Kiel
DGUA	Wally	Hamburg
DDKX	Walter	Brake
DFKL	Walter	Cuxhaven
DHDH	Walter	Hamburg
DHDI	Walter	Hamburg
DIWK	Walter	Hamburg
DFYC	Walter	Estebrügge
DFWA	Walter	Lübeck
DCAA	Walter Behrens	Köln
DEOT	Walross	Bremerhaven
DFLP	Waltraut	Cuxhaven
DFSN	Waltraut	Grünendeich
DKHB	Waltraut	Heikendorf
DKBT	Waltraut	Heiligenhafen
DJVX	Waltraud Behrmann	Rendsburg
DHDL	Wanda	Hamburg
DETY	Wanderer	Sierksdorf
DKQC	Wangenstein	Strande
DCPG	Wangerooge	Emden
DIJP	Wappen von Hamburg	Hamburg
DIFG	Warendorp	Lübeck
DDSO	Warfleth	Bremen
DESD	Wartburg	Bremerhaven
DHDN	Wega	Cuxhaven
DETG	Wega	Lübeck-Travemünde
DHDO	Weißer Greif	Eckernförde
DDSU	Weissesee	Bremerhaven
DABX	Weissenburg	Bremerhaven
DGSJ	Weißenburg	Hamburg
DHDP	Welf	Hamburg
DGZP	Welheim	Hamburg
DHGE	Welle	Hamburg
DCRM	Welle	Carolinensiel
DDKC	Welle	Brake
DFKN	Welle	Cuxhaven
DJSK	Wellingdorf	Kiel
DKEV	Wera Böhrnsen	Rendsburg
DKCD	Werner	Burgstaaken
DHDR	Werner	Hamburg
DFKO	Werner	Cuxhaven
DJKN	Werner	Büsum
DKIZ	Werner Martin Krüger	Heikendorf
DICL	Werner Felter	Hamburg
DLAP	Werner Vinnen	Bremen

Unterscheidungssignale	Namen der Schiffe	Heimathafen
DEDC	Werrastein	Bremen
DIBJ	Werratal	Hamburg
DALK	Weser	Bremerhaven
DEUK	Wesel	Bremerhaven
DDQR	Weser	Bremen
DHDS	Weser	Hamburg
DHIJ	Weser	Hamburg
DDJJ	Weserlust	Fedderwardersiel
DERH	Wesermarsch	Bremerhaven
DEDA	Weserstein	Bremen
DEEH	Wesertal	Bremen
DCRN	Westerems	Borkum
DALO	Westfalen	Bremen-Vegesack
DCVN	Westfalen	Emden
DFMZ	Westfalen	Cuxhaven
DALP	Westpreußen	Bremerhaven
DEAP	Westsee	Bremerhaven
DIEU	Westward-Ho	Hamburg
DGZM	Widar	Hamburg
DALR	Widder	Bremen
DIWT	Widder	Bremen
DIFL	Wiedenborstel	Hamburg
DCRO	Wienhard	Ditzum
DALQ	Wiesbaden	Cuxhaven
DJMS	Wik	Kiel
DCRP	Wiking	Greetsiel
DJLU	Wiking	Büsum
DDDU	Wiking	Neuharlingersiel
DEPE	Wiking	Bremerhaven
DHIL	Wiking	Hamburg
DHDU	Wilfried	Hamburg
DHDV	Wilfriede Klünder	Hamburg
DKFK	Wilhelm	Breiholz
DHLR	Wilhelm Bornhofen	Hamburg
DGWV	Wilhelm Doerenkamp	Hamburg
DAOX	Wilhelm Kaisen	Bremerhaven
DJKO	Wilhelm Külper	Büsum
DDJK	Wilhelm Lühring	Brake
DALS	Wilh. Michaelsen	Hamburg
DCVB	Wilhelm Nübel	Emden
DCAJ	Wilhelm Numssen	Köln
DERK	Wilhelm Peter	Kiel
DHLC	Wilhelm Russ	Hamburg
DHDW	Wilhelmina	Brake
DFKP	Wilhelmine	Cuxhaven
DCRS	Wilhelmine	Warsingsfehn
DCRT	Wilhelmine	Westrhauderfehn
DIXS	Wilhelmine	Friedrichskoog
DHDX	Wilhelmine	Hamburg
DDJL	Wilhelmine	Brake
DJKP	Wilhelmine	Büsum
DIWN	Wilhelmine	Brunsbüttelkoog

Unterscheidungssignale	Namen der Schiffe	Heimathafen der Schiffe
DJKQ	Wilhelmine II ..	Büsum
DJKJ	Wilhelmine Lass	Büsum
DHFW	Wilhelmine Essberger	Hamburg
DFSO	Wilhelmine Oltmann	Stade
DCBS	Willem Mennen .	Emden
DHDZ	Willida	Hamburg
DCRU	Willig	Borkum
DCRV	Willi	Neuharlingersiel
DICJ	William	Hamburg
DHEA	Willy Charles...	Hamburg
DFKQ	Willkomm	Cuxhaven
DERL	Willkommen ...	Bremerhaven
DHEB	Willy Marie	Hamburg
DCRW	Wilma	Haren/Ems
DERM	Wilma	Leer
DDDA	Wilma	Varelerhafen
DALT	Wilma	Hamburg-Finkenwerder
DKLK	Wiltrud	Lübeck-Travemünde
DFYD	Windhuk	Assel
DGSB	Windhuk	Hamburg
DHEC	Windhund	Hamburg
DFYE	Windsbraut	Borstel/Jork
DFYF	Windsbraut	Wischhafen
DFYG	Windsbraut	Laboe
DIWO	Windsbraut	Dieksanderskoog
DHKI	Winnetou	Hamburg
DIHC	Winnie Lattmann....	Hamburg
DGOB	Wittebank	Hamburg
DCAD	Wittekind	Köln
DFLJ	Witten	Cuxhaven
DHOH	Wittorf	Hamburg
DKAN	Wodan	Lübeck
DJRE	Wogram	Heikendorf
DJLH	Wohlfahrt......	Büsum
DJKU	Wohlfahrt......	Maasholm

Unterscheidungssignale	Namen der Schiffe	Heimathafen der Schiffe
DHED	Wolf	Hamburg
DKHG	Wolf	Kiel
DEOH	Wolf I	Hamburg
DGJL	Wolfgang	Hamburg
DHIT	Wolfgang Russ .	Hamburg
DHHU	Wolfsburg......	Hamburg
DHIW	Wotan.........	Hamburg
DHEF	Wotan.........	Hamburg
DJKW	Woterküken....	Büsum
DHEG	Woterküken....	Büsum
DHLB	W.Th.Stratmann	Hamburg
DDSL	Württemberg...	Bremen-Vegesack
DFNA	Württemberg...	Cuxhaven
DIEF	Württemberg...	Hamburg
DICS	Würzburg......	Düsseldorf
DFMR	Wuppertal	Cuxhaven
DMDR	Xarifa	Hamburg
DALX	Yorck	Bremerhaven
DDQW	Zaunkönig	Bremen-Vegesack
DALY	Zeus..........	Bremen
DDTV	Zeus II........	Bremen
DIXQ	Zita...........	Elmshorn
DKLQ	Zufriedenheit ..	Lübeck-Travemünde
DIWP	Zukunft	Uetersen
DJKX	Zukunft	Büsum
DJKY	Zukunft	Tönning
DJKZ	Zukunft	Husum
DFKR	Zukunft	Dorum
DCRX	Zukunft	Wilhelmshaven
DCRY	Zukunft	Greetsiel
DKGS	Zukunft	Heikendorf
DKLB	Zukunft	Neustadt/Holst.
DHKZ	Zuversicht	Hamburg
DCRZ	Zwei Gebrüder..	Haren/Ems
DCSA	Zwei Gebrüder..	Warsingsfehn
DCSB	Zwei Gebrüder..	Ditzum
DDJM	Zwei Gebrüder..	Fedderwardersiel
DKBO	Zwei Gebrüder..	Heiligenhafen

Nachtrag

zur

Amtlichen Liste

(abgeschlossen am 15. Februar 1956)

1. Zugänge während der Drucklegung

a) In der Reihenfolge der Unterscheidungssignale

Unterscheidungssignale	Namen	Heimathafen	Kubikmeter	Registertons	PS
	der Schiffe		Nettoraumgehalt		
DCFQ	Helena	Haren/Ems	553,9	195,53	295
DCFT	Mars	Warsingsfehn	282,64	99,77	80
DEPU	Hermes	Bremerhaven			
DEPZ	Südheide	Bremerhaven			
DEQC	Germania	Bremerhaven	733,5	258,92	1000
DGMR	Juelsand	Hamburg	790,3	278,97	520
DGMW	Johann Blumenthal	Hamburg		935	2200
DGOF	Cap Roca+	Hamburg	15062,4	5317,03	7000
DGPP	Monsun	Hamburg	223,6*	78,92*	280
DGRM	Erlangen	Hamburg	10313,8	3640,76	9000
DGRO	Diana M	Hamburg	404,4	142,76	600
DGSD	Ahrensburg	Hamburg	4709,9	1662,60	5140
DGSH	Wuppertal	Hamburg	5037,5	1778,24	4200
DGSU	Unkas	Hamburg	1348,8	476,14	1050
DGUO	Gesa	Hamburg	238,1	84,04	165
DGVC	Willi Huber	Hamburg	4536,9	1601,52	1650
DGWD	Hannah Böge	Hamburg	2919,3	1030,50	1850
DJPP	Willi	Kiel	124,0*	43,76*	180
DKCB	Auriga	Lübeck		1428	1415
DKCC	Stettiner Haff	Lübeck-Travemünde	59,9	21,14	180
DLBU	Octavia+	Bremen	8562,3	3022,48	3600
DLBV	Bischofstein	Bremen	9482,4	3347,29	9000
DLBW	Stepenitz	Bremen	1680,1	593,06	1050

b) In alphabetischer Reihenfolge der Namen

Unterscheidungssignale	Namen der Schiffe	Heimathafen
DGSD	Ahrensburg	Hamburg
DKCB	Auriga	Lübeck
DLBV	Bischofstein	Bremen
DGOF	Cap Roca	Hamburg
DGRO	Diana M	Hamburg
DGRM	Erlangen	Hamburg

Unter-scheidungs-signale	Namen der Schiffe	Heimathafen
DEQC	Germania	Bremerhaven
DGUO	Gesa	Hamburg
DGWD	Hannah Böge	Hamburg
DCFQ	Helena	Haren/Ems
DEPU	Hermes	Bremerhaven
DGMW	Johann Blumenthal	Hamburg
DGMR	Juelsand	Hamburg
DCFT	Mars	Warsingsfehn
DGPP	Monsun	Hamburg
DLBU	Octavia	Bremen
DLBW	Stepenitz	Bremen
DKCC	Stettiner Haff	Lübeck-Travemünde
DEPZ	Südheide	Bremerhaven
DGSU	Unkas	Hamburg
DJPP	Willi	Kiel
DGVC	Willi Huber	Hamburg
DGSH	Wuppertal	Hamburg

2. Streichungen

Seite	Unter-scheidungs-signale	Namen der Schiffe	Heimathafen
2/112	DAEM	Halberstadt	Cuxhaven
3/123	DAHF	Marie	Cuxhaven
4/135	DALQ	Wiesbaden	Cuxhaven
8/108	DCFW	Foline	Warsingsfehn
10/116	DCJF	Hohenzollern	Emden
10/118	DCJW	Johanne	Carolinensiel
10/120	DCKO	Kehrwieder	Oldenburg
11/122	DCLV	Margreth	Haren/Ems
14/119	DCSM	Justine Wessels	Emden
22/126	DDTL	Onkel Fidi	Bremerhaven
23/111	DEAM	Geschwister Raabe	Bremen
24/102	DECF	Blockland	Bremen
26/100	DENU	Athlet	Hamburg
27/113	DEPA	Harald	Wremen
37/97	DGAL	Adler	Hbg.-Finkenwerder
38/98	DGBJ	Altona	Hamburg
39/126	DGFA	Nordstern	Hbg.-Altenwerder
42/112	DGJE	Gustav	Hamburg
42/136	DGJL	Wolfgang	Hamburg
49/124	DGXQ	Minna	Hamburg
52/133	DHCN	Tina Meta	Hamburg
52/135	DHDP	Welf	Hamburg
52/121	DHDY	Lina	Hbg.-Altenwerder
56/134	DHKU	Vogtland	Hamburg
69/106	DIXJ	Elisabeth Bröker	Schulau
73/123	DJIQ	Martha	Büsum
77/116	DJRM	Horst	Büsum
80/107	DJXF	Emmi	Niendorf
83/114	DKGC	Hela	Laboe

3. Sonstige Veränderungen*)

Seite	Unterscheidungssignale	Namen der Schiffe		Heimathafen
17/102	DDEA	Blinkfuer	**Heinrich Wessels.**	**Emden**
27/	DEOQ	Freya	....	**Husum**
60/129	DIAY	St. Katharina.......	**Fatima**..........	**Bremen**
62/100	DIFF	August Sartori......	**Malaga**.........	Hamburg
64/126	DIID	Normann	**Seilmoker**.......	Hamburg-Finkenwerder

Nachtrag zur Liste der Bundes- und Länderfahrzeuge

Seite	Unterscheidungssignale	Namen der Schiffe	Art der Schiffe	Heimathafen	PS
91	DBAW	Victor Hensen *T* ☞	Forschungsschiff...	Bremerhaven...	155
93	DBGH	Greif *T*	Fischerei-Aufsichtsfahrzeug	Kiel...........	240/280
94	DBLM	Seelotse *R*	Lotsennachfahrer .	Bremerhaven...	628

*) Die eingetretenen Änderungen sind durch fetten Druck gekennzeichnet.

Borsig-Fiat

Schweröl-Motoren

einfachwirkend

mit und ohne Turboaufladung

1500-15000 PSe

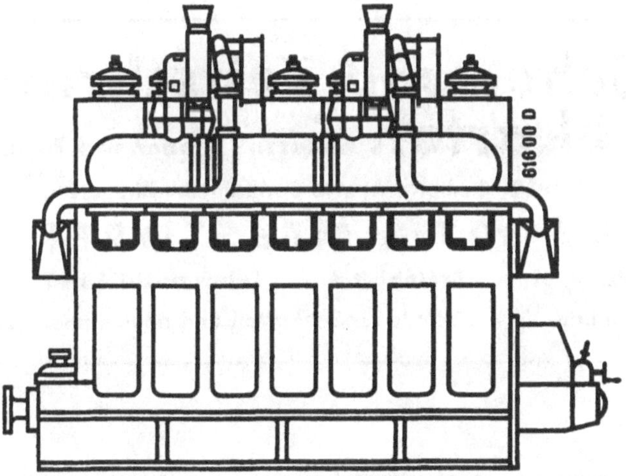

BORSIG AKTIENGESELLSCHAFT

Berlin-Tegel (Westsektor)

Kolibri 360 GmbH
Ferdinand-Jühlke-Straße 7
99095 Erfurt, Deutschland
produktsicherheit@kolibri360.de